L'Ancienne Métallurgie du Fer à Madagascar

Chantal Radimilahy

Cambridge Monographs in African Archaeology 28

BAR International Series 422
1988

B.A.R.

5, Centremead, Osney Mead, Oxford OX2 0DQ, England.

BAR -S422, 1988: 'L'Ancienne Métallurgie du Fer à Madagascar'

ISBN 9780860545446 paperback
ISBN 9781407347042 e-book
DOI https://doi.org/10.30861/9780860545446
A catalogue record for this book is available from the British Library
This book is available at www.barpublishing.com

CAMBRIDGE MONOGRAPHS IN AFRICAN ARCHAEOLOGY

General Editor

John Alexander, M.A., Ph.D., F.S.A.

St. John's College
Cambridge CB2 1TP, England

Manuscripts should be submitted to
Dr. Alexander in the first instance.

Titles already published:

1. 'The Niger Delta: Aspects of its Prehistoric Economy and Culture' by Nwanna Nzewunwa. BAR-S75.

2. 'Prehistoric Investigations in the Region of Jenne, Mali' by Susan Keech McIntosh and Roderick J. McIntosh. BAR-S89.

3. 'Off-Site Archaeology and Human Adaptation in Eastern Africa: An Analysis of Regional Artefact Density in the Amboseli, Southern Kenya' by Robert Foley. BAR-S97.

4. 'Later Pleistocene Cultural Adaptations in Sudanese Nubia' by Yousif Mukhtar el Amin. BAR-S114.

5. 'Settlement Patterns in the Iron Age of Zululand: An Ecological Interpretation' by Martin Hall. BAR-S119.

6. 'The Neolithic Period in the Sudan, c. 6000 - 2500 B.C.' by Abbas S. Mohammed-Ali. BAR-S139.

7. 'History and Ethnoarchaeology in Eastern Nigeria: A Study of Igbo-Igala relations with special reference to the Anambra Valley' by Philip Adigwe Oguagha and Alex Ikechukwu Okpoko. BAR-S195.

8. 'Meroitic Settlement in the Central Sudan: An Analysis of Sites in the Nile Valley and the Western Butana' by Khidir Abdelkarim Ahmed. BAR-S197.

9. 'Economy and Technology in the Late Stone Age of Southern Natal' by Charles Cable. BAR-S201.

10. 'Frontiers: Southern African Archaeology Today' ed. M. Hall, G. Avery, D.M. Avery, M.L. Wilson and A.J.B. Humphreys. BAR-S207.

11. 'Archaeology and History in Southern Nigeria: The ancient linear earthworks of Benin and Ishan' by P.J. Darling. BAR-S215.

12. 'The Latest Stone Age of Southernmost Africa' by Janette Deacon. BAR-S213.

13. 'Fisher-Hunters and Neolithic Pastoralists in East Turkana, Kenya' by John Webster Barthelme. BAR-S254.

14. 'The Archaeology of Central Darfur (Sudan) in the 1st Millennium A.D.' by Ibrahim Musa Mohammed. BAR-S285.

15. 'Stable Carbon Isotopes and Prehistoric Diets in the South-Western Cape Province, South Africa' by Judith Sealy. BAR-S293.

16. 'L'art rupestre préhistorique des massifs centraux sahariens' by Alfred Muzzolini. BAR-S318.

17. 'Spheroids and Battered Stones in the African Early and Middle Stone Age' by Pamela R. Willoughby. BAR-S321.

18. 'The Royal Crowns of Kush' by L. Török. BAR-S338.

19. 'The Later Stone Age of the Drakensberg Range and its foothills' by H. Opperman. BAR-S339.

20. 'Socio-Economic Differentiation in the Neolithic Sudan' by Randi Haaland. BAR-S350.

21. 'Later Stone Age Settlement Patterns in the Sandveld of the South-Western Cape Province, South Africa' by Anthony Manhire. BAR-S351.

22. 'L'art rupestre du Fezzan septentrional (Libye) by Jean-Loïc le Quellec. BAR-S365.

23. 'Archaeology and Environment in the Libyan Sahara' edited by Barbara E. Barich. BAR-S368.

24. 'The Early Farmers of Transkei, Southern Africa' by J.M. Freely. BAR-S378.

25. 'Later Stone Age Hunters and Gatherers of the Southern Transvaal' by Lyn Wadley. BAR-S380.

26. 'Prehistoric Cultures and Envvironments in the Late Quaternary of Africa' edited by John Bower and David Lubell. BAR-S405.

27. 'Zooarchaeology in the Middle Nile Valley' by Ali Tigani ElMahi. BAR-S418.

28. 'L'Ancienne Métallurgie du Fer à Madagascar' by Chantal Radimilahy. BAR-S422.

Ny vy tsy mikotrana irery
fa ao raha (dicton malgache).

Le fer ne résonne pas seul,
il faut l'y aider.

Aux fondeurs d'Imerikanjaka et
aux forgerons oubliés de l'Androy ...

Ho an'ny mpilozoka ao Imerikanjaka
sy ho an'ny mpanefy very tantara
tao Androy ...

TABLE DES MATIERES

TABLE DES ILLUSTRATIONS (tableaux, planches, clichés)

INTRODUCTION

Bien que la technologie traditionnelle du fer soit encore en honneur à Madagascar, l'ethnographie traditionnelle de ce pays ne s'est jamais préoccupée de l'étudier en détail. Pourtant sa connaissance doit aider à résoudre les énigmes métallurgiques que les archéologues rencontrent de plus en plus fréquemment dans les sites. Cette contribution vise donc en premier lieu à faire une mise au point sur des informations disparates jusqu'ici, voire inaccesibles.

Dans la perspective de l'histoire culturelle, j'ai eu recours à différentes approches qui se chevauchent pour apporter une meilleure compréhension à ce sujet; ces approches sont d'ordre historique, ethnologique mais aussi technologique. 'Enfin, l'archéologie qui, depuis vingt cinq ans, est en plein essor, apporte une série de données inédites, pour les Hautes Terres et le Sud.

Je présenterai donc dans cet ouvrage successivement, les observations relevées dans les relations des anciens voyageurs qui ont exploré Madagascar. Leurs notations, même superficielles et dispersées au hasard des récits apportent néanmoins des lueurs dans la connaissance du passé proche de Madagascar, sur l'usage des métaux et, plus rarement sur leur technologie. On remarquera que les explorateurs européens ont porté un intérêt particulier aux armes des anciens Malgaches. Nombre d'entre eux, préoccupés par des soucis mercantilistes ont dû faire le bilan sur les prétendues richesses de Madagascar en métaux ferreux et surtout non ferreux. Plus on se rapproche des temps actuels, plus les renseignements se font précis, et les observations sur la technologie du fer deviennent assez détaillées. En outre, les détails notés permettent d'établir une comparaison, parfois heureuse, avec ce qui existe encore chez des groupes métallurgistes qui ont gardé la tradition vivante à l'heure actuelle.

Je décrirai ensuite toute la technologie métallurgique traditionnelle encore en activité aujourd'hui, grâce à mes enquêtes auprès de fondeurs et de forgerons de l'Est des Hautes Terres. Ces enquêtes s'attachent à décrire les méthodes traditionnelles depuis la recherche et la localisation de minerai, jusqu'à la fabrication finale des objets en passant par les opérations d'extraction, de broyage, de lavage, de fusion. La manière de fabriquer telle que me l'ont apprise les informateurs, m'a parue riche de savoir-faire pour comprendre le fonctionnement de ces "forges catalanes" d'un autre monde, mais elle est aussi le reflet de conceptions mythico-religieuses restées jusqu'ici totalement ignorées. Leur sens profond sera examiné lors de l'étude des rites et interdits. Les données empiriques des traditionnistes méritaient d'être confrontées avec les observations scientifiques, notamment avec celles des géologues malgaches qui ont effectué des travaux sur la localisation du minerai, mais aussi avec les analyses des chercheurs qui ont relevé les données qualitatives et quantitatives du traitement métallurgique. J'ai complété ces observations par mes analyses sur les minerais de fer et les scories de fer provenant des sites de l'Androy et des Hautes Terres où j'ai effectué mes enquêtes.

En acceptant comme postulat que la culture malgache repose sur un continuum, on peut penser que les résultats obtenus sur la métallurgie actuelle peuvent aussi s'appliquer aux vestiges métallurgiques anciens.

J'ai ainsi pu relever de nombreux sites à métallurgie où les substructures de la technologie ont été retrouvées. Ces substructures archéologiques ne diffèrent guère des fourneaux actuels de l'Imerina et du Betsileo. L'analyse des vestiges recelés dans les sites donne à penser que le travail du fer a été maîtrisé depuis les origines du peuplement malgache.

Les sites archéologiques renseignent également sur l'organisation spatiale de la société métallurgique. Cette dernière est le reflet d'une philosophie qui s'exprime aussi dans la littérature orale. Par ailleurs, l'attitude de la société vis-à-vis des groupes forgerons traduit le mépris tout autant que le respect que ceux-ci lui inspirent. L'idéologie traditionnelle veut qu'au début, les métallurgistes aient été des aristocrates qui auraient été déchus à la suite d'un acte d'irrespect vis-à-vis des interdits sociaux. Cette situation est relevée pour la plupart des groupes, que ce soit dans l'Amoronkay, le Betsileo et l'Extrême-Sud. Elle n'est pas sans parallèle avec ce que l'on connaît en Afrique.

Une certaine similarité avec la technologie africaine du fer existe, même si la linguistique montre la part initiale de l'Asie du Sud-Est. A cela les Islamisés ont ajouté leur contribution dans le développement du commerce et des ateliers. Les échelles du commerce ont, en effet, assuré l'intégration de la Grande Ile dans le circuit commercial international de l'Océan Indien et probablement stimulé par là l'essor d'une technologie traditionnelle.

En 1978, la découverte d'importants centres de travail du fer dans l'Androy par Georges Heurtebize a suscité en moi l'idée d'une étude de l'ancienne métallurgie du fer à Madagascar. Dès cette année, un piquetage de tous les sites recelant des vestiges de travail du fer fut entrepris dans l'Androy, et des enquêtes effectuées auprès des populations censées maîtriser cette technologie. Des sondages furent également commencés dès cette époque.

En 1980, lors d'une mission d'enseignement au Centre d'Art et d'Archéologie de la Faculté des lettres de l'Université de Madagascar, le Professeur Jean Devisse m'avait encouragée à développer l'étude sous forme de thèse. Ce projet entrait dans le programme de recherche décennal établi par les chercheurs du Centre d'Art et d'Archéologie et du Musée d'Art et d'Archéologie; ce programme de recherche était lui-même la continuation du "survey" national archéologique commencé par le Professeur Pierre Vérin dans les années soixante.

Mon étude ne se limite pas aux seules fouilles archéologiques que j'ai dû limiter, faute de moyens, à l'Androy et à une partie de l'Est des Hautes Terres: l'Amoronkay. J'ai eu recours à diverses disciplines pour mieux cerner mon intérêt, en particulier, à l'ethnographie de terrain avec la participation d'informateurs. Les métallurgistes traditionnels, soucieux de faire connaître leur science, ont accepté de m'exposer en détails leur technologie. Cette dernière, submergée par les fers de récupération, est en voie de disparition. Mon statut de femme a quelquefois gêné la plupart de mes informateurs qui sont des hommes. La culture malgache est assez pudique, et cette pudeur est encore renforcée par une éducation chrétienne qui imprègne les comportements surtout sur les Hautes Terres.

Cette contribution à l'étude de l'ancienne métallurgie du fer n'aurait pas été possible sans le concours de nombreuses personnes et institutions. Mes remerciements vont d'abord au Professeur José Garanger qui a accepté de diriger ce travail, effectué des reconnaissances sur le terrain en ma compagnie et revu mes matériaux ainsi qu'à l'U.E.R. d'Art et d'Archéologie de l'Université de Paris I,

- au Centre de Recherches Africaines de l'Université de Paris I et au Professeur Jean Devisse qui m'a conseillé dans la documentation au début de ma recherche, et a également trouvé le temps de discuter de mes matériaux malgré ses nombreuses obligations,

- au Centre "Etudes Océan Indien" à l'INALCO, Université de Paris III, dirigé par le Professeur Pierre Vérin,

- au Laboratoire de Céramologie de Lyon, dirigé par Monsieur Maurice Picon qui a mis à ma disposition des moyens nécessaires pour l'analyse des minerais et des scories de fer provenant de mes régions de recherche,

- au Professeur Henry T. Wright qui a également participé si efficacement au levé des plans en Androy et a contribué aux reconnaissances et fouilles.

Outre ces personnalités scientifiques, je ne voudrais pas oublier un certain nombre d'institutions culturelles et administratives sans le concours desquelles les moyens n'auraient pu être dégagés, particulièrement:

- le Centre d'Art et d'Archéologie de la Faculté des Lettres de l'Université de Madagascar,

- le Musée d'Art et d'Archéologie de l'Université de Madagascar,

- l'Association Malgache d'Archéologie,

- l'U.E.R. d'Histoire de la Faculté des Lettres de l'Université de Madagascar,

- le Rectorat de l'Université de Madagascar,

- la Mission d'Aide et de Coopération de l'Ambassade de France à Tananarive,

- Le Ministère des Relations Extérieures à Paris.

Je ne saurai non plus oublier l'aide de terrain offerte par Georges Heurtebize qui n'a pas hésité à me confier ses notes et m'a assuré de sa connaissance profonde du pays tandroy et de la géologie malgache; Narivelo Rajaonarimanana m'a donné de nombreux conseils pour la documentation et l'interprétation de mes données; Ranorovohangy Nirina a assuré une grande partie de la transcription de mes enquêtes orales, leurs traduction littérale et leur frappe. Mes collègues, amis et parents lors de mes travaux sur le terrain m'ont été indispensables particulièrement: Manjakahery Barthélémy, Rabearivony Roland, Radavidson Ernest, Rafamantanantsoa Juliana, Rafatro Voahangy, Rajaonarison Gabriel, Ramilisonina, Randriamanalina Dieudonné, Ranivoarifetra Bakoly, Retsihisatse, Ravelonarivo Guy, Raveloson Jean-Louis, Razanatovo Victor, Rakotovahoaka Zaka Hery, Randriatsarafara Ony.

Parmi mes informateurs de la région de Merikanjaka, je voudrais exprimer plus particulièrement ma reconnaissance au Pasteur Ravelonarivo, à Razanadrakoto et sa femme ainsi qu'à sa soeur Razanavao, à Ratavilahy François.

"Last, but not the least", je voudrais pour finir adresser ma gratitude à Mes Parents, ainsi qu'au Professeur Pierre Vérin qui m'a fait bénéficier de ses conseils et de son expérience de la culture malgache et m'a aidée lors de la rédaction à préciser mes idées dans leur formulation; son épouse Madame Juliette Razanamasy a assuré la mise en forme matérielle de cette thèse. Tous les deux, ainsi que M. Jean-Aimé Rakotoarisoa, Directeur du Musée d'Art et d'Archéolgie m'ont toujours soutenu de leur amitié pour que cet ouvrage puisse être mené à bonne fin.

Chapitre I

LA METALLURGIE MALGACHE AU CONFLUENT DES MONDES TECHNOLOGIQUES ET COMMERCIAUX DE L'ASIE ET DE L'AFRIQUE

Terre de rencontre d'hommes et de civilisations, Madagascar est naturellement un lieu de confluence de techniques et de traditions du fer. Il convient donc d'examiner la situation des aires culturelles qui ont pu contribuer à la civilisation métallurgique que je vais décrire.

Même si une partie du peuplement malgache est indonésienne, on dit aujourd'hui "nousantarienne", le lieu précis de départ de la migration nous est encore parfaitement inconnu. Il convient donc de rechercher les racines de cette civilisation autant dans l'Asie du Sud Est péninsulaire que dans l'archipel adjacent.

Van Heekeren (1958) dont on connaît les belles monographies sur l'âge de pierres s'est quasiment désintéressé des métaux, à l'exception du problème des tambours de bronze. C'est plutôt vers les résultats des découvertes faites en Thaïlande qu'il faut nous tourner. Dans cette région, le bronze a été connu avant le fer. Pisit Charoenwongsa et Donn Bayard (1983) qui ont travaillé dans le site de Non Chai, dans le Nord Est de la Thaïlande, ont distingué cinq phases dans la production simultanée du bronze et du fer ou dans le travail successif du bronze, puis du fer.

Pour la phase I s'étalant de 500 à 350 Avant J.C., des fragments de bronze et de fer ont été trouvés associés. Les phases II et III s'étendent de 350 à 250 Av. J.C. Des ornements, bijoux en bronze, caractérisent la phase IV qui dure de 200 à 100 Av. J.C. environ. Et, dans le dernière phase - V, de 50 Av. J.C. à 200 Après J.C. - le travail du fer constitue une activité principale. Les auteurs insistent sur l'existence de la pratique de la riziculture irriguée par la population du site, mais également sur l'habileté de cette population dans sa maîtrise de la fabrication du bronze et du fer dès 450 Av. J.C. Les échanges ont dû commencer probablemnt dès cette période dans cette région. Les produits échangés auraient aussi vraisemblablement conduit à l'épanouissement du commerce indien dans les premiers siècles de notre ère. Les débuts de l'influence indienne en Asie du Sud Est remontent de cette époque.

Un peu avant l'ère chrétienne, le travail du fer est connu dans cette région du Sud Est Asiatique, et se diffuse dans l'Indonésie. Sur le plan technologique, on estime que la méthode dite plus tard catalane aurait fait son apparition d'abord en Inde et en Perse. Le fer était fondu directement dans le creuset du fourneau selon la méthode de fusion dite directe. Déjà le creuset consistait en un "bas foyer" circulaire où étaient alternées les couches de minerai et les couches de charbon de bois. La fusion durait en moyenne quatre à six heures, et le produit obtenu passait ensuite à une deuxième chauffe accompagnée de martelage pour l'élimination des scories résiduelles.

Entre l'Indonésie et la "Grande Ile", on ne peut que se rendre compte des parallèles évidents en matière de métallurgie. A ce propos, Dez (1965) souligne des correspondances terminologiques très proches. Les termes techniques tirent leur origine d'un fonds commun dit "Indonésien commun". Selon Dez:

> "L'Indonésien commun fournit des mots ayant trait à la technique de la forge et à celle de la poterie: enclume (landaizana - ° landhat'an), étui, soufflet (tafoforana - ° puput), charbon de bois (arina - ° ag'egn); fer (vy - ° bet'i), plomb (firaka - ° pilhak), marmite (vilany - ° balagna), assiette (finga - ° pingagn), forge (tefy - ° tempa), etc."

Ces observations complètent en fait les observations de Otto Dahl (1951) selon lequel en Maanjan le terme tefy désigne "l'ouvrage du potier, du forgeron, de l'orfèvre ainsi que du ferblantier". Comme ce radical signifie "donner forme" ou "battre et piler" (te (m) pa = forme, pilé), l'action du forgeron est comprise alors dans cette image car "le fer est formé à coups de marteaux". Il en est de même du soufflet de forge qui reprend une autre image: Maanjan "ka/puput : compteur de souffle" Malgache "fofotra : action d'agiter le soufflet".

En outre, le matériel de forge malgache est comparable à son homologue asiatique. Molet (1958) reprenant la vieille tradition d'érudition technologique inaugurée par Ellis (1838) et Sibree (1873), écrit à ce propos:

> "deux pistons, verticaux, jumelés, alternatifs, tel se présente le soufflet des forgerons malgaches et celui de toute la Malaisie. Le chalumeau qu'utilisent les ménagères Temoro pour attiser leur feu, la sarbacane des Sakalava ou des Betsimisaraka appartiennent comme le soufflet à piston, au même ensemble culturel, celui qui sait utiliser la force de l'air et a son centre dans le monde malais".

Mais les comparaisons ne se limitent pas au domaine technologique stricto sensu. Elles touchent aux mythes du métal dont la source se retrouve aussi en Indonésie. Selon P. Ottino (1983, p. 256) la notion de "héros civilisateurs" que l'on rencontre constamment à Madagascar, tirerait son origine du monde malais. On se rappelle la légende d'Iboniamasiboniamanoro qui personnifie ses instruments (voir p. 165), ou encore les "inventions" du souverain Andriamanelo (voir p. 163). En Indonésie comme à Madagascar, les forgerons ont une position sociale privilégiée mais ambigüe. Dans l'ancien Java, le "forgeron et le prince sont frères de sang" (Mircea Eliade - 1977). Nous verrons qu'à Madagascar, les forgerons sont proches du souverain; ne serait-ce que par les services qu'ils lui rendent; même si socialement ils ont été relégués à une position économique plutôt désavantageuse, leur influence n'en est pas moins importante. Des prérogatives leur ont été octroyées: droit d'asile quasi-royal chez les Tanala, appartenance à la classe aristocratique des Andriandranando en Imerina, on se rappellera qu'en Amoronkay chez Andrianefitany, Ramaherivola est enterré dans l'enceinte du village comme les nobles. La ligne de pierres entre son tombeau et celui d'Andrianefitany symbolise vraisemblablement la filiation ou la fraternité roi forgeron comme à Java. Mircea Eliade (1977) remarque qu'effectivement en Indonésie, les "travailleurs des métaux" ont une ascendance royale et aristocratique. Les travailleurs malgaches des métaux ont été déchus et par la suite ont pu réexiger le statut d'aristocrates.

Techniques du fer, société et statut royal sont sûrement des concepts étroitement liés à Madagascar. Domenichini-Ramiaramanana (1983 p. 488) ressent l'existence d'une "civilisation du bois connaissant le fer mais le réservant aux usages rituels..." Pour elle, le forgeron Tsimihety est "maître des hameçons", mais demeure dépendant des autres pour se nourrir car il ne prend pas la mer. Elle précise, en outre, sur ces correspondances entre les origines marines et le fer:

> " ... c'est d'ailleurs ce qu'évoque l'un des noms de l'enclume, landaizana, qui, signifiant littéralement "refus de la voile" (la "refus" + na "de/ par la + laizana "voile") rappelle le fondement de la différence qui est à l'origine ... de ce statut qu'aurait bien exprimé, si la langue l'avait retenu, le nom dérivé d'un autre nom de l'enclume qui aurait pu être celui de forgeron : andriandriana "(l'homme) à/de l'enclume" (ona/ana "homme" + na "à/de" + riandriana "enclume" ou ana"en relation avec" + riandriana "enclume"). Car ce nom qui apparaît comme un duplicatif d'andriana ... peut effectivement signifier à la fois "prince par excellence" ou "grand prince" et "faux prince" ou "petit prince" (p. 489).

"Etres mystérieux qui doivent être isolés du reste de la communauté" selon le mot de Mircea Eliade, les forgerons le sont bien plus en Afrique qu'en Indonésie. La crainte de leur art et de leur personne leur vaut ainsi un statut ambigu mais la série des opérations technologiques présente de notables différences comme on le constate à la lecture de l'ouvrage documenté de Kense (1983) sur la métallurgie traditionnelle du fer en Afrique. Un tableau récapitulatif de ces détails technologiques sur le travail du fer en Afrique, a été dressé par François Kense. Nous essaierons plutôt de nous intéresser beaucoup à l'Afrique Orientale, plus susceptible de donner des informations importantes pour Madagascar. Cette métallurgie fait usage du procédé de réduction directe. Les fourneaux de fusion prennent différents aspects. Chez les Fouta-Djallon, il en est qui sont très grands et exigent une durée de fusion allant de 24 heures à 36 heures ou même 72 heures (Béatrice Appia, 1965). Il en est de plus petits dans lesquels la fusion dure toute la nuit. Au Niger, chez les forgerons de l'Ader, le montage du fourneau suit un rituel bien acquis dont l'observation des détails garantit l'obtention d'un produit de haute qualité (Nicole Echard - 1965). L'abstinence sexuelle est observée la veille de l'opération de fusion, et, comme à Madagascar, certaines espèces de bois sont choisies pour le combustible. Le soufflet, dans toute l'Afrique, n'est jamais à double piston comme à Madagascar et en Indonésie, mais relève plutôt du type "à poche".

A ce sujet, P. Verin (1978, p. 73) note:

> "L'emploi du soufflet-outre, s'il était prouvé pour une période plus ancienne, serait un indice d'arrivée plus tardive des Indonésiens".

Nous savons en effet que le soufflet-outre existe aussi à Madagascar mais uniquement pour le travail des métaux précieux. Si l'on pouvait établir l'antériorité de l'un ou l'autre type, la controverse dans le problème du peuplement se préciserait mieux.

Du point de vue social, les forgerons africains ne revendiquent pas une appartenance aux catégories sociales les plus élevées. Ils n'en jouent pas moins un rôle fort important. Chez les Mafa, au Cameroun, Podlewski nous apprend que les trois quart des devins sont aussi forgerons. En outre, l'opération de l'accouchement leur est dévolue: "les forgerons mettent au monde deux tiers des nouveaux-nés mafa" (1966). L'enterrement figure parmi les tâches obligatoires qui leur sont dévolues. L'endogamie semble de règle dans les sociétés forgeronnes; et précisément, chez les Mafa, elle s'efface lorsque les tâches sociales non métallurgiques ne leur sont plus assignées.

Chez les Africains, comme chez les Malgaches, les mythes sur l'origine du travail du fer associent toujours l'intervention divine. On se rappelera le cas des forgerons betsileo qui reçoivent leur matériel des Zañahary (ancêtres divinisés). Les contes relatent le rôle du fils de l'ancêtre divinisé (Zañahary) qui a amené sur terre les minéraux (Renel - 1907; voir p. 164). L'imbrication des cultures indonésiennes et africaines à Madagascar ne permet pas de départager avec certitude tous les apports.

On peut constater que les plus anciens sites malgaches connus recèlent des objets en fer et aussi des débris de métallurgie et de forge, associés à des vestiges de céramique venue du Golfe Persique. La "Grande Ile" se trouvait dès le IX-Xè siècle sur les circuits d'échange dans l'Océan Indien qui vont se développer dans les siècles ultérieurs. Selon les sources arabes du XIIè siècle, Al-Idrîsî rapporte que le fer africain de la côte orientale a constitué un produit d'échange très demandé vers l'Inde:

> "....Dans le pays des Zeng (à Malinda sur la côte): ces gens ont, chez eux, un gisement de fer qu'ils exploitent et qu'ils traitent et c'est là le principal de leurs revenus et de leur exportation"...

Plus loin, à propos de Sofâla, Al-Idrîsî continue:

> "... Les habitants y sont pauvres et primitifs, n'ayant d'autres ressources et matière d'échange que le fer. Il faut dire que le pays de Sofâla renferme dans ses montagnes de nombreuses mines de fer et les gens des îles du Jâvaga (groupe Comores - Madagascar?) et autres insulaires qui les entourent viennent là chercher ce fer pour, ensuite, l'exporter jusque dans l'Inde toute entière et dans les îles qui s'y rattachent. Ils en retirent un gros profit... Le fer de Sofâla est plus abondant (à la fonte), plus pur et plus malléable"...

Chanudet (communication personnelle) insiste sur le rôle de l'Inde comme centre faisant appel au métal pour développer ces industries dès le VIIIè siècle. Lombard (1971 - pp. 196-197) note en effet que le "monde musulman est peu riche en fer" et qu'il "s'adresse à l'Inde et à l'Occident barbare".

Cette liaison que Lombard fait entre la source des matières premières et les industries me paraît si importante qu'elle mérite d'être citée en entier:

> "... cet acier fabriqué dans l'Inde méridionale est fait à partir d'un minerai en provenance de la côte orientale d'Afrique, du pays des Zenj, minerai jugé supérieur à celui des Indes pour l'acier au creuset. Ce minerai, grossièrement extrait par les noirs, est exporté dans l'Inde par les marchands musulmans, puis transformé en acier indien et expédié dans le monde musulman sous sa forme brute d'acier ou sous celle d'épées"...

Ainsi, Madagascar pouvait-il être dès le début de son peuplement une aire de production alimentant le commerce. Les sites des Islamisés sont, nous le verrons particulièrement riches. A cette stimulation commerciale, s'est naturellement, au fil des siècles, développée la métallurgie où le savoir-faire des Indonésiens a été confronté avec l'expérience des migrants africains du Sawahil voisin.

Chapitre II

LES SOURCES ECRITES ET ORALES DE LA DOCUMENTATION

II.1 - Les relations des anciens visiteurs

A une époque où on ne soupçonnait même pas la profondeur du passé malgache, Decary (1951, p. 157) posait le problème de l'origine de la métallurgie à Madagascar dans des termes suprenants:

> "L'industrie du fer, répandue dans toute l'île, est rendue assez spectaculaire par le soufflet à double piston de la fonderie. La métallurgie aurait été introduite par les Malais lors de leurs premières migrations, et c'est le roi Andriamanelo qui aurait appris à ses sujets, au XVIe siècle, à forger le métal et à fabriquer les sagaies "qui volent et qui tuent". En même temps, les indigènes commencèrent à fabriquer des haches; ils purent ainsi construire des pirogues qui remplacèrent dès lors les rudimentaires radeaux de bambous. Telle est du moins la légende" (1).

Depuis un quart de siècle, les recherches archéologiques menées par l'Université de Madagascar nous ont enseigné que les origines de la culture malgache remontaient au moins à la fin du premier millénaire de notre ère, et que les venues indonésiennes n'étaient pas un épiphénomène tardif. Bien plus, les ancêtres indonésiens des Malgaches ont rencontré des Bantous qui, comme eux, connaissaient déjà à cette époque, la métallurige du fer (2). Aux preuves archéologiques qui se multiplient et révèlent dans les sites les plus anciens l'existence de métal (3), s'ajoutent des données linguistiques, bien mises en évidence par J. Dez (1965) dont j'expose le détail des découvertes sur ce point dans la partie consacrée à la métallurgie malgache au confluent des mondes de l'Afrique et de Asie.

Un des buts de cet ouvrage est précisément de remédier à notre ignorance sur la métallurgie malgache ancienne. Jusqu'ici, à l'exception de D. Rasamuel (1984), les chercheurs n'ont fait que signaler ponctuellement un certain nombre de sites contenant des objets en métal et des traces d'industrie; mais ces compte-rendus utiles de sites dont je rendrai compte plus loin (p. 66) ont été précédés d'une multiplicité de remarques faites par les premiers visiteurs de Madagascar qui furent frappés de l'importance du fer et de sa fabrication, mais aussi du rôle joué par les autres métaux dans le commerce intérieur et les échanges avec l'exterieur.

1. 1. Un intérêt particulier porté aux armes.

C'est d'abord les armes qui retinrent en premier lieu l'attention des étrangers. Lorsque Tristan da Cunha vint, en 1506, explorer les côtes de Madagascar, avec les instructions royales de faire le commerce avec les païens et la guerre aux musulmans, il rencontra à Sada (Anorontsangana) "environ deux mille cafres armés de boucliers, de sagaies, d'arcs et de flèches" (Fernan d'Albuquerque - Collection des Ouvrages Anciens concernant Madagascar - COACM I, 22). Une vingtaine d'années plus tard, des compagnons français de l'équipage des frères Parmentier, partis receuillir de l'eau, furent attaqués près des îles Barren par des habitants "tenans darts entre leurs mains" (Sheffer et Margry, 1529-1883, COACM I, 80). Les récits suivants sont remplis de références au sujet des habitants belliqueux, lanceurs de javelines. Porcacchi, compilateur des relations antérieures, surtout portugaises, écrit à propos des Malgaches:

> "Ils sont bruts et guerroient toujours les uns contre les autres, se servant de sagayes très légères dont le fer est travaillé avec art et dont ils portent dans la main un grand nombre; ils les lancent contre leurs ennemis avec dextérité et habileté" (COACM I, 118) (4).

Lors de leur premier contact avec Madagascar, les Hollandais firent aussi l'expérience des armes des habitants de la baie de Saint-Augustin qui attaquèrent les navigateurs

> "avec leurs couteaux et leurs petites haches et percèrent la gorge du pilote d'une flèche qui le fit tomber mort ...". (Cornelius de Houtman, 1595 - COACM I, 190).

Dans la baie d'Antongil, Van Neck (1598- COACM VI, 8), puis Van der Hagen (COACM I, 258 et 263) décrivent avec déjà beaucoup plus de précision les armes locales. La relation de Van der Hagen précise à ce propos:

> "leurs armes consistent en boucliers de bois, tout ronds, en javelines courtes, en flèches ou sagaies, qu'ils s'exercent à lancer et qui ont à leur extrémité une pointe en fer droite et une autre recourbée à la façon d'un harpon, arme qui est fort dangereuse"

Les Anglais (5), à leur tour, au début du XVIIe siècle, insistent sur les dangers courus. Middleton découvre la tactique des guerriers de la baie de Saint-Augustin où

> "les Malgaches, qui étaient au nombre de plus de deux cents ... se contentaient de les harceler de loin à coups de flèches" (6).

Alfred Grandidier estime d'ailleurs avec justesse que

> "le mot flèche est la dénomination attribuée par les premiers navigateurs aux javelines ou petits dards ... et que le mot arc a dû être ajouté par les historiens" (COACM I, 441, note a) (7).

Au fur et à la mesure que les contacts avec les étrangers deviennent plus étroits, les descriptions des armes, puis des outils se font plus précises. François Cauche, en 1638, mentionne l'existence de "petites cognées" ("Fesques sans doute faiko), des couteaux de fer d'un pied de long qu'ils nomment Hanches (antsy), et d'autres d'un pied et demi, par eux appelés Hanches Syllabes (antsy lava), de petits rabots (COACM VII, 94), mais aussi l'utilisation du lochet / bêche étroite / par eux dit fanghalli (COACM VII, 95), et pour la pêche le harpon (8). En 1643, Walter Hamond indique aussi la possession par les habitants de Saint-Augustin

> "de rasoir, de cure-dent, de pinces pour s'épiler (9) (COACM III, 53-54)

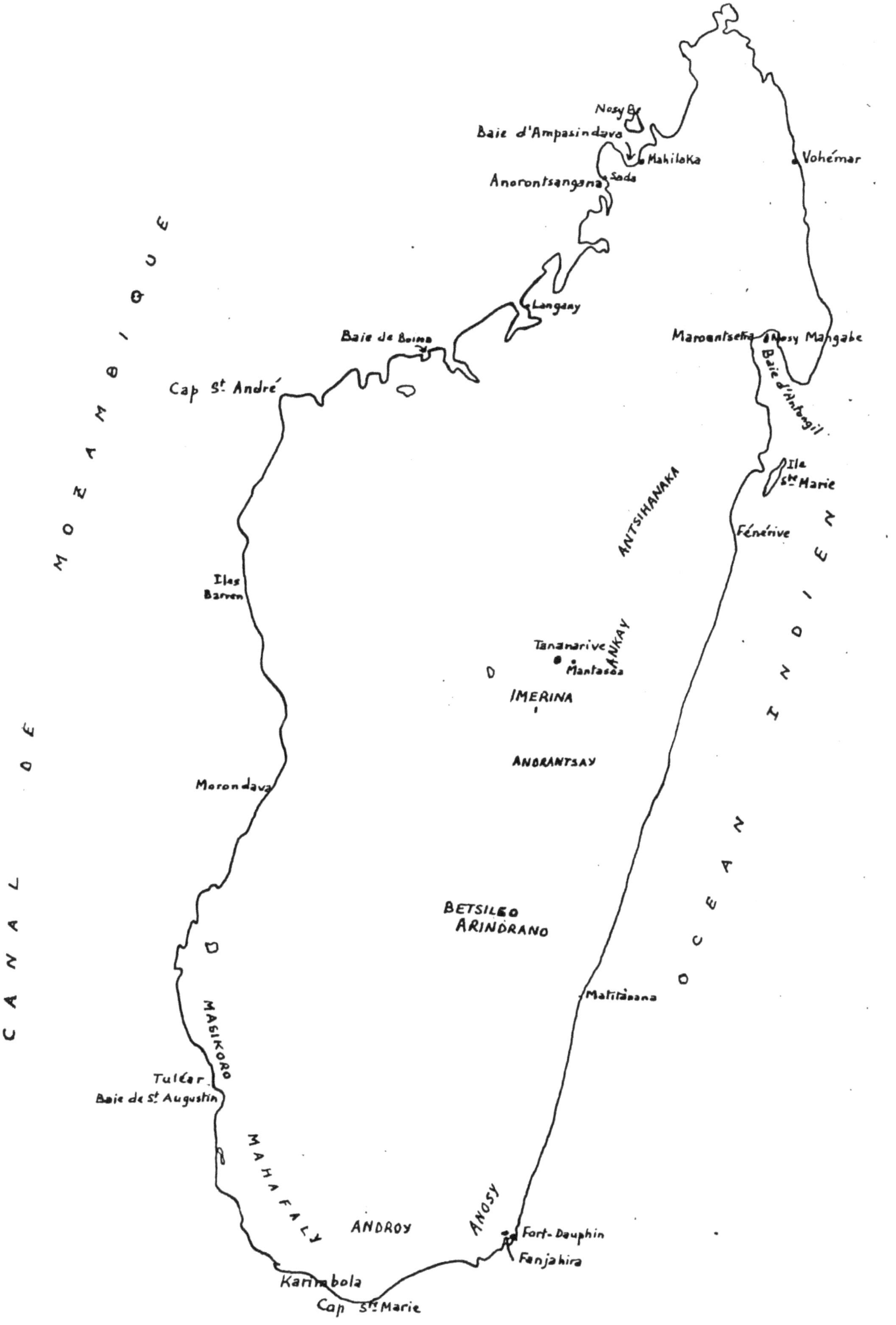
Nosy Be
Baie d'Ampasindava
Mahiloka
Vohémar
Anorontsangana
Langany
Baie de Boina
Cap St. André
Maroantsetra
Nosy Mangabe
Baie d'Antongil
Ile Ste Marie
Fénérive
ANTSIHANAKA
CANAL DE MOZAMBIQUE
OCEAN INDIEN
Iles Barren
Tananarive
ANKAY
Mantasoa
IMERINA
ANDRANTSAY
Morondava
BETSILEO
ARINDRANO
Matitànana
MASIKORO
Tuléar
Baie de St. Augustin
MAHAFALY
ANDROY
ANOSY
Fort-Dauphin
Fanjahira
Karimbola
Cap Ste Marie

En plus de tous ces objets, Flacourt en signale d'autres plus curieux encore tels que:

> "certains crochets de fer pour tirer la viande du pot ... et certains tridens de fer pour faire rostir la viande qu'ils appellent _salaza_ ..." (1661, 77).

Mais en raison de l'état de guerre semi-permanent qui a régné entre les Français et les Antanosy au XVIIe siècle, on ne s'étonnera guère qu'une attention précise aux armes ait été portée par l'ancien gouverneur de Fort-Dauphin. Il étend même ses observations à d'autres provinces ainsi qu'en témoigne le passage suivant:

> "Leurs armes sont différentes selon les Provinces. A Androbeizaha (10), ils se servent d'une grande sagaye de large fer et long, bien affillée, et portent dix, douze ou quinze d'ardilles qu'ils nomment _Fitorach_ (11), et la grande sagaye se nomme _Renelefo_ (12), comme qui diroit mere sagaye ou javeline. A Manghafia (13), ils se servent d'une rondache et d'une grosse sagaye forte qu'ils nomment _Coubahi_ (14), comme tous ceux qui font jusques à Manghabei (15) ou les sagayes sont longues côme demies picques de France ... Aux Ampatres (16), Mahafalles (17) et Machichores (18), ils sont armez comme à Androbeizaha et aux Manamboules (19), ils portent la rondache et une grosse sagaye à large fer, avec cinq ou six autres dards ou javelots nommez _Sembelahé_ (20), et ceux-cy sont les mieux armez et les plus hardis de tous, comme aussi aux Anachimoussi (21), Eringdranou (22), et Vohits-Anghombe (23)
>
> (1661)

Grâce aux informations de Flacourt, on est en mesure de constater que les armes et outils de jadis n'étaient guère différents de ceux d'aujourd'hui. Certes, les armes blanches ont pris maintenant moins d'importance et les javelines sont désuètes. Mais "l'Histoire de la Grande Ile Madagascar" ne fait pas seulement un catalogue d'objets; il s'intéresse sérieusement aussi à la transformation du métal.

1.2. Objets et techniques

> "Les forges s'y peuvent establir avec plus de commodité qu'en France: car partout où la mine se treuve, les eaux, les ruisseaux et cascades d'eaux des montagnes y sont en abondance, comme aussi les bois à bastir et à brusler. Les habitans ont une particulière inclination à forger, sçachans que c'est le plus grand advantage qu'ils puissent avoir, puisque dans le fer ils ne peuvent bastir ny cultiver la terre"
>
> (1661, p. 451)

En colonisateur averti, il inventorie les ressources minières des régions dont il peut avoir connaissance, c'est-à-dire le Sud, et l'Est. Il écrit:

> "Dans tout ce que j'ay pû appercevoir en ce païs, je n'ay reconnu que le fer et l'acier, qui s'y trouve en grande abondance partout et se fait plus facillement que l'on ne fait en France, ny en autre pais ... Il y a aussi des mines de fin acier, mais ce

n'est pas en toute les provinces; aux Mahafalles, aux Anachimoussi, à Ivonrhon, à Icondre et Manamboulle c'est tout acier, à Amboulle, à Anossi, à Matatane et Manghabei c'est tout bon fer
qui approche de l'acier" (24)
(1661, pp. 146-147)

Boothby, en 1664, avait fait une description intéressante de la fabrication du fer où il mentionne pour la première fois l'usage de soufflets à piston (25); Flacourt rapporte la totalité de l'opération jusqu'à l'affinage:

"Les forgerons de ce païs prennent environ un panier de mine tels qu'ils la trouvent, ils la pilent et la jettent dans le brasier entre quatre pierres garnies de terre grasse et souflent avec leur soufflet, fait en forme d'une pompe de bois, et aforce de souffler, au bout d'une heure, ils trouvent leur mine fondüe, laquelle ils font couler: puis ils la chauffent et la battent tant qu'ils en forment une fonze qui signifie une barre de la pesanteur de trois ou quatre livres"

François Martin est lui aussi d'accord sur la qualité du travail du fer par les habitants de la région de Ghalemboule / Fénérive /

"Il y a aussi du fer des meilleurs qu'ils savent fort bien travailler et donner la trempe suivant l'usage où ils le veulent employer"
(COACM IX, 566)

Mais il pense que le commerce à distance du fer est peu actif et qu'il peut utiliser ce métal comme marchandise de traite:

" ... Comme ces peuples ne se communiquent pas leurs commodités les uns aux autres, il y a des contrées qui ne peuvent pas profiter de ce que leurs voisins ont avec excès"
(COACM IX, 620)

Nous savons au moins que le fer servait partout localement pour le troc.

D'Azevedo avait déjà noté dès 1617 que les couteaux et les sagaies pouvaient faire partie de la dot au même titre que le bétail (COACM II, 245). Cauche indique que la valeur d'échange de "chaque gueuse d'un pied et demi de long" qui sort du fourneau "est estimée parmi eux à une vache" (COACM IV, 90). Ainsi, malgré son abondance, le fer figurait dès le XVIIe siècle dans les échanges au même titre que l'étain et le cuivre (Jochem Blank à la Baie d'Antongil en 1664 - COACM III, 328).

Robert Everard, dont le récit est contesté par Grandidier apporte son témoignage sur l'existence de la forge à Nosy-Be, dans le Nord, en 1686. La précision des détails exclut, à mon avis, l'affabulation:

"Pour fabriquer leurs hachettes, leurs lances et leurs couteaux, les seuls objets en fer qu'ils sachent faire, ils se servent comme enclume d'une grosse pierre et leurs soufflets sont formés d'un tronc d'arbre creux, dans lequel est disposé un bâton dont l'extrémité inférieure est garnie de chiffons et qu'ils abaissent et soulèvent comme nous le faisons avec les pistons de nos pompes".

(COACM III, 415)

Dans la première moitié du XVIIIe siècle, Robert Drury qui séjourna de façon prolongée dans le Sud et l'Ouest signale l'usage de bêches, de hachettes, de sagaies, de rasoirs, de harpons, de hameçons, de crochets à viande et de broches. Les bêches devaient être appréciées puisqu'elles servaient à étalonner les amendes (26).

Les forgerons fabriquaient des sagaies mais savaient aussi réparer les armes à feu (COACM IV, 235). Aucune description de forge n'est fournie, mais il note seulement qu' "en de nombreux endroits, il y a du fer" (COACM IV, 350). Le plus grand développement de la métallurgie sur les Hautes-Terres explique l'existence d'un commerce à longue distance qui est pour la première fois signalé:

"Les Amboerlambo (27) ... viennent vendre dans le pays saccalauvor (28) du fer, qu'ils fabriquent en grande quantité"
(COACM IV, 359)

La justesse de l'observation de Drury sur l'abondance des forges dans les Hautes-Terres sera confirmée un peu plus d'un demi-siècle plus tard lorsque le traitant Nicolas Mayeur se rendra en Andrantsay, en Ankay et en Imerina. Nous disposons de deux descriptions de forge de Mayeur, l'une de 1777 sur la région de Tanane arive (Tananarive) (1913, BAM II, 1, pp. 139-176), l'autre plus complète faite en 1785 (1913, BAM XII, 2, p. 28) parmi les gens du village de Nossé arrivou (Nosiarivo) dans l'Est de l'Imerina (29). Bien que le texte soit rédigé par Dumaine d'après les notes de Mayeur, la relation est bien plus précise que celles de Flacourt et d'Everard et mérite d'être citée intégralement.

"Les uns fondaient de la mine de fer dans des fourneaux de grès bien assujettis et maçonnés en terre glaise, ayant environ deux pieds de diamètre sur quatre de profondeur en forme de creusets. Deux soufflets à pompe (30) servaient à animer le feu de charbon qu'on faisait dessous. Ces gens commencent par mettre une forte couche de charbon au fond du fourneau; ensuite une couche de mine bien lavée et la plus mince; et successivement du charbon et de la mine de fer plein le vase. Ils font ensuite agir les soufflets avec vigueur et sans discontinuer jusqu'à ce que la matière soit fondue. Ce procédé dure à peu près quatre à cinq heures et donne de 40 à 50 livres (31) à chaque fois. Lorsque la fonte est refroidie, ils prennent le fer le plus pur pour le mettre en oeuvre; sa qualité est supérieure; et ils versent le reste une seconde fois dans le creuset pour l'épurer parfaitement" (32). (BAR XII, 2, 28)

A la série pluriséculaire d'armes et d'outils déjà connus, s'ajoutent les carcans en métal ("fers à nègres"), les balances, lampes, limes, marteaux, ciseaux, aiguilles et éléments de batterie de fusils (33).

Le témoignage de l'Abbé Rochon (1791) dont les missionaires anglais à Madagascar feront cas (il existait une édition anglaise du livre dès 1792), est surtout un plagiat de la documentation de Flacourt, complétée par les renseignements des traitants qui fréquentaient l'Ile de France. Leguével de

VII. Fonderie de fer Malgache.

Fonderie de fer malgache. Reproduction d'un dessin de V. Adam (Leguevel de Lacombe - 1840).

Lacombe (1840) n'est pas considéré comme un auteur ayant recueilli de première main les informations qu'il révèle. Sa description de la forge n'ajoute rien à ce que nous connaissons à un détail près.

Ainsi que le montre son illustration, le foyer de fusion est couvert par une protection cônique (voir fig. p. 17). Selon ses propres termes:

> "ce foyer a la forme d'un chapeau chinois; au milieu s'élève un tuyau en fer plus large que les premiers (34) par où sort la fumée".

La présence de ce chapeau chinois m'a fortement intriguée. L'auteur dépeint ici une cuisson à l'étouffée pour obtenir le lingot. Un autre détail mérite encore d'étonner: sur la figure, on distingue deux paires de soufflets. En principe, la forge n'en nécessite qu'une paire, d'autant plus que selon les propres termes de Leguével de Lacombe:

> "les forges ordinaires n'ont pas besoin de concentrer tant de chaleur que celles qui servent à fondre le minerai".

Contradiction étonnante d'autant plus qu'il s'agit bien d'une batterie de fusion (toby fanaovam-by) où les gens sont nombreux (35).

La fantaisie que Leguével de Lacombe introduit dans ses relations, qui sont peut-être les narrations d'autres informateurs plutôt que le récit de ses propres exploits, est sans doute à la source de confusion ou d'embellissements (comme les costumes dont sont parés les Malgaches qui portaient plutôt un pagne (salaka) que cette jupe bizarre). Cependant, ce type de foyer apparaît dans l'ouvrage d'Ellis (1838, p. 219), et l'on peut se demander s'il n'y a pas eu copie d'un des auteurs sur l'autre.

La description d'Ellis est de beaucoup la plus complète. Je n'en ai pris connaissance qu'après avoir effectué mes enquêtes et j'ai pu constater l'exactitude de toutes les observations qui concernent le processus d'élaboration. Elle mérite à ce titre d'être citée en détail; (Ellis 1838, pp. 307-310).

- Sur 'extraction du minerai: Les Malgaches le recueillent "sur la surface du sol en faisant des excavations dans les plaines ou au pied de la montagne mais en allant rarement plus profonndément que cinq à six pieds".

- Sur l'emplacement des fonderies: elles sont "toujours situées sur un bord de rivière ou auprès d'un cours d'eau; les sites de cette nature sont choisis en tenant compte de la commodité qu'il y a à utiliser l'eau pour laver et purifier le minerai".

- Sur la préparation du minerai: celui-ci est "lavé, puis broyé en petits morceaux pas plus gros que des noix; il est ensuite à nouveau lavé à plusieurs reprises dans la rivière afin de séparer du fer le mieux possible les particules de terre" ...
  Après cette opération, le minerai préparé est gardé en attendant
  "dans des grands paniers de fabrication grossière".

Au sujet du fourneau:
"un trou d'environ six pieds de diamètre et d'un à deux pieds de profondeur, mais parfois aussi le sol est simplement aplani. Les murs du fourneau sont constitués par un ouvrage de pierres assez sommaires de trois ou quatres pieds de haut assemblées sans mortier mais parfois lutées avec de l'argile à l'extérieur. Aucune ouverture n'est ménagée dans les murs pour laisser échapper le minerai lors de sa fusion".

Le système de soufflerie: est composé de deux
"cylindres faits de troncs d'arbres de bois dur équarris dont le diamètre d'ouverture a quatre ou cinq pouces" ... Ces cylindres de bois "éloignés d'un pied l'un de l'autre sont dressés verticalement ou légèrement inclinés à une distance du foyer variant entre dix-huit pouces et deux pieds; un tube de bambou part du bas de chacun des cylindres à quelques pouces au-dessus du sol et pénètre dans une cavité du mur de pierres ou d'argile du fourneau. Avec un simple piston ajusté à chacun des cylindres, le système de soufflerie est complet".

- le chargement du four est effectué avec comme seul combustible du charbon de bois préparé par des charbonniers dont cinq ou six cents hommes sont astreints en permanence à cette corvée pour les fonderies et les forges.
"Lors de la fusion, ils allument d'abord un feu à la base du fourneau; par-dessus, ils disposent une certaine quantité de charbon sur lequel ils jettent le minerai; celui-ci est soit mélangé au charbon, soit déposé en couches successives avec celui-ci jusqu'à ce que l'on atteigne le haut des murs. Par dessus, un couvercle d'argile de forme conique avec une ouverture au centre est parfois installé".

Cette précaution supplémentaire n'est donc qu'occasionnelle:

- la fonte est activée par ces systèmes de soufflerie qui peuvent être doubles ou simples. Il y a soit deux groupes de deux cylindres activés chacun par un ouvrier qui s'asseoit entre les deux pistons et fait fonctionner ceux-ci alternativement, soit un seul système de cylindres plus hauts utilisant deux ouvriers qui font à leur tour fonctionner chacun un piston. C'est à mon avis la façon dont il faut comprendre la gravure et le texte d'Ellis (36). A propos du deuxième cas, il écrit d'ailleurs que, quand un groupe seulement est utilisé, il est de plus grande dimension que ceux déjà décrits, et le piston est manié à deux mains.

"Le contenu du fourneau est ensuite chauffé à blanc, et maintenu tel quel pendant un long moment; après quoi, on laisse le feu s'éteindre. Le couvercle est enlevé, et le fer partiellement fondu et formant, soit un seul saumon, soit plusieurs, est recueilli et travaillé au marteau, puis de nouveau repassé au feu avant d'être envoyé à la capitale pour être utilisé par les forgerons".

- au sujet de la forge, nous apprenons que les spécialistes habitaient, soit isolément dans leurs villages, soit regroupés auprès de la capitale (37) dans les villages spécialisés.

Parfois, les artisans installaient des bâtiments distincts, ...

"mais généralement, la forge du forgeron est installée dans sa maison, le plus souvent dans la partie sud de celle-ci. L'installation est fort simple. Le feu est fait sur le sol, à l'intérieur de trois ou quatre pierres entre lesquelles est ménagé un trou pour faire passer les tuyères de bambous qui viennent des soufflets. Ceux-ci sont les mêmes que les soufflets utilisés pour la fusion mais ont une plus petite taille. Ils sont actionnés par un aide ou par un esclave. L'enclume, qui a à peu près la même taille que le marteau du forgeron est, soit fixée dans le sol auprès du feu, soit assujettie à une planche lourde et épaisse. L'auge est tout auprès et quand le forgeron travaille, il s'asseoit ou s'accroupit sur une pièce de bois posée sur le sol; ses aides sont parfois assis, mais le plus souvent ils se tiennent debout de l'autre côté de l'enclume prêts à frapper avec des marteaux plus gros selon ses directives".

James Sibree, en 1870, donne une description de la forge moins précise que celle d'Ellis mais similaire à deux détails près. La tuyère d'alimentation de l'air est faite d' "un vieux canon de fusil, et l'enclume est un gros bloc de fer carré". Sibree est plein d'admiration pour les nouvelles oeuvres des forgerons qui ornent les églises en construction, mais constate que si "les verrous, gonds, serrures, couteaux et autres articles courants, vendus au marché, sont grossiers et mal travaillés", c'est simplement "parce que le gros des acheteurs veut du bon marché". Issus d'une nation en plein essor métallurgique, les Anglais appréciaient en connaisseurs. Sibree fit complimenter par "un ami versé dans les articles qui sortent des manufactures de Sheffield" les limes malgaches qui furent "trouvées parfaites" (Sibree, 1873, pp. 219-220). J. Wills écrivait un peu plus tard que .....

"le seul métal indigène utilisé par les Malgaches est le fer et que celui-ci, le plus utile de tous ceux qu'ils connaissent, est travaillé en grande quantité" (1885, p. 97).

Mullens constata qu'en pays betsileo il y avait la même variété d'objets simples qu'en Imerina (38) (1875, p. 139).

En Imerina, le développement d'un état moderne au XIXe siècle et les entreprises métallurgiques de l'Anglais Chick et des Français Droit, puis surtout Laborde (et accessoirement Bouts qui lui succéda) allaient stimuler les besoins. Chich essaya de perfectioner les techniques traditionelles (39) et Laborde s'appuyait sur les artisans dont la corvée était de fournir le fer à la Reine (Chauvin, 1939) (40).

Au XXe siècle, les techniques de forge se sont maintenues mais celles de la préparation du minerai ont connu un déclin. Sur ces techniques de forge, on consultera Dubois qui décrit un atelier de forge chez les Betsileo. Il souligne la simplicité de l'installation et du matériel utilisé; le soufflet à double piston relié au foyer par deux bambous, les marteaux et enclumes et les outils travaillés (bêches angady, couteaux mesa ou fanirina, des fourches pour rôtir la viande salazam-by ...) (1938, p. 345). Faublée (1946) en reste à des généralités bien connues sur les techniques mais cite parmi les objets produits "les fers à bêches, les

Fusion du minerai de fer (ELLIS William - 1838, p. 310)

Fonderie et forgerons indigènes.   Page 219.

Fusion du minerai de fer (SIBREE James - 1873, p. 219).

couperets, les haches, les faucilles à riz". Decary (1951) fait une description plus détaillée de la fusion du minerai chez les Betsileo et cite parmi les outils produits les "haches, sagaies, harpons, marteaux, angady", et depuis Laborde "les paratonnerres fandri-baratra" (p. 159).

Dubois, Faublée et Decary insistent tous les trois sur la disparition progressive de ces techniques de fusion du minerai. Cette disparition est favorisée par la récupération de la ferraille importée. Et comme l'exprime si bien Faublée à ce sujet: "de fabricant, le forgeron devient réparateur" (1946, p. 44). C'est l'artisan que l'on rencontre encore aujourd'hui dans bien des villages. Battistini (1964) a retrouvé ces forgerons dans la plaine côtière mahafaly du Sud-Ouest de Madagascar. Ces derniers récupèrent le fer "dans le cimetière de wagons et de rails du chemin du fer de la Sakoa à Soalara" (p. 144) et ils vivent de la production des bêches, mais surtout des harpons de types multiples nécessaires aux pêcheurs vezo (41).

Le fait que le fer de récupération d'objets importés ait alimenté les forges traditionnelles a fait oublier qu'il existait jadis des techniques d'extraction et de préparation du minerai. Or, celles-ci se sont maintenues surtout en Imerina et en Betsileo. Afin de retrouver à mon tour celles-ci, près d'un siècle et demi après Ellis, j'ai effectué une enquête chez des forgerons d'Amoronkay (42) (dont cf. II.2, pp. 27-39).

En revanche, le travail des métaux non ferreux s'est maintenu beaucoup plus vivant; toutefois, il n'y a rien à dire sur l'extraction puisque les matériaux étaient importés. Les anciens auteurs ont mis d'ailleurs plusieurs siècles pour en convenir.

1.3 Le mythe des mines et la réalité des importations des métaux non ferreux

Lorsque le maître de navire de Jean Gomes d'Abreu, descendu à terre, reçut à Matitanana, en 1506, des manilles aux poignets, aux doigts des bagues, et au cou une grosse chaîne à laquelle étaient attachées trente cruzades (COACM I, 34 et COACM I, 39-40) il crut que le Sud-Est de Madagascar regorgeait d'argent.

Cette découverte incita Tristan da Cunha à explorer les côtes de Madagascar, mais les résultats ne furent pas à la hauteur des espérances. A Langany, dans le Nord-Ouest, on s'empara "d'un peu d'argent et de très peu d'or" (COACM II, 520). Les conquérants se rendirent compte alors "qu'il n'y pas d'argent dans le pays même si les gens portent des manilles" (COACM I, 30-31) (43). Pourtant, deux ans plus tard, Lopez de Sequeira fut chargé d'aller vérifier l'existence possible d'argent à Matitanana, mais il n'y en trouva aucun.

Malgré cela, le chroniqueur portugais nous narre qu'en 1521 "le Roi du Portugal Dom Manoel résoltut de faire construire" une factorerie à Matitanana "pour y récupérer l'argent qui s'y trouverait" (COACM I, 56).

A partir de ces premières déconvenues, les descriptions fantastiques de la richesse en argent, puis en or vont se succéder. Ainsi, en 1575, le compilamteur Thévet croit pouvoir affirner l'existence d' "argent fort fin et pur" (COACM I, 127). Lors de leur deuxième exploration de Madagascar, en 1613-1614, Paulo da Costa et les pères jésuites recueillirent dans le Nord-Ouest les dires d'une femme originaire de la côte orientale affirmant "qu'il

Outils de pêche des Vezo (Sud-Ouest de Madagascar)

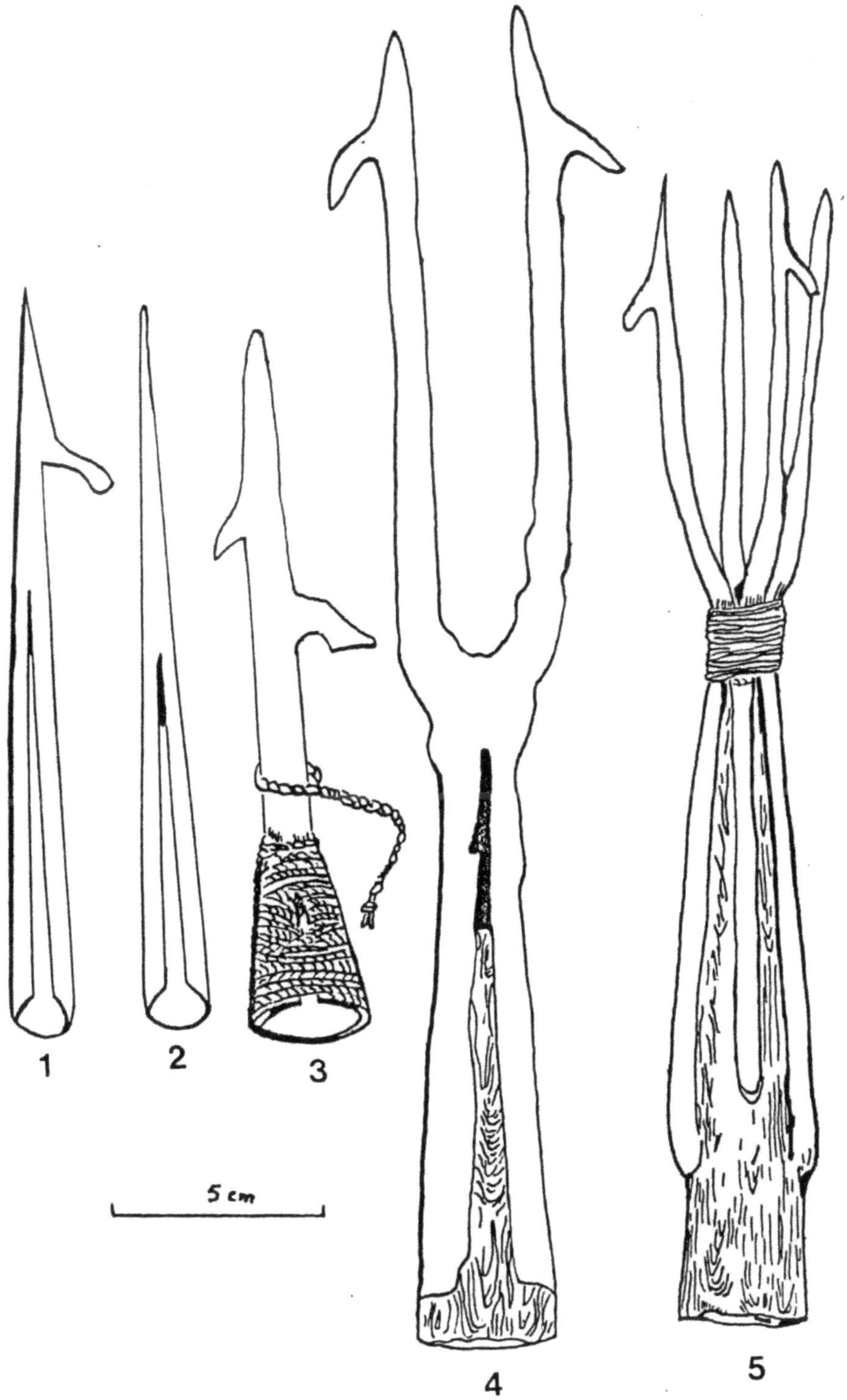

1 - manambaitse
2 - voloso
3 - teza
4 - roelela
5 - kijoamanta

D'après Battistini (1964, p. 127)

y a beaucoup d'argent dans son pays natal" (COACM II, 26).

Progressivement, les échanges d'argent et d'or venant des visiteurs européens vont s'intensifier. Les Jésuites portugais devront offrir des chaînes d'argent dans la baie d'Ampasindava (COACM III, 649), mais près de la baie de Boina, dès 1614, on réclame aussi déjà des réaux et des piastres d'argent (COACM III, 656), en même temps, il est vrai, que des barres d'étain et des manilles de laiton (COACM III, 656, 660, 676).

En 1616, le roi de Fanjahira réclame au père d'Almeida "deux cents piastres, beaucoup d'or" à l'éxclusion des verroteries et autres babioles (COACM II, 205).

A la baie de Saint-Augustin, lorsque relâchent les Anglais pendant la première moitié du XVIIe siècle, le pouvoir politique local est moins contraignant puisqu'on se contente d'étain, de laiton et d'anneaux de cuivre (44). Toutefois, les habitants exigent, en 1645, à John Smart, Thomas Clark, Humphr. Morse et Sam. Levett, du "fil de laiton de fabrication anglaise et non pas de fabrication chinoise" (COACM V, 510). A la baie d'Antongil, où les Hollandais établiront un poste de traite, on trafique avec "des anneaux et bracelets de cuivre fondu" (COACM III, 200). Van der Meersch remarque, en 1645, que l'étain est peu apprécié en raison de son abondance dans le pays (45), puisque les traitants hollandais l'ont sans doute fortement utilisé. Il est probable que vers le milieu du XVIIe siècle, la demande des métaux non ferreux varie selon les besoins du moment. Comme c'est le cas pour les perles de verre ou de cornaline. L'argent connu par les Islamisés en toute petite quantité va devenir de plus en plus demandé, d'autant plus que son utilisation pour les bijoux ne fait l'objet d'aucune interdiction. L'or, au contraire, importé lui aussi en faible quantité par les Islamisés (les dinars) a peut-être été exploité à Madagascar sur une petite échelle, au moins dans la région de Mahilaka (46), mais aussi dans le Sud-Est. Il était réservé aux familles royales et à leurs parents (47). Flacourt parlant de l'or natif remarque d'ailleurs à ce sujet ....

> "Leur or a été fouillé en cette terre en divers lieux et diverses Provinces: car tous les Grands en possèdent, et l'ont en grande révérence et estime, comme leur Dieu" (48) (1661, p. 82).

Ailleurs, Flacourt est même encore plus explicite sur l'or local et sur celui qu'on importe. Le passage présente, à mon avis, un tel intérêt qu'il mérite d'être cité intégralement.

> "Il y a bien de l'or parmy les habitans de Madagascar lequel n'a pas esté apporté par les Navires estrangers. Car il ne seroit pas possible que les Navires en eussent tant traitté qu'il y en a: et de plus il est d'autre nature que celuy de l'Europe qu'ils appellent en ce païs cy Voulamene voutroüa. Il est très facile à fondre, dont il y en a trois sortes, sçavoir celuy qu'ils appellent or de Malacasse qui est blafard, et ne vaut pas plus de dix escus l'once: c'est un or qui est fort doux à fondre, et presque aussi aisé que le plomb.
>
> Il y a de l'or de la Mecque qu'ils appellent Voulamenemaca qui est celuy qu'ont apporté les Roandrian de leur païs, qui est beau et bien raffiné, il vaut bien l'or de Sequin. Le troisiesme est celuy qu'ont apporté les Chrestiens qui est à leur façon de

BIJOUX

1

2

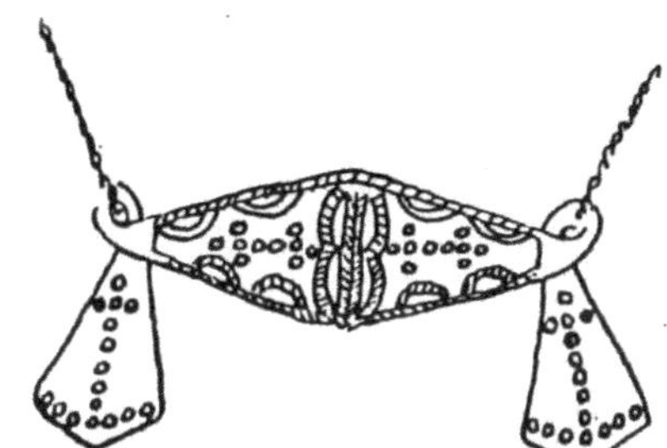

3

4

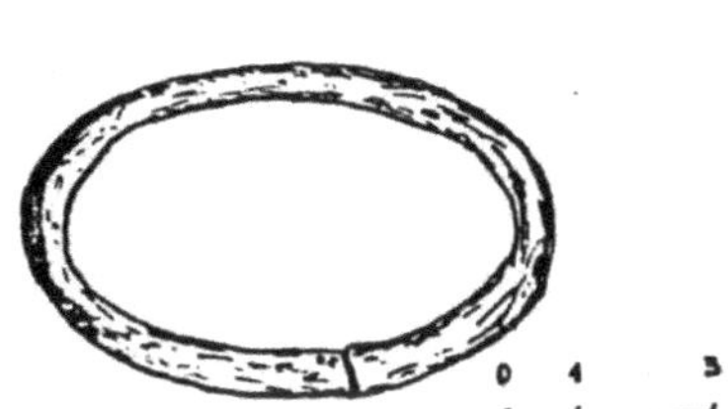

5

1 - Pendentif (Vérin - 1975, p. 900)
2 - Pendentif "fanery" (Decary 1951, p.88).
3 - Pendentif "fanery" (Decary 1951, p. 88).
4 - Bracelet "vangovango" (Decary - 1951, p. 88).
5 - Bracelet (Vérin - 1975, p. 731).

> fondre plus dur qui s'appelle Voulamene voutroüa, dont ils ont très peu. L'or de Malacasse est celuy qui a esté foüillé autresfois, dont il y en a des mines en ce païs d'Anossi, et par tout cette terre au rapport des Negres. A present, il est difficile de trouver où on en a foüillé. De cet or il y en a de trois sortes. Celuy qui est fin s'appelle Litteharongha, celuy qui est moins c'est le Voulamenefoutchy, et un autre qui s'appelle Ahets lava qui est entre deux" (1661, p. 148).

La question est désormais résolue sur la provenance de l'or à Madagascar. Mais elle l'est aussi par Flacourt pour l'argent puisqu'il indique:

> "L'argent est assez commun en ce pays, mais la plus grande partie provient du navire hollandais qui fut perdu aux Ampatres et aussi des navires qui sont venus autrefois et qui en ont apporté à Anossi" (COACM VIII, p. 209).

C'est à la même époque que l'on est pour la première fois renseigné sur les artisans qui travaillent l'or et l'argent. Cauche, dont Flacourt a dit beaucoup de mal, relate avec exactitude les procédés techniques d'un orfèvre de l'Anosy...

> "Il avait des creusets de terre brune ... dans lesquels il mettait de l'or du pays qui était très fin, qu'il fondait sans aucun ingrédient, soufflant par la bouche dans une canne contre les charbons allumés qui étaient sous lesdits creusets; il en faisait autant de l'argent. Il gravait sur des pierres tendres, comme nos argentiers sur les os de seiches, tout ce qu'il voulait, puis (il) jetait dessus ce qu'il avait fondu, qui prenait telles figure et proportion qu'il lui avait plu graver (49), à quoi il ajoutait d'autres pièces pour achever ce qu'il avait dessiné. se servant au lieu de borax pour la soudure de petits pois du pays, trempés dans du jus de limon, dans lequel il mettait le bout d'une plume d'aile de poule; puis (il) en frottait les pièces qu'il voulait joindre ensemble et, avec des pincettes, les mettait dans le feu couvert de charbon, qu'il allumait de son souffle passant par la canne, et aussitôt la soudure était prise".

Flacourt n'est pas aussi explicite que Cauche mais observe que la tradition du travail de l'or serait venue de Vohémar (50). Cette remarque est conforme à ce que l'on sait sur les migrations des Zafiraminia depuis le Nord-Est de Madagascar jusqu'à la région de Fort-Dauphin. La première mention du travail d'orfèvre dans l'intérieur doit être attribuée à François Martin. Celui-ci, lors de son expédition guerrière dans l'Antsihanaka en 1668, observa dans une maison "qui devait être apparemment celle d'un orfèvre ... des balances bien travaillées, qui étaient l'ouvrage du maître du logis, des creusets et des outils" (COACM IX, p. 566).

Un demi-siècle plus tard, Drury rapportait l'existence de curieux bijoux dans le pays Amboerlambo, c'est-à-dire l'Imerina:

> "...pays montagneux partagé en deux royaumes que gouvernaient deux frères, qui avaient de grandes oreilles, ornées de rondelles d'argent.. Il y a ... des artisans spéciaux qui fabriquent ces ornements. Les gens pauvres qui ne peuvent se procurer des

rondelles d'argent, en ont en "tutaneg" (étain) métal qui s'appelle à Madagascar "Ferotchfutey" "(Firapotsy)" (COACM IV, 358-359).

Ces poulies d'oreilles sont encore portées dans le pays sakalava du Nord-Ouest où elles portent le nom de famontro. Elles n'ont pas encore été retrouvées dans les fouilles archéologiques.

Mayeur et Du Maine font état d'un perfectionnement technique survenu au XVIIIe siècle: l'utilisation d'alliage par les gens des Hauts-Plateaux. Mayeur montre que cette habileté leur sert aussi à fabriquer de la fausse monnaie (51).

Les talents de bijoutier et d'orfèvre ont d'ailleurs été toujours appréciés sur les Hautes-Terres puisque les rois réservèrent dès le XVIIIe siècle ces travaux à la caste des Andriandranando, particulièrement élevés dans la hiérarche sociale.

I.2 - L'enquête sur les survivances métallurgiques

Mises à part les observations pertinentes des missionnaires anglais férus de technologie, l'analyse des relations anciennes nous a peu appris sur les processus de fabrication du fer. Or, en raison de la récupération généralisée des ferrailles d'importation au XXe siècle, ces processus traditionnels risquent de tomber dans l'oubli. En fait, aujourd'hui la technologie ancienne ne semble plus guère être pratiquée que dans quelques lieux des Hautes-Terres où le minerai est accessible et le combustible abondant; parmi ces lieux les plus réputés figurent Antarambiby dans le Betsileo et la région de l'Amoronkay à une centaine de kilomètres au Sud-Est de Tananarive.

L'Amoronkay, c'est-à-dire le rebord de l'Ankay, est sur la lisière de la grande forêt de la falaise orientale habitée par les Bezanozano. Les villages sont peuplés de Merina qui entretiennent des contacts étroits avec les gens de la forêt.

Traditionnellement, les Merina de cette marche avaient pour tâche de fournir le fer au souverain. Ils étaient placés sous la férule d'un Andriamasinavalona résidant à Ambohinaorina. Cette région métallurgique comprend les villages d'Ambohinaorina, de Merikanjaka, de Miarinarivo, de Tombonoro, d'Ankerana, etc.

J'ai choisi d'enquêter en détail dans la région de Merikanjaka où vivaient des informateurs particulièrement coopératifs. La métallurgie traditionnelle du fer telle que je l'ai observée à Merikanjaka se fait selon les différentes étapes principales que nous pouvons schématiser ainsi:

2.1. Recherche et localisation du minerai

Quand un gisement est épuisé (52), il faut se mettre à la recherche d'un autre gisement. Ce sont les femmes qui s'en chargent et quand la mine est localisée, les hommes s'assurent de la nature du minerai ainsi que de son abondance. En pays betsileo, la même division du travail se retrouve mais avec une légère variante. Ce sont toujours les femmes qui recherchent et localisent le gisement. Une fois ce dernier bien situé, les femmes extraient une certaine quantité de minerai qu'elles rapportent ensuite au village. Il est d'usage que cette opération se déroule dans le plus grand secret.

L'expérience alliée aux traditions ont habitué les métallurgistes à localiser facilement et à reconnaître sans trop de difficultés les lieux qui recèlent du minerai. Une végétation particulière pousserait au-dessus des gisements de minerai de fer. Ainsi, chaque fois que les habitants remarquent la présence de vendrana (53), ils se doutent de l'existence sous-jacente du minerai. Il en est de même pour des herbes comme les leraka (54) qui présentent un aspect plutôt dru et rougeâtre. Une fois ces caractéristiques touchant à la végétation reconnues, il reste à chercher d'autres indices plus probants. Ces autres indices consistent en l'existence de pierres très régulières appelées sosany ou riakam-bato (litt. pierres qui glissent, à l'image de l'eau du torrent). De fait, ces sosany, bien que naturelles, sont si régulières qu'elles semblent avoir été taillées ou provenir de moules. Certaines ont une surface triangulaire ou ronde, d'autres sont parallélépipédiques. Selon les habitants, les sosany indiqueraient différentes directions et l'extraction se fera aux environs immédiats de leur emplacement.

2.2 Extraction, broyage et enrichissement du minerai.

2.2.1 L'extraction se fait manuellement à l'aide de bêches angady. La plupart des gisements sont à ciel ouvert, comme dans le cas des carrières d'Ampasanimbola, mais il existait aussi des mines où l'on descendait à au moins trois ou quatre mètres de profondeur, à Andrenirano par exemple.

Breton (1898) avait remarqué à propos de ces mines à proximité de la région où j'ai effectué mes enquêtes:

> "Le minerai est tiré de la montagne de Marorangotra à 600 m environ au nord du village ... Ce minerai difficile à extraire à cause de sa dureté, n'est employé; les ouvriers préfèrent celui qu'ils retirent d'excavations profondes de 4 à 5 m".

Aujourd'hui, la plupart des excavations pratiquées sont superficielles, car les gisements sont abandonnés quand la profondeur est jugée dangereuse. Les mineurs, par habitude, connaissent d'une façon empirique la direction des filons. Pour la région de Merikanjaka, les informateurs m'ont assuré que le filon est généralement orienté dans le sens nord-sud, et plus précisément dans le sens nord-est-sud-ouest ("mianatsimo sy mianavaratra no faniriany fa tsy mba misy miankandrefana sy miantsinanaizy"). Cette direction interprétée d'une façon empirique par les métallurgistes, a pour eux une signification liée aux orientations de la cosmologie malgache (Hébert, 1965), mais cette observation a aussi un implication d'ordre géologique. Une étude anonyme remontant à 1921 (55) indique bien que cette direction est générale.

> "Les gisements de fer (magnétite) qui existent, sont inclus dans des bancs de quartzites de l'archéen. Sur une longueur nord-sud de plus de 800 km, en lisière de la grande forêt, à des altitudes variant de 1200 à 1500 m entre le nord du lac Alaotra en passant par Ambatolaona - Ambohimahasoa - Fianarantsoa - Ambalavao, il existe des bancs de quartzites à magnétite".

Au service Géologique de Madagascar, on est plus spécifique à ce propos:

> "Le minerai se présente sous forme de bancs plus ou moins lenticulaires de quartzites à magnétite, de direction nord-sud, de pendage ouest très incliné allant jusqu'à la verticale" (Madagascar, communication citée dans les Documents de France).

L'extraction peut être fructueuse, si le gisement est bien sûr de qualité, mais si l'on a pris aussi toutes les précautions rituelles nécessaires (cf. pp. 169-170). Le gisement est comparé à l'oeuf, avec le blanc et le jaune. Le blanc correspond à la mince couche de terre meuble ou encore la gangue appelée tampona-harana qu'il faut enlever et le jaune contient les blocs de minerai qui vont passer au broyage.

L'extraction n'est pas seulement affaire d'habileté et d'énergie. Elle suppose le respect de nombreuses précautions sans lesquelles l'opération ne réussirait pas. Tout d'abord, les femmes enceintes, mais aussi les personnes d'origine noble (andriana) ne peuvent regarder l'intérieur du gisement (56). Par ailleurs, seuls les hommes peuvent y pénétrer et ils doivent y observer certaines attitudes et positions supposées accroître le rendement. Ils doivent, par exemple, ouvrir leurs jambes en s'accroupissant; ils doivent aussi grogner de façon à ce que la tête du filon (masom-by) s'ouvre en conséquence et se développe. A partir d'une certaine profondeur, seules trois personnes sont autorisées à être présentes dans le gisement:

- la première s'occupe de l'extraction et utilise le tsolo (sorte de petite barre à mine).

- la seconde est chargée d'éclairer le mineur avec une chandelle. Comme des personnes malveillantes auraient pu jeter des sorts, elle est aussi chargée d'observer et de déceler toute apparition de fissure sur les parois du gisement. Les deux premières fissures peuvent être colmatées avec de la salive. Mais lors de l'apparition de la troisième fissure, l'aide prévient les deux autres mineurs d'accéléerer le travail et d'évacuer le gisement sous peine d'ensevelissement. Il n'est pas rare que des accidents surviennent en effet.

- la troisième personne est chargée de l'évacuation du minerai vers l'extérieur avec un récipient en vannerie dénommée ici varindry (57).

Deux sortes de minerai sont recherchées pour leur qualité et pour la facilité de leur travail:

. un minerai dur rouge dit menakely henjakenjana pour la confection des bêches angady (58).

. un minerai plus tendre dit bodo mainty manga plus facile à travailler mais peu résistant (59).

Pendant l'extraction, certaines précautions doivent être observées à l'extérieur. Il est de bon ton qu'une atmosphère de joie générale règne. Les chants, qui pour la circonstance doivent aider à créer une atmosphère de gaîté, sont dépourvus de licence. Des cantiques même sont entendus. Siffler et jurer sont formellement interdits car le minerai risquerait alors de disparaître entraînant des accidents voire des éboulements avec mort d'hommes. Toutefois, on croit que si la transgression n'est pas trop grave, le sauvetage demeure possible.

2.2.2 Le broyage et le concassage. Ils s'effectuent à l'aide de bâtons, à l'exclusion de tout autre procédé, car le minerai est friable. Les rondins de bois employé ont environ 30 cm de long et 3 cm de diamètre. Les fondeurs traditionnels n'utilisent que le produit ainsi obtenu appelé vovo-by (poudre de fer). L'analyse granulométrique montre que, par cette méthode, on récupère des grains passant dans des tamis de 1 à 2 mm. Les gros noyaux compacts sont donc rejetés et les grains plus fins sont perdus également. Le minerai brut ainsi récolté est chargé dans les corbeilles varindry et transportés à l'aire de lavage après une prière de circonstance adressée aux Vazimba qui habitent le gisement et sont réputés être propriétaires du sol (60). La prière est complète par une offrande d'alcool malgache toaka.

2.2.3 Lavage du minerai. Ce lavage consiste dans le débourbage (élimination de la matière terreuse) et l'évacuation du sable. L'opération est un travail féminin mais que les travestis peuvent éventuellement accomplir. Elle se fait dans des petits bassins aménagés appelés fanasana où l'eau arrive à partir du cours d'une rivière déviée artificiellement. Le fond en est tapissé de gazon et de racines qui retiennent les particules. Le débit de l'eau à l'entrée du bassin peut être réglé.

Le produit du broyage est lavé, râclé avec la paume de la main pendant un certain temps jusqu'à ce que la terre et le sable de densité plus faible que le minerai soient éliminés. Les grains de minerai plus lourds restent au fond du bassin. Certaines femmes ont acquis une réelle maîtrise dans cette technique du lavage: il faut en effet observer une certaine position de la paume de la main pour éviter que tout le produit du broyage ne soit entraîné par l'eau.

Les analyses de laboratoires faites par Rabemananjara (1978, p. 3) ont donné les résultats suivants, concernant la granulométrie moyenne au produit du lavage (rara-by): 21% sont retenus au tamis de 1 mm tandis que 79% passent au travers de ce même tamis.

Par ailleurs, parmi les groupes qui se spécialisent dans les questions de travail du fer, une femme experte pourrait arriver à laver jusqu'à 300 kg de minerai brut par jour.

Comme dans le cas de l'opération précédente, le lavage commence et finit par des prières et des demandes de bénédiction ou de remerciement destinées aux esprits Vazimba et Zavatra des eaux et du fer (voir p. 168).

2.3. Opération de fusion

Deux opérations essentielles sont nécessaires avant l'obtention de la loupe finale pour la forge.

La réduction tanika (litt. cuisson) s'effectue dans un fourneau cylindrique (tranotanika ou lozoka).

L'affinage rendrika (litt. sombrer) qui est réalisé dans un fourneau beaucoup plus petit.

2.3.1 La réduction (tanika) La méthode traditionnelle transforme directement le minerai en produit métallique prêt pour l'affinage.

Cette opération est dirigée par le fondeur mpilozoka assisté de quatre personnes au moins, les manieurs de soufflets mpifofotra. Le fondeur mpilozoka s'occupe en personne de la confection du tranotanika (fourneau à réduire). Une épaisseur uniforme de toutes les parois (15 cm) est ainsi réalisée pour l'obtention du fourneau qui présente l'aspect extérieur d'une grande jarre au col resserré.

Le tranotanika est confectionné avec des pierres dites vatomaty (litt. pierres mortes) crépies de terre rouge (haboka) sur 1 à 2 cm d'épaisseur. Cette terre rouge est extraite à partir d'un certain type de sol bien connu des spécialistes. Elle a la particularité de brûler et de fondre avec le minerai. Effectivement, l'opération de réduction une fois terminée, seules subsistent les pierres de parois.

Le fourneau cylindrique, haut de 80 cm à 100 cm, repose sur une fondation de vingt centimètres d'épaisseur environ, creusée dans le sol. A sa base, rentre une tuyère didy en vatodidy (sorte de schiste) pour l'alimentation en air du chargement. Du côté opposé, un autre orifice est aménagé pour l'évacuation des scories. Le vatodidy plus résistant et pouvant servir plus longtemps est préféré pour les tuyères à l'argile facilement cassable. Entre le didy et les cylindres des soufflets se trouvent les tuyaux conducteurs qui sont en général en métal, mais aussi autrefois en bambou (cf. fig. 32).

Les soufflets de grand modèle utilisés pour la réduction sont façonnés dans de gros troncs d'arbres évidés, hauts de 185 cm dont le diamètre intérieur a 22 cm (pour 35 cm à l'extérieur). Une seule personne peut manier le soufflet d'un cylindre mais comme ce travail est assez épuisant, il convient de se relayer, ce qui nécessite donc au minimum deux équipes composées de deux "souffleurs" (mpifofotra) pour se succéder dans le maniement des soufflets.

Avant que ne commence la réduction, la cadence sur laquelle se base l'équipe des souffleurs pour pomper doit être réglée avec minutie. Le rythme idéal - condition de réussite de l'opération, surtout quand le fondeur introduit le bâton protecteur fiaro - est obtenu en écoutant le sifflement de l'air sortant des tuyères. Chaque cylindre est parcouru par un piston fixé à une rondelle de bois (le satrahana), l'étanchéité étant assurée par un chiffon lamba tavoka. Lors de l'aspiration, la rondelle se sépare du lamba tavoka et laisse pénétrer l'air dans le cylindre en passant entre le "satrahana" et le "lamba tavoka". Au cours du refoulement, le "satrahana" vient s'appliquer sur le "lamba tavoka", en épousant étroitement la forme intérieure du cylindre et comprime l'air (Andrianarimanana, 1980, p. 19).

2.3.1.1 Chargement du fourneau. Le mpilozoka après avoir confectionné le fourneau s'occupe avec le plus grand soin de la mise en place du didy (fandavoana didy). Celui-ci doit être placé à la base du fourneau suivant une inclinaison de 10°. Le bout qui pénètre à l'intérieur est aussi disposé "à quatre doigts" du centre du fourneau. Le mpilozoka est généralement un homme qui, lors de la mise au point du fourneau et du dispositif d'alimentation a dû enjamber les tuyaux. Lorsque le mpilozoka est une femme, ce qui serait possible, mais que je n'ai pas observé, on

Schéma d'un Tafoforana (Soufflerie)

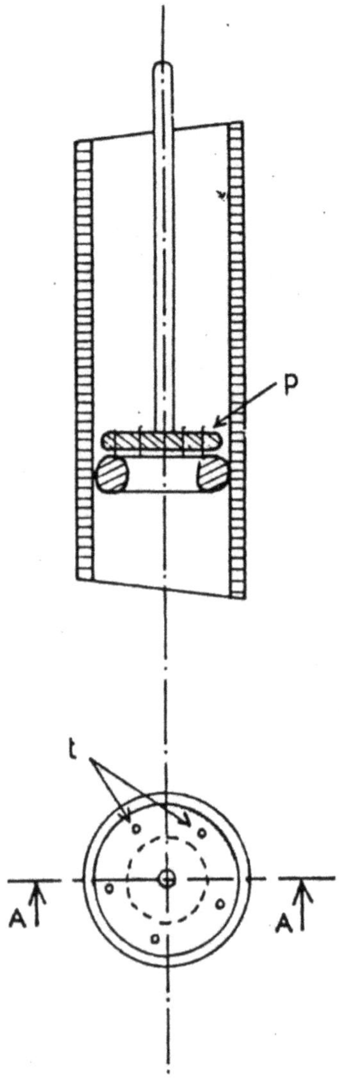

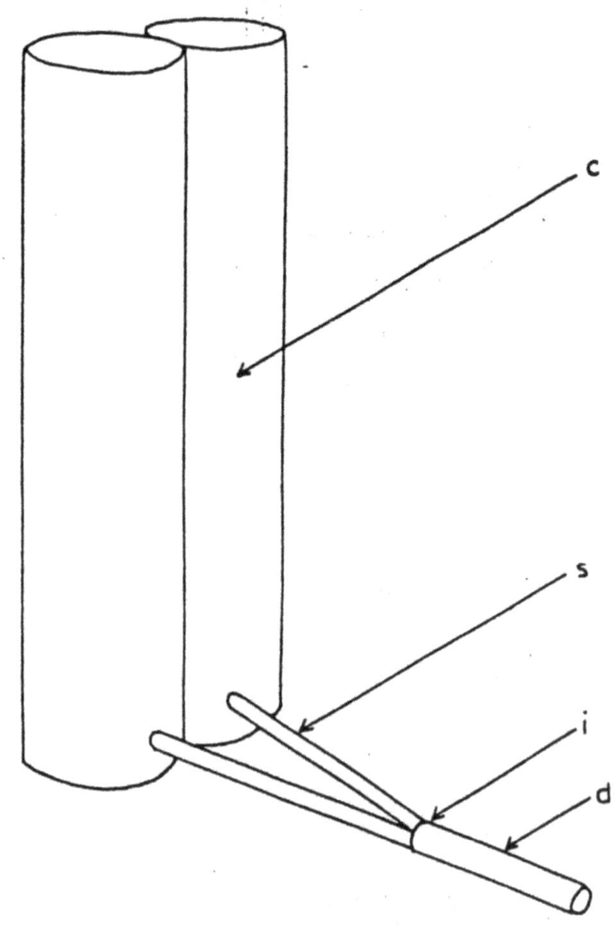

c : cylindre (L = 180 cm, Ø ext. = 28 cm, Ø int. = 22cm, 2 = 3cm)
fait de bois " handrarezina " ou mieux d'alampina

s : sony (L = 62 cm , Ø = 3 et 4cm)

d : didy (ou tuyère) (L = 35 cm , Ø ext. = 9cm , Ø int. = 4cm)

p : plaquette (e = 15 mm , Ø = 25, 2 cm)

i : intersection didy-sony à envelopper de bouse pour éviter la fuite d'air

t : trous de 6mm de diamètre répartis en chicane sur la plaquette pour la fixation du lamba-tavoka

in Andrianarimanana Jaobelson R - 1980 (p. 19)

procède avant la mise en combustion du four au rite du levé de l'enjambement. Hébert a bien montré que l'image de l'accouplement est annulée par son simulacre (Hébert, 1977, p. 5, voir aussi p. 171). Ce rite de levé de fady appelé ala-dika (c'est-à-dire enlèvement du fady d'enjambement du didy et des sony) doit s'effectuer alors avant la mise en place du didy.

Le remplissage du four s'effectue en disposant le charbon et le minerai selon une recette bien établie. Sur la base de terre sèche et de cendres de 10 cm d'épaisseur, on dispose une première corbeille varindry de charbon de bois. Cette première couche constitue le fon-tanika (litt. le coeur de la cuisson); c'est à partir d'elle que se fera la mise à feu depuis la cavité du didy. Au-dessus on place un varindry de raraby (poudre de fer), puis deux varindry de charbon; le chargement de minerai doit tapisser la paroi du fourneau tandis que le combustible forme une colonne centrale. L'empilement ultérieur, qui comporte une série de un varindry de minerai et deux varindry de charbon, tient compte de cette disposition, mais en l'aménageant on interpose aussi le charbon pilé entre les couches de minerai. A la fin, le fondeur qui dirige cette opération doit veiller à ce que le chargement du minerai s'arrête à quelques centimètres du bord de façon à ce qu'on puisse mettre tout en haut la dernière couche de combustible.

A juste titre, Andrianarimanana (1980, p. 18) estime que ...

> "Cette disposition des couches de combustible permet une meilleure répartition de chaleur et une circulation plus libre du gaz réducteur. Comme l'épaisseur de charbon entre le minerai est faible, il n'y a pas de risque d'explosion comme dans la méthode catalane à même type de disposition mais où les couches de charbon sont beaucoup plus épaisses que celles du minerai".

2.3.1.2 Combustible. Douze varindry de charbon suffisent pour fondre quatre à six varindry de minerai et obtenir ainsi douze angady. La charge d'un fourneau ordinaire est de 125 à 150 kg de minerai et la consommation totale de combustible de 200 kg.

Chaque opération métallurgique nécessite un combustible particulier; pour la réduction (tanika), les fondeurs ont recours à ce qu'ils appellent ari-manta (litt.: charbon cru). L'ari-manta est fait à partir de bois dur coupé sur pied, alors qu'il est encore rempli de sa sève. Ce genre de combustible est préféré à cause de la résistance du bois et de ses propriétés émollientes pour le métal.

Parmi les espèces de bois durs et parfois lourds, on cite:

- le valanirana (Nuxia capitata Baker-Loganiacées)
- le hazotokana (Vernonia species - Composées)
- le hazovelona (nom botanique inconnu)
- le lalona (Weinmannia bojeriana - Saxifragèes)
- le hazomby (Erythroxylum myrtoides - Erythroxylacées ou Homalium tetramerum litt.: bois de fer à cause de la dureté de son bois
- le rotra (Eugenia jambolana)
- le masaizano (Hibiscus tiliacens - Malvacées)
- le landemilahy (Antocleista madagascariensis Bak - Loganiacées) et plus couramment l'anjavidy (Philippia goudotiana klotzsch -

Schéma du chargement d'un fourneau de fusion

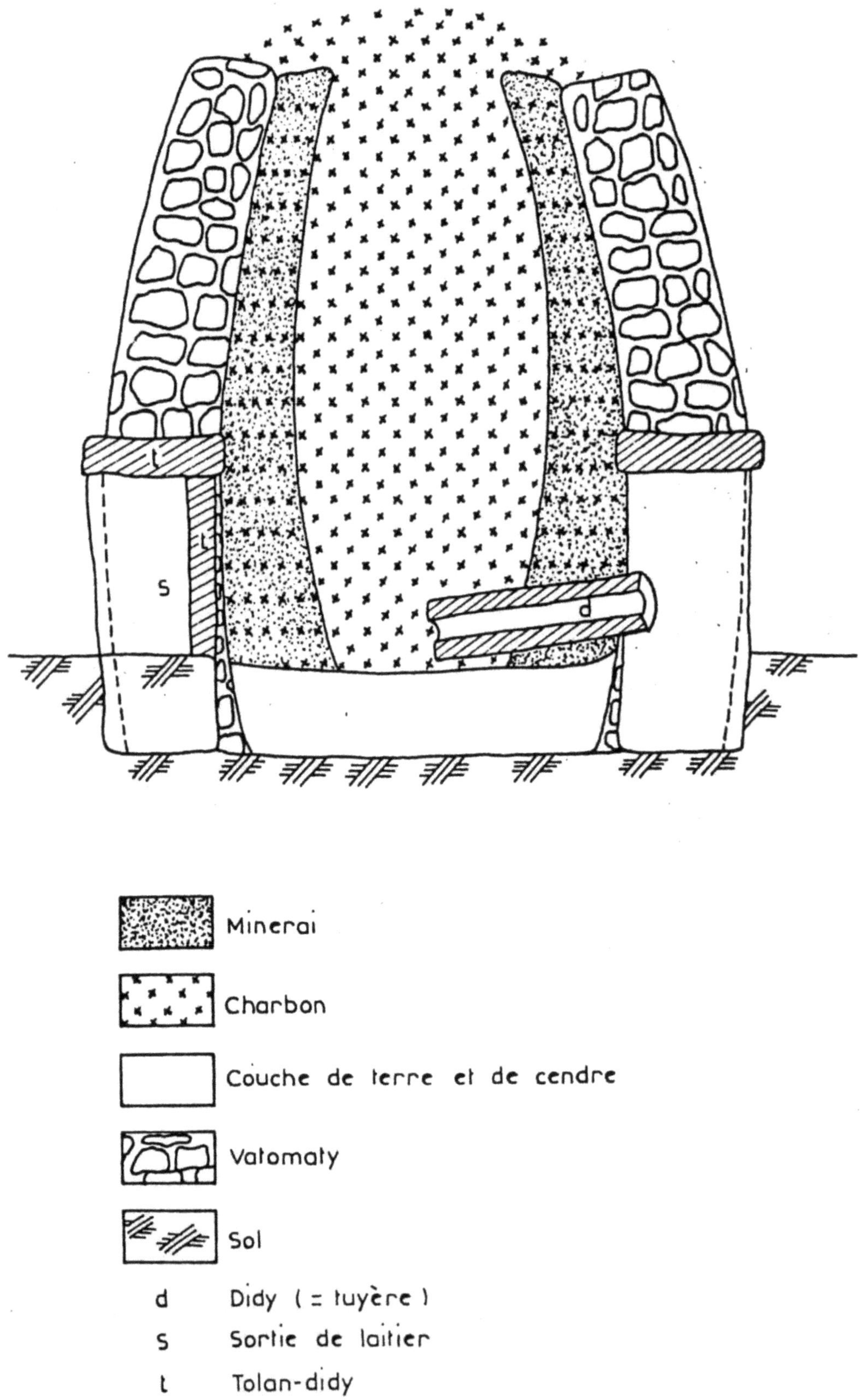

in Andrianarimanana Jaobelison R - 1980 (p. 10')

Ericacées).

Remarquons que l'anjavidy est réputé pour son pouvoir calorifique élevé et son utilisation est recherchée pour obtenir une montée rapide de la température. Les autres espèces sont plutôt là pour maintenir cette dernière à un certain degré au cours de la combustion. Toutes ces espèces se rencontrent dans la forêt.

Quand tout est prêt, le mpilozoka, ou éventuellement une personne qui a la "main chaude" (masiaka tanana), procède à l'allumage par le trou de la tuyère didy. Des bouses de vaches desséchées sont couramment utilisées à cet effet. L'opérateur attend généralement cinq à six minutes pour s'assurer que la prise de feu du fon-tanika est bien faite, ce qui se manifeste par la fumée qui s'échappe par le corps central. Le système de soufflerie est alors solidement installé, car l'air d'alimentation de la tuyère ne doit pas s'échapper. De la bouse de vache servira encore ici à colmater les interstices qui pourraient exister entre le didy et les sony par exemple.

La réduction dure environ huit heures (61). Actuellement, l'opération peut commencer en fin d'après-midi quand la chaleur du jour baisse (vers quatre heures). Ceci est contraire à la tradition de jadis où l'on débutait à l'aube ou au commencement de la matinée alors que le soleil entamait son ascension.

2.3.1.3 Bâtons "protecteurs" et réduction. Durant toute l'opération de réduction, le mpilozoka utilise quatre séries de bâtons "protecteurs" appelés fiaro dont le rôle est autant technique que rituel.

1°/ Trois fiaro fandatsaham-boalohany (62) qu'on introduit au début une fois le feu pris. On les appelle aussi famakiana fon-tanika, donc à "ouvrir" le coeur du chargement. Le mpilozoka ne les laisse pas se consumer entièrement. Ils sont choisis parmi les espèces comme le marotampona (63), le riona (64), le famelona (65), le fiandry vava-ala (66) (litt. gardien de l'entrée de la forêt). Le mokaranana (67) est interdit.

2°/ Trois fiaro laniana ou aro afo (68): des bâtons qui sont destinés à être consumés comme leur nom l'indique. La mise en place de ces fiaro correspond au début de la fusion du minerai.

3°/ Trois fiaro vatana (69): "utilisés durant la réduction proprement dite".

4°/ Trois fiaro meloka (70) introduits durant la phase d'agglomération.

En fait, ces bâtons "protecteurs" dont le premier est introduit dans le chargement quand le feu est au tiers de sa combustion, servent au fondeur à contrôler la température de la fusion, la "cuisson" du minerai et permettent de décider du dosage des quantités de charbon nécessaires. A l'observation de certains mouvements du fiaro, le fondeur peut décider de rajouter du combustible. Il sait aussi quand on doit accélérer ou ralentir le rythme du pompage des soufflets.

Quatre phases principales sont relevées dans le déroulement de la réduction. Les métallurgistes les désignent selon les péripéties de l'opération et la situation du minerai à l'intérieur du fourneau.

1°/ La phase d'introduction des premiers bâtons "protecteurs" ou <u>mandatsa-piaro</u>. Quand le dernier des <u>fiaro laniana</u> (ceux destinés à se consumer) est consumé, le fondeur sait empiriquement que c'est le début de fusion du minerai. Cette première phase dure une heure trente minutes environ.

2°/ La phase de réduction proprement dite appelée <u>manangona ny vy</u> (litt/ rassembler le minerai de fer) et du <u>mampakatra afo</u> (litt. faire monter le feu). Cette phase dure trois heures environ.

3°/ La phase d'agglomération du fer appelée <u>mamintina ny vy</u> (litt. resserrer le fer, diminuer le volume du fer). Cette phase dure deux heures environ.

4°/ La phase de formation du laitier où les métallurgistes décident d'une rapide augmentation de la température. Cette phase est appelée <u>manotrona</u> (litt. "entourer de prévenances") et <u>manery taim-by</u> (litt. rassembler les laitiers).

Tableau des phases avec indication de l'introduction des <u>fiaro</u>

Durée	Opération	Introduction des bâtons "protecteurs"
1	Mise à feu	
30		<u>Fiaro fandatsaham-boalohany</u>
2		
30		<u>Fiaro laniana</u>
3	Début de fusion	
30		
4		
30	Réduction proprement dite	<u>Fiaro vatana</u>
5		
30		
6		
30	Agglomération du minerai	<u>Fiaro meloka</u>
7		
30		
8	"Entourage" <u>Fanotronana</u>	

La dernière phase qui va imposer au mpilozoka les "soins" particulièrement délicats du fanotronana (71) entraîne la nécessité, par trois reprises, d'observer la couleur du feu et d'écouter le son émis à l'intérieur du fourneau. Il décide alors d'activer le feu pour la dernière fois (fampiroboroboana afo) et choisit le moment pour l'évacuation des laitiers de fer taim-by (fampangerena), afin que ces derniers ne "remontent" (miorika) pas par le didy qu'ils risquent de boucher, ce qui entraînerait la "mort" du tanika (cuisson ratée). Il peut alors à l'aide d'une tige de fer rond de dix millimètres de diamètre appelée tsindron'herony déboucher le trou du didy et aussi faire évacuer les taim-by.

La combustion est arrêtée par obturation de la partie supérieure du fourneau avec de la terre humide. On laisse refroidir avant de procéder à la récupération du produit utile du fourneau, c'est-à-dire de la loupe.

Le fourneau est démoli sur une moitié latérale de façon à pouvoir être réaménagé pour une nouvelle utilisation; à la prochaine réduction en effet, le mpilozoka n'aura à confectionner que l'autre moitié du mur.

La loupe est récupérée à l'aide d'une longue barre à mine faniram-by ou fanitra. Il convient maintenant de passer à l'affinage du produit.

2.4. Affinage (rendrika)

Les ateliers d'affinage (fandrendrehana) que j'ai observés sont proches des villages, mais ils peuvent être assez éloignés des ateliers de fusion. Les loupes sont apportées par portage humain, et les produits obtenus vont être répartis selon leur provenance dans le fourneau avant l'opération d'affinage.

En effet, à la fin de la première opération de réduction, trois sortes de produits ont été obtenues:

- le "fond de la fournée" (vodi-tanika) massif, très dur avec lequel sera confectionnée l'enclume (riandriana)

- le "corps" (vatany) au valaha-tanika ("le flanc de la fournée")

- le "bord de la fournée" (molo-tanika ou tsy) (72)

Ces trois catégories disposées en trois tas vont être mises à contribution selon la qualité du produit affiné que l'on désire et selon les recettes des spécialistes. Par exemple, on peut mélanger en proportions égales ou bien utiliser trois morceaux de vodi-tanika, pour trois morceaux de valaha-tanika et deux morceaux de molo-tanika. Enfin, si l'on désire obtenir du voraka, matériau considéré comme plus résistant, on l'affinera à partir du vodi-tanika seul.

La loupe obtenue va être repassée au feu, puis martelée. C'est le rendrika qui donnera le fonja (lingot). Comme lors de la réduction, cette opération nécessite un combustible approprié.

Ce combustible est désigné sous le terme de ari-masaka (litt. charbon cuit). Les bois mangés par les termites, ou les bois en décomposition qui ont perdu leur sève depuis longtemps (lodi-kazo ou hazo ambany epoka) ou encore du bois d'anjavidy sec sont recherchés. En effet contrairement à ce qui s'est passé dans le cas de la réduction, le lingot à obtenir ne doit pas être cassant. Le temps de passage au feu doit être bien mesuré. Alors qu'à la fin de la réduction, le tanika avait une couleur rouge vif, à l'affinage le métal prend une couleur plutôt blanche.

Le martelage est affaire d'homme expérimenté. Le but est d'éliminer le laitier et les scories qui subsistent encore. Il se pratique à l'aide du marteau fampohaza sur l'enclume riandriana. Deux hommes effectuent l'opération. L'un présente le métal à l'aide d'une grande tenaille tandra be ou tandra foto-ponja au marteleur qui façonne peu à peu le lingot sous forme de briquette.

2.5. Forgeage (tefy)

La forge, elle, n'est guère éloignée du lieu d'affinage. Le lingot "épuré" et confectionné en briquette va être passé encore au feu, aplani progressivement et prend la forme de l'outil recherché. Lors de cette opération, le lingot subit encore au préalable un martelage afin d'enlever les dernières scories. Cinq hommes passés maîtres dans cette technique sont chargés de l'opération du forgeage. Ils doivent fournir un rythme de frappe régulier et occupent en même temps une place spéciale autour de l'enclume. Ce sont:

- le mpitan-tefy (celui qui tient le lingot à forger) a le rôle principal. Il maintient le lingot avec la grande tenaille (tandra be ou tandra foto-ponja) et présente la briquette aux marteleurs selon l'angle voulu.

- les quatre autres martèlent alternativement et se tiennent à des positions bien précises autour de l'enclume: l'un au pied de récipient d'eau (am-body tavin-drano), le second au nord (ampovoany avaratra), le troisième au coin nord-ouest (an-driram-by) et le quatrième au pied même du foyer (am-body fatana).

Les marteaux des artisans placés aux coins nord-est et nord-ouest de l'enclume portent respectivement les noms de fampohaza andrira-beny et fampohaza andrira-keliny (le grand et le petit marteau).

Une variété de tenailles est mise en oeuvre melon les stades d'élaboration et les outils à faire; outre le tandra be déjà cité, j'ai remarqué:

- le tandra biko pour tenir le lingot après affinage,

- le tandra salasala (la tenaille moyenne),

- le tandra fihatra, quand le fer (le lingot) à travailler est très mince,

- le tandra kely (petite tenaille), plutôt utilisé dans les travaux de finition. Ainsi lors de la confection de l'angady, cette tenaille sert à maintenir la douille.

Le feu du foyer est alimenté par des combustibles sélectionnés là encore avec soin. On préfère là du bois mangé par les termites (hazo matin' angatra), du varongy (Ocotea Trichlophlebia) ou encore des racines d'anjavidy appelées tronga. Les plantes tendres telles que les joncs hazondrano (Scirpus corymbosus) ou encore le bonetsaka (73) sont absolument déconseillées pour alimenter ce feu qui chauffe le lingot dont on va tirer des objets formés.

Certains outils (bêches, haches) ou objets (clous, rasoirs) qui doivent être particulièrement résistants subissent l'opération de la trempe hofana. Trois sortes de trempe sont traditionnellement pratiquées selon les objets traités: avec l'eau, avec le tronc de bananier ou avec des peaux d'animaux.

La trempe avec l'utilisation de l'eau seule est destinée aux haches famaky et aux bêches angady.

Le fer chauffé au rouge vif est trempé un court instant dans le récipient (tavin-drano) rempli d'eau froide. La durée de la trempe aussi donne différentes couleurs caractéristiques au métal.

a - teinte bleue appelée mangamanga ou vodiherana quand la trempe est suffisante.

b - teinte grisâtre désignée lamosin'omby (dos de zébu) quand la trempe est exagérée.

c - et teinte noire quand la trempe n'est pas suffisante.

Selon les forgerons, dans les deux derniers cas, le fer peut se casser ou alors il est peu résistant.

L'utilisation de troncs de bananiers est destinée aux outils dont la dureté du fer est à éprouver, tels les clous qui ne doivent ni plier ni se briser. On plonge le fer dans le tronc du bananier fraîchement coupé et encore rempli de sève avant le martelage.

Pour les outils très fins (ex. lames à raser), le forgeron utilise de la peau de grenouille ou de crapaud et même la membrane interne d'un gésier de poulet; il en enveloppe préalablement le fer avant de le passer au feu, puis pratique la trempe dans l'eau.

Le liant utilisé appelé par les forgerons fampaniriana vy (litt. pour faires pousser le fer) est souvent constitué du sable blanc des rivières ou du sel marin, éventuellement du sel végétal (obtenu à partir de l'anivona (74), une espèce de palmier).

Breton (1898) avait remarqué qu'avant la trempe, certains forgerons ajoutaient du "sel, de la cendre fine et des rognons de corne" aux outils auxquels ils voulaient donner une grande dureté, notamment les limes pour travailler le fer (75).

1. Cette tradition dont l'origine se trouve dans la chronique du Tantara ny Andriana n'a guère plus de véracité que celle qui attribue un demi-siècle plus tard au roi Ralambo l'introduction de la consommation du zébu. Les fouilles archéologiques ont montré que celui-ci consommé dès le XIe siècle à Talaky (Battistini-Vérin-Rason, 1963).

2. Sur cette rencontre entre Indonésiens et Africains, consulter Pierre Vérin, 1985, Malgache et Swahili - Culture de frange et interférences (à paraître). Bakoly Domenichini et Jean-Pierre Domenichini, 1983 (pp. 5-19) insistent sur les présomptions d'une plus grande ancienneté à Madagascar.

3. Bloch et Vérin (1969) et Ottino-Kellum ont signalé des découvertes isolées de fragments lithiques; P. Vérin pense qu'il pourrait s'agir d'éléments travaillés pour des silex de pierres à fusil. Ces pierres à fusil sont d'ailleurs signalées depuis le XVIe siècle un peu partout (par exemple à Maliovola dans l'Anosy par J.A. Rakotoarisoa, communication personnelle, à Ambanoro par Anne Lavondès, dans l'Androy, cf. le site d'Ankara plus loin).

4. Voir aussi Lopez, un autre compilateur, en 1585: "Ils sont belliqueux et bien armés d'arcs, de flèches et de javelots dont la hampe est fine et le fer barbelé et qu'ils lancent avec beaucoup de force et d'adresse" (COACM I, 147).

5. David Middleton, 1607 (COACM I, 406), William Keeling, 1608 (COACM I, 410), Bradshaw (COACM I, 423).

6. Son compatriote Walter Hamond (1640) écrit qu' "ils ont atteint, dans l'emploi de ces armes (lances et dards), une perfection qu'aucun autre peuple du monde n'égale" (COACM III, 27). Un autre Anglais Mandelslo, à la même époque, ajoute: "ils commencent à s'en servir dès l'âge de huit ou neuf ans" (COACM II, 490).

7. Pourtant, à Sada, la référence est explicite et il est probable que les Africains de cette ville avaient effectivement des arcs. Cette arme, comme le note Grandidier, est d'ailleurs connue comme jouet (renin'antsaky). Sur ce sujet, voir aussi Molet (1957). Flacourt signale l'usage de l'arc près de Fénérive (1661, p. 96).

8. François Cauche rapporte qu'à Sainte-Marie on pêchait la baleine et que lorsque les insulaires "se sentent assez près, ils dardent des fers barbelés au bout, attachés à des cordes ... par des boucles qui sont à l'autre bout du fer" (COACM VII, 64). Flacourt signale des "sagaies au bout desquelles il y a des harpons " (COACM VIII, 113).

9. Cf. aussi Flacourt: "de petites pincettes, à tirer les espines des pieds, et à leur arracher le poil" (1661, 77).

10. L'Extrême-Sud-Est.

11. Fitoraka (litt. ce qui slance). Dans le dictionnaire de Flacourt, on voit aussi Fiarach (Fiaraka).

12. Renelefo, mot à mot mère-sagaie, lefo étant le terme général. Lefo est souvent traduit par "pique" ou "hallebarde"; et chez Cauche par "pertuisane" (COACM VII, 42).

13. Manghafia, aujourd'hui Manafiafy.

14. Coubahi évoque le mot Kobay (gourdin) de la langue officielle. Dans le dictionnaire il est indiqué sous ce mot "une sagaie à forte pointe".

15. Manghabei (Mangabe): l'actuel Maroantsetra.

16. Ampatres: l'actuel Androy oriental.

17. Mahafalles (Mahafaly): au Sud de l'Onilahy.

18. Machichores (Masikoro): aujourd'hui, ce terme est réservé aux Sakalava du Sud.

19. Manamboules: Manambolo.

20. Sembelahi, dans le dictionnaire de Flacourt, sagaie à longue pointe. Voir aussi Souchu de Renefort (1668) décrivant un combat dans l'Ambolo: "Les indigènes en venaient aux mains à leur manière, c'est-à-dire commençaient par se jeter de loin les quatres dards dont ils s'étaient armés dans ce but, puis engageaient la lutte corps à corps en combattant avec la pique qu'ils appellent mère sagaye, longue d'une toise et demie, et ferrée des deux bouts, mais perçante seulement par un ..."

21. Le pays des Kimosy dans le Sud-Est.

22. Eringdranou, aujourd'hui Arindrano le sud du Betsileo.

23. Litt. Montagne des boeufs; sans doute le Betsileo central et non pas l'Imerina.

24. Ivonrhon: Ivondrona; Icondre: Ikondro; Manamboulle; Manambolo; Anossi: Anosy; Matatane: Matitanana; Manghabei: Mangabe. Ailleurs, Flacourt insiste sur la qualité des productions de la vallée d'Ambolo: "Il y a quantité de mines de fer et d'acier, c'est là où se forgent les plus belles sagayes, et les meilleurs ferrements" (1661, p. 9). Il mentionne l'existence à "l'ouest, d'une petite province qui se nomme Izame et où se forge le meilleur fer" (1661, p. 10). Le Manamboulle est décrit comme un "païs" ... fertille en fer et scier" (1661, p. 13) tout comme le "pays des Vohits-Anghombes ... un pays riche en bestiaux et pasturages et en mines de fer et d'acier" (1661, p. 15).

25. " ... J'ai vu aussi un forgeron fabriquant des fers de lance d'une manière étrange; il n'avait pour outils, autant que j'ai pu voir, que deux pierres, qui lui servaient, l'une d'enclume et l'autre de marteau, et son soufflet était formé de 2 bambous longs d'environ 3/4 de yard et gros à peu près comme la jambe ou la cuisse d'un homme, qui étaient percés à leur extrémité de petits trous par lesquels, l'air s'échappait sur un petit feu placé à proximité, cet air était chassé par de petits plateaux ou disques semblables à des battes à beurre; quant aux bambous, ils avaient leur partie supérieure fermée par une peau de mouton ou de chèvre avec le poil en dehors et ressemblaient aux écouvillons dont on se sert pour nettoyer les canons; ces battes

(ou pistons), étant alternativemnt soulevées ou abaissées, refoulent l'air sur le feu".

(COACM III, pp. 93-94).

26. "Si quelqu'un est supris dérobant le miel de la ruche d'un autre l'amende sera de trois pelles en fer. Il faut remarquer que ces pelles en fer ou bêches, etc. sont une sorte de menue monnaie, car, à Madagascar, tout le commerce se fait par voie de troc en échangeant un ojet contre un autre ...." (COACM IV, 20).

27. C'est à dire Amboalambo, nom par lequel les Sakalava désignaient autrefois les Merina.

28. Sakalava.

29. Car "les fonderies sont de préférence établies sur les frontières, à la proximité du bois que le charbon consomme. La manipulation du fer serait trop dispendieuse si les fonderies étaient placées plus vers le centre du pays qui est entièrement découvert et d'une extrême aridité" (1913, BAM XII, 2, p. 28).

30. Relation de 1777: "ils placent à droite et à gauche de ce trou des soufflets à pompe".

31. Relation de 1777: "encore faut-il que la fonte soit forte, c'est-à dire de quatre-vingt à cent livres, car c'est la plus forte que j'aie vu faire".

32. Mayeur est certainement mieux renseigné qu'en 1777 lorsqu'il écrivait "ensuite ils travaillent le métal sans lui faire subir une seconde fusion, ce qui paraît inconcevable et est cependant vrai". Le travail du métal était probablement précédé d'une opération d'élévation de température permettant l'affinage, ou d'une mise au creuset non observée antérieurement.

33. A ce propos, Mayeur ajoute: "mais ils ne savent pas forer le canon. Ils le soudent dans sa longueur, procédé imparfait qui le rend très sujet à crever au premier essai qu'on en fait" (p. 28).

34. C'est-à-dire les tuyaux de la soufflerie.

35. La figure le montre et le texte indique: "plusieurs forges étaient montées en cet endroit, on voyait sur le sol des tentes de jonc de diverses grandeurs qui, toutes, étaient pleines de minerai; à chaque instant, il arrivait de la montagne des hommes avec des paniers sur la tête" (1840, pp. 239-240).

36. Voir infra mon enquête à Ankerana où le soufflet de fonte est de beaucoup plus grande taille que le soufflet de forge.

37. Le souvenir de ces villages de spécialistes a quasiment disparu sauf dans la toponymie (ex. à Ampanefana, litt. là où on forge, près d'Anosizato).

38. "There is a supply of iron work in the market but it is rough and corse. Heavy spades, nails of various sizes, hinges, locks, pincers and tweezers, hatchets, choppers, hammers and trowels, are sold in

abundance, all of native work".

39. Chick améliora l'organisation du travail par le stockage du minerai et du combustible et développa la production. A son départ en 1835, les techniques européennes avaient été bien assimilées par des centaines d'apprentis qui travaillaient sous ses ordres (Hommes et Destins 1979, p. 135).

40. Cette corvée était ancienne puisque sous Radama I, Chick en avait bénéficié pour ses premières tentatives d'industrialisation (Ellis, 1838).

41. Principaux types de harpons: "le manambaitse et le voloso utilisés pour la pêche à pieds, le teza: harpon pour la pêche de la grande tortue, le roelela (litt. à deux langues): à manche long pour la pêche depuis une pirogue, et le kijoamanta: à manche court, destiné à être lancé" (1964, p. 127).

42. Sur le plan de la vulgarisation des techniques traditionnelles, le CNRT de Tsimbazaza (Centre National pour la Recherche de Tsimbazaza) a aussi effectué en 1978 des enquêtes auprès des métallurgistes d'Amoronkay.

43. C'est ce qui permit à Tristan da Cunha d'envoyer au roi du Portugal "une manille d'argent" (COACM I, 46).

44. 1643, Walter Hammond (COACM III, 53-54) - 1645, John Smart, Thomas Clark, Morse et Levett (COACM V, 463, 472, 479, 480). Il est vrai que Beaulieu s'était vu aussi réclamer de l'argent une vingtaine d'années auparavant.

45. COACM III, 200.

46 Vérin, 1975, pp. 932-933.

47. A la côte est, cette préférence se comprend lorsque Flacourt dit à propos des Zafehibrahim "ils ont peu d'or parmy eux, quand ils en ont, ils en achepte des boeufs, ils ayment mieux une menille d'argent qu'une menille d'or"... " (1661, p. 309).

48. Voir aussi .. "Ils adorent une troisième puissance sous le nom de Dian Mananh, c'est-à-dire, le Dieu des richesses qu'ils reconnaissent par l'or, lequel, quand ils le voyent ou le tiennent, ils le passent par dessus leur teste en grande reverence, le baisent, et mesme il y en a plusieurs qui croyans avoir commis quelque faute, trempent une menille d'or dans un gobelet plein d'eau, et boivent cette eau; et par ainsi ils croyent leur faute leur estre pardonnée?" (1661, p. 54).

49. Il est probale que le chloritoschiste a été aussi utilisé dans le Nord à en juger par un bloc ramassé à l'entrée des grottes de l'Ankara. La surface porte un dessin pour le moulage des anneaux de chaînette (Vérin, 1975, pp. 698-700).

50. "Il y a à Anossy/Anosy/ un orfèvre, autrement dit "ompanefa voulamena"/mpanefy volamena/, nommé Rafare-Voulamena/Rafara Volamena/, fils d'un nommé Radam/Radama, qui m'a dit que ses ancêtres sont venus

de Vohemaro/Vohimarina/ et qu'en ce lieu il y a bien de l'or que l'on trouve au pays: c'est l'origine des orfèvres du pays d'Anossi/Anosy, c'est celui qui a instruit tous les autres aux Matatanes/Matitanana/". (COACM VII, 56-57).

51. "Plus d'un tiers des gens du pays savent travailler l'argent et le mêlent avec le fer, l'étain et le cuivre" (BAM, 1913, pp. 139-176).

52. Les métallurgistes ne croient pas que le minerai est épuisé. Ils croient plutôt que le filon s'est caché et ne réapparaitra qu'après un certain nombre d'années (la plupart du temps: après sept ans). Comme les anciens européens, ils croient "possible la régénération des minerais exploités et de la pierre extraite des carrières".

53. _Vendrana:_ _Acriulus madagascariensis Ridl_ (Cypéracée) (Ratsimamanga et alii, 1966).

54. _Leraka_ (nom botanique non identifié). En général, ce genre d'herbes est robuste et croît rapidement. Mais près des gisements de fer, les _leraka_ se rétrécissent, contrairement à leur aspect normal.

55. Sur les mines de Madagascar, _Bulletin Economique de Madagascar_ 1921, pp. 308-312.

56. C'est ce qui a causé l'abandon du gisement d'Andrenirano (voir p. 174).

57. _Varindry_: grande corbeille tressée en végétal, généralement le _haravola_ (_arundinella stipoides_ de la famille des graminées) et dont la contenance peut varier. Le _varindry_ a une circonférence de 30 cm (Rahagarison, communication personnelle).

58. _L'angady_ de Merikanjaka, qui ne diffère en rien des autres _angady_ des Hauts-Plateaux a une forme ovale et allongée, avec une nervure centrale pour en augmenter la résistance et terminée à la partie supérieure par une douille où s'emboîte le manche. Une _angady_ pèse environ 3 à 4 kg et mesure 40 à 50 cm de long.

59. Les fondeurs pressés de fournir des produits finis recherchent plutôt cette deuxième sorte de minerai.

60. Prière faite par Razanadrakoto (voir p. 196).

61. La température attente serait de l'ordre de 1200° à 1350° (la température de fusion du fer lot de 1500°).

62. Litt. "que l'on jette en premier".

63. _Eugenia emirnensis Bak._ - _E. Parkerie Bak._ (Ratsimamanga et alii, 1966).

64. Nom botanique non identifié.

65. _Gambeya madagascariensis_ H. Lecomte (Sapotacées) (Ratsimamanga et alii, 1966).

66. Autre désignation: _Fiandrivalala_, _Senecio fanjasioides Bak._

(Composées) Dépuratif vulnéraire administré aux femmes enceintes pour la prévention des accidents dûs à la syphilis" (Ratsimamanga et alii, 1966).

67. Macaranga echinocarpa Baker (Euphorbiacées) (Ratsimamanga et alii, 1966).

68. Litt. "qu'on consume" ou "de contrôle".

69. Pour se protéger le corps.

70. Pour se protéger des malveillants.

71. Manotrona, verbe, et fanotronana, substantif, de la racine otrona se rapporte à une notion malgache impliquant le devoir d'entourer ses proches avec sollicitude dans les circonstances sensibles. La phase finale de la réduction est si cruciale que le mpilozoka doit "entourer" avec diligence l'objet de son labeur.

72. En frappant légèrement, on différencie à l'oreille ces diverses qualités.

73. Nom botanique inconnu.

74. Phloga polystachua Nor. (Palmer) (Ratsimamanga et alii, 1966).

75. Ce sont celles dont Sibree avait fait apprécier la qualité auprès d'un de ses amis qui connaissaient les objets de Sheffield (1873, p. 220).

III - LA DOCUMENTATION TECHNOLOGIQUE ET ARCHEOLOGIQUE

III.I - Géologie - Analyses de laboratoire

Si les Malgaches ont pu maîtriser l'art de la métallurgie du fer depuis des siècles, voire depuis leur installation dans l'île, il est évident que de nombreux paramètres ont du être satisfaits. Ces paramètres incluant les conditions géologiques comme les conditions techniques ont donné aux Malgaches les possibilités locales du travail de fer adapté à des méthodes "simples" et modestes.

La métallurgie du fer s'est pratiquée dans toute l'île. J'ai constaté lors de mes reconnaissances archéologiques sur les Hautes-Terres et dans le Sud que les sites à métallurgie (1) sont nombreux. Ces sites ont eu à proximité les matières premières indispensables, à savoir le minerai et le combustible essentiellement.

La possession d'objets en fer est mentionnée dans toutes les régions reconnues et pour d'autres, les récits d'explorations n'ont donné des indications sur la maîtrise de la transformation du minerai lui-même.

Il est probable qu'un certain nombre d'objets en fer a été importé lors des contacts avec les Européens. Toutefois, la part de ces importations est jusqu'au XIXe siècle fort restreinte par rapport à la totalité du fer utilisé. Pour les régions où le fer était donc (et est encore) travaillé artisanalement, il est intéressant de se préoccuper de la nature réelle des gisements de minerai.

I.1. Géologie

Nous avons vu précédemment comment les métallurgistes de Merikanjaka reconnaissent empiriquement les emplacements de minerai de fer. Leurs observations et leurs connaissances pour la recherche et l'extraction du minerai sont probablement mises en oeuvre ailleurs. Sans vouloir mésestimer leur science traditionnelle, il est toutefois utile de faire appel aussi aux analyses géologiques et minéralogiques pour connaître la qualité du minerai de fer travaillé dans les différentes régions.

1.1.1. Types de gisement. Dans la quasi totalité de Madagascar, on trouve de nombreux gisements de types variés. Certains ont fixé des sites métallurgiques mais d'autres n'ont pas été mis à profit.

Andrianarimanana (1980) précise à ce sujet (page d'avant-propos):

> "Les gîtes de fer et les roches constituées de minéraux ferrifères sont nombreux, elles peuvent être rencontrées dans presque toutes les formations géologiques du pays allant du socle précambrien jusqu'aux terrains sédimentaires les plus récents. En effet, le socle ancien est constitué de roches recélant des minéraux ferrifères dont l'altération a contribué à la genèse des

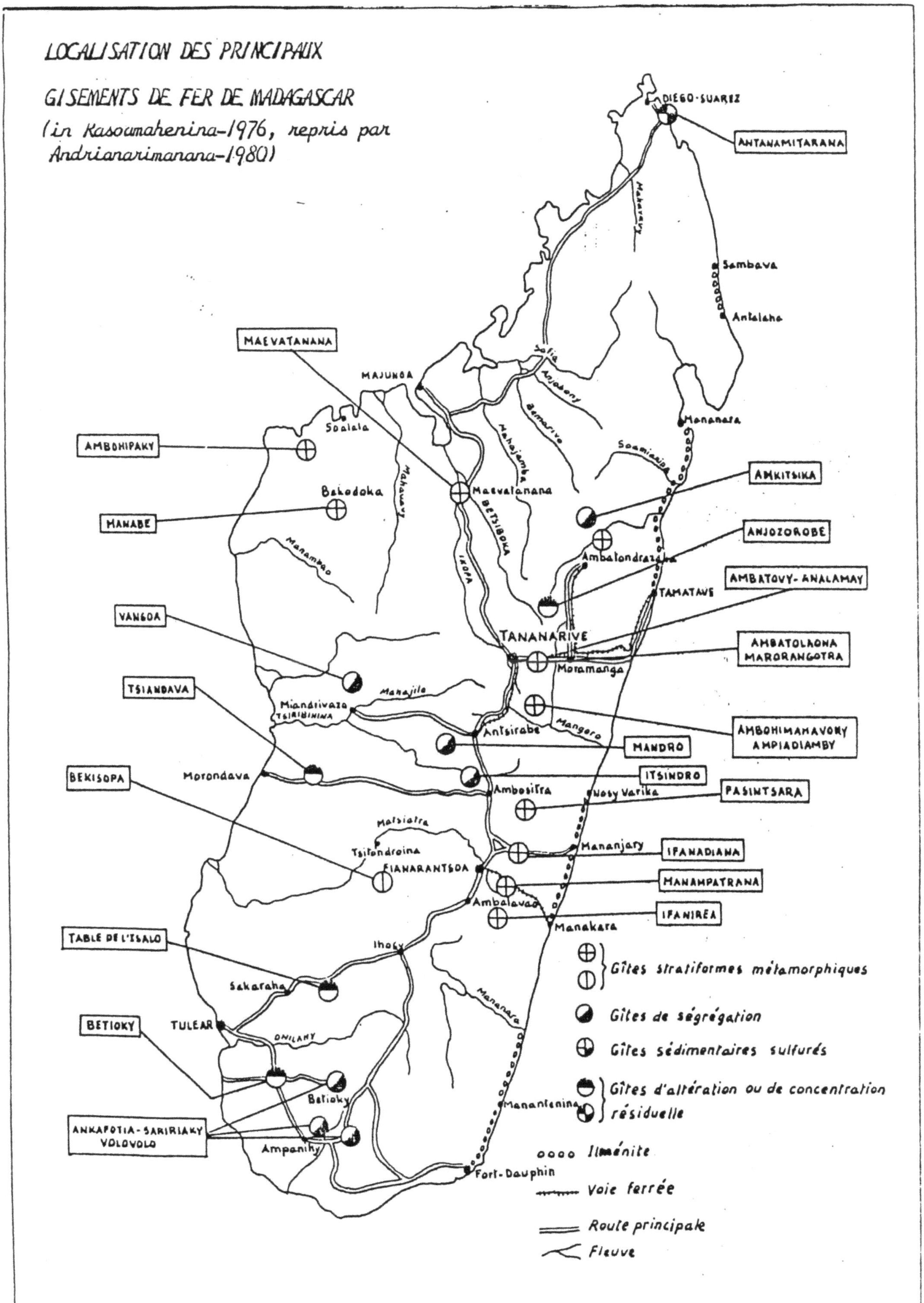
LOCALISATION DES PRINCIPAUX
GISEMENTS DE FER DE MADAGASCAR
(in Rasoamahenina-1976, repris par Andrianarimanana-1980)
DIEGO-SUAREZ
ANTANAMITARANA
Sambava
Antalaha
MAEVATANANA
MAJUNGA
Soalala
AMBOHIPAKY
Besodoka
MANABE
Maevatanana
BETSIBOKA
Mahajamba
Manambao
Sofia
Mananara
AMKITSIKA
ANJOZOROBE
Ambatondrazaka
TAMATAVE
AMBATOVY-ANALAMAY
VANGOA
TANANARIVE
AMBATOLAONA
MARORANGOTRA
Moramanga
TSIANDAVA
Miandrivazo
TSIRIBIHINA
Antsirabe
Mangoro
AMBOHIMAHAVONY
AMPIADIAMBY
MANDRO
Morondava
ITSINDRO
BEKISOPA
Ambositra
Nosy Varika
PASINTSARA
Tsitondroina
FIANARANTSOA
Mananjary
IFANADIANA
MANAMPATRANA
Ambalavao
IFANIREA
Manakara
TABLE DE L'ISALO
Ihosy
Sakaraha
TULEAR
ONILAHY
BETIOKY
Betioky
Manantenina
ANKAFOTIA-SAKIRIAKY
VOLOVOLO
Ampanihy
Fort-Dauphin
Gîtes stratiformes métamorphiques
Gîtes de ségrégation
Gîtes sédimentaires sulfurés
Gîtes d'altération ou de concentration résiduelle
Ilménite
Voie ferrée
Route principale
Fleuve

latérites dont la couleur a valu l'appellation intime de "'Île rouge"; quant aux terrains sédimentaires très récents, la rubéfaction ou l'altération rubannée avec variations de couleur est la preuve des lessivages de calcaire, accompagnés encore de la remobilisation du fer".

Ce passage nous laisse présumer que le fer existe un peu partout, mais qu'il ne se présente pas forcément sous une forme qui se prête à une exploitation continue d'une certaine ampleur. A ce sujet, Andrianarimanana ajoute:

"Toutefois, l'existence de minéraux ferrifères et de minerai de fer superficiel, n'indique pas grand chose parce que nous avons à considérer surtout la nature, la teneur et le tonnage du minerai avant d'affirmer s'il s'agit d'un gisement et dans le cas positif, de conclure sur sa dénomination".

Les géologues ont ainsi tenté plusieurs classifications des gisements de fer malgaches en fonction de leur nature et de leur teneur. Une des plus détaillées est celle établie par Andrianarimanana (1980), et que je reproduis dans le tableau ci-après.

Rakotavao (1982), en revanche, ne distingue que trois types caractéristiques que je résume comme suit:

1. Le type Lake Superior: on a des "formations caractérisées par de minces bandes de one inch à quelques pieds de chert et de couches riches en fer". Ce type "représente les divers faciès sédimentaires et peut s'étendre sur des centaines de kilomètres de long avec une épaisseur de centaines de pieds". Pétrographiquement, ce type caractérise les gisements de Marorangotra - Ambatolaona où les principaux minéraux sont constitués par de la magnétite, de l'hématite, de la martite. La proportion de fer contenu dans le gisement, dont les réserves sont estimées à huit millions de tonnes, est de 25% à 45%.

L'hématite est "constituée par une alternance de chert et de couche fine d'Hématite sous forme de feuillets cristallins fins ou sous forme d'oolithes avec un pourcentage de Fe $0/Fe_2O_3$ élevé" tandis que la magnétite se présente avec "une alternance de matériel riche en quartz (chert) et de matériel riche en magnétite; elle contient très souvent des impuretés de sidérose et de silicate de fer. Les teneurs en MgO, CaO sont plus élevées par rapport à l'hématite".

2. Le type résiduel latéritique, dont la teneur en fer peut énormément varier selon les gisements. Rakotovao cite à ce propos des gisements ayant une teneur de 46% de fer. A Betioky où l'on a un gisement d'altération de surface de grès miocène, la proportion de fer dans ce gîte, dont les réserves sont estimées à 30 millions de tonnes, est de 10% selon Andrianarimanana (1980) et de 24% selon Rakotovao (1982). Les principaux minéraux y sont constitués par de la Goethite et de l'Hématite.

3. Le type "Magnitnaya", a pour exemple le gisement de Bekisopa (2) au sud-ouest de Fianarantsoa. La magnétite y constitue le principal minéral.

ESSAI DE CLASSIFICATION DES GITES DE FER DE MADAGASCAR

Caractères Type génétique	Minerai de fer	Teneur de gisement	Classification du minerai	Formation mineralisée	Exemples de localisation
Gîtes Stratiformes métamorphiques	Magnétite (1) Oligiste-Hématite (2)	(20) 30 à 45 (60%) Fe minerai riche	Peu phosphoreux soufre négligeable : siliceux	Quartzite	Fasintara Ambohimahavony
	(goéthite-Lépi- docrocite (3)	localement: 50 à 60% Fe Minerai pauvre : 10% Fe	semi-phosphoreux à CaO en trace, peu manganésé en profondeur. S O 20 en surface, mais en trace en profondeur présence d'alumine	Série calco- magnésienne surmicacée formations ferrifères	Bekisopa
	Hématite (1) Ilménite	35 % Fe	Ferri-ilménites non ferro-magnétiques	Bordure de masse d'anor- thosite	S-W Ankafotra Sasinaka-Volovolo
Gîtes de Ségrégation	Magnétite (1) Ilménite, crichtonite	35 % Fe localement 60% Fe 20 % TIO2	Fer titané	Produit d'altération de gabbro	Moyen Ouest (Vangoa)
Gîtes sédimentaires à faciès sulfuré	Pyrites	Non évaluée	Minerai sulfuré	Marne, grès	Sud de Diégo- Suarez (Antanamitarana)
Gîtes d'altération et de concentration résiduelle	Hématite (1) limonite (Stilpnosi- dérite) (3)	47 % Fe		Latérite nicke- lifère Altération de péridotite cuirasse	Ambatovy Analamay

Gîtes d'altération et de concentration résiduelle	Hématite (1) Limonite Stilpnosidérite (3)	10 % FE	Minerai hématite	Cuirasse-grès	Betioky Table de l'Isalo Tsiandava
		45 % Fe	Minerai associé à l'alumine	cuirasse	Anjozorobe La falaise Est Basses collines orientales
Gîtes détritiques ou sables ilménitique des plages	Ilménite (1) Hématite	Non évaluée	Fer titané associé à zircon monazite et chromite	Sable de plage	Côte S.E.

(1) Minerai prépondérant
(2) Minerai associé
(3) Minerai rare et ponctuel

in ANDRIANARIMANANA Jaobelison - 1980, p. 6.

Les gisements exploités traditionnellement, autrefois et encore quelquefois maintenant, peuvent être selon les cas, rattachés à tous les types ainsi définis par Andrianarimanana et Rakotovao. Mais leur caractère essentiel est la faible importance de leurs réserves: les plus faibles peuvent tomber à quelques tonnes. De même, on constate que la faiblesse éventuelle des teneurs en fer, n'a pas découragé les métallurgistes malgaches. L'existence du minerai, même faible et en réserve et en teneur, a pu être mise à profit pour des durées relativement courtes mais suffisantes pour pouvoir élaborer les produits artisanaux en fer. C'est ce qui a eu fréquemment lieu pour les gisements que j'ai reconnus dans le Sud (Androy) ainsi que sur les Hautes-Terres orientales (région de Manjakandriana - Merikanjaka).

1.1.2 <u>Gisements de l'Androy et des Hautes Terres.</u> Dans la région de l'Androy, notamment à Ankara Andindo (x: 149 900/y : 304 500), les gisements sont de dimensions réduites. Parfois, ils n'ont qu'un mètre de large et dix mètres de long seulement. On y trouve des concrétionnements d'oxyde de fer noir scoriacé, formant des croûtes et des excroissances isolées à la surface du sol. Dans la même région, ces concrétionnements sont démantelées et donnent naissance à des blocs d'oxyde de fer épars dans la forêt, comme à Ankara ou dans la forêt d'Analamahery. Ces gisements ont été exploités par les métallurgistes. Et encore actuellement, les gens reconnaissent leur existence par ces concrétions ferrugineuses désignées alors par le terme de <u>vatovy</u> (pierres à fer). On peut les désigner comme étant des gisements de "cueillette".

Defoort (1914) fait référence à ce type de gisement lorsqu'il écrit:

> "Le forgeron d'Ankobo exploite le minerai de fer qu'il trouve à fleur de terre au village même, sur la rive gauche du fleuve Manambovo" (T.D.M. 1 914, n° 684).

Et, Georges Heurtebize, géologue, qui a beaucoup parcouru la région concernée, précise...

> "Cette forêt (la forêt d'Analamahery et d'Ankara Andindo (3)) est établie sur des formations en partie calcaires. Il est probable que le minerai de fer utilisé provenait des concrétions ferrugineuses associées aux assises de cipolins, et parfois, plus précisément, à des niveaux jaspoïdes liés à ces cipolins" (sous presse).

Sur les Hautes-Terres orientales, les gisements exploités traditionnellement, toujours de petite dimension, doivent correspondre à des enrichissements locaux d'une formation ferrifère qui, elle, est largement développée: celle des quartzites à magnétite. Cette formation correspond aux gîtes stratiformes métamorphiques selon la typologie d'Andrianarimanana.

Selon leur localisation, les gisements peuvent présenter différents aspects. Certains ont été exploités par des excavations de plusieurs mètres de profondeur. Ils rappellent cette observation faite par Breton en 1898 lorsqu'il décrivait le travail du fer sur ce liseré forestier des Hautes-Terres:

> "Le minerai est tiré de la montagne de Marorangotra, à 600 m environ au nord du village; il y est surtout disséminé à la

surface en masse compacte formant comme un chapeau de fer et contenant de 65 à 75% de métal pur. Ce minerai, difficile à extraire à cause de sa dureté n'est pas employé; les ouvriers préfèrent celui qu'ils retirent d'excavations profondes de 4 à 5 m. Le minerai est recueilli avec les mains quand il est tendre ou avec un instrument en bois ou en fer" (4).

A d'autres endroits, on a des bancs de quartzite à magnétite allongés nord-sud et qui sont exploités durant un certain temps. A Ampasanimbola, dans la vallée où les métallurgistes traditionnels ont repris récemment, les opérations d'extraction, de broyage et de lavage, on note l'existence d'une formation trés altérée du quartzite. Le gisement s'y présente sous l'aspect de blocs de pierre parallélépipédiques séparés par une arène et disposés parallèlement suivant une direction nord-sud. Ces blocs très friables s'écrasent facilement à l'aide d'un rondin de bois. Leur couleur tire sur le rouge. J'ai pu constater que cette formation minéralisée très altérée facilite l'extraction, le triage à la main ainsi que le broyage. Par ailleurs, les métallurgistes économisent leurs efforts lorsqu'ils travaillent dans ce type de gisement.

Dans la même région, c'est-à-dire en suivant le liséré forestier, peuvent exister des gisements de petite taille mais de types différents: non plus sur des formations de quartzite à magnétite, mais provenant de l'altération de roches de nature granitique.

A ce sujet, Breton, au XIXe siècle, observe à propos des terres rouges remarquées sur la route entre Tananarive et Tamatave qu'"elles contiennent une notable proportion de fer oxydulé magnétique à laquelle est dûe leur coloration". Ces terres "proviennent de la désagrégation par l'eau et de la composition des roches feldspathiques qui sont des silico-aluminates alcalins" (1898, p. 680). Similairement, pour la région plus au sud, longeant le liséré forestier du Betsileo, Coulaud (1973, p. 235) indique à ce propos la provenance du minerai exploité par les forgerons......

"des poches de quartz à hématite fréquentes dans l'argile latéritique issue des roches granitiques (migmatites porphyroïdes et granĩtoides microcliniques qui dominent le région)".

J'ai fait procéder à des analyses des minerais (5) provenant des gisements du sud (Ankara) et des Hautes-Terres, ceux-là reliés au type quartzite à magnétite. Ces analyses permettent d'établir une corrélation entre la composition du minerai exploité traditionnellement et les scories des sites voisins.

1.1.3 <u>Minerais de l'Androy et des Hautes Terres.</u> Pour le minerai d'Ankara (contenant les concrétions ferrugineuses appelées localement <u>vatovy</u>) les analyses ont donné les chiffres suivants*

Fe	: 61, 41%	TiO_2	: 0, 06%	Al_2O_3	: 0, 98%
SiO_2	: 7,6%	MnO	: 1 %	P_2O_5	: 0, 20%
CaO	: 0, 70%	MgO	: 0, 69%		

Il en ressort que c'est un minerai siliceux et non alumineux comme le montre le rapport

$$\frac{Al_2O_3}{SiO_2} = 0.12 \quad \text{donc} < 0.2$$

D'autre part, les métallurgistes définissent un "indice de basicité" qui apporte des informations sur "les propriétés de fluidité de la fusion, donc de la séparation de la gangue du métal" (Rambeloarison, 1982). Dans le cas considéré, cet indice de basicité est:

$$\frac{CaO + MgO}{SiO_2 + Al_2O_3} = 0.162 \quad \text{donc} < 1$$

Les analyses effectuées sur le minerai lavé provenant d'Ampasanimbola (région de Merikanjaka) ont donné les résultats ci-après.

Fe = 56,16%	TiO_2 = 0,44%	Al_2O_3= 1,20%
SiO_2 = 17,5%	MnO = 0,10%	P_2O_5 = 0,07%
CaO = 0,10%	MgO = 0,11%	

C'est aussi un minerai siliceux non alumineux car le rapport

$\frac{Al_2O_3}{SiO_2} = 0.068$ donc < 0,2 et l'indice de basicité $\frac{CaO + MgO}{SiO_2 + Al_2O_3}$ est < 1

Ces minerais siliceux, aussi bien dans le Sud que sur les Hautes-Terres, s'accommodent très bien d'un fondant calcaire.

De son côté, Rambeloarison (1982) a procédé à des analyses de minerai de fer provenant du liséré forestier de l'île. Il y retrouve la constitution "de magnétite (Fe_3O_4) contenue dans une gangue quartzeuse" (p. 30).

Il obtient la moyenne suivante pour le minerai provenant d'Ambohimahavony:

Fe = 45,50%	TiO_2 = 0,15%	Al_2O_3 = 3,8%
SiO_2 = 27,3%	MnO = 0,06%	P_2O_5 = 0,02%
CaO = traces	MgO = traces	S + traces

Le rapport $\frac{Al_2O_3}{SiO_2} = \frac{3.8}{27.3} = 0.139$ donc < 0,2, indique encore le caractère siliceux et non alumineux du minerai. Et l'indice de basicité:

$$\frac{CaO + MgO}{SiO_2 + Al_2O_3} \quad \text{est aussi} < 1 \text{ "}$$

Comme mon échantillon d'Ankerana et celui de Rambeloarison prélevé à Ambohimahavony proviennent de la même région, il n'est guère étonnant que les résultats soient peu différents et les compositions fort similaires.

1.2. Observations sur le processus métallurgique.

Les études des géologues nous apportent de nombreuses précisions complémentaires aux observations empiriques des informateurs.

Andrianarimanana (1980) et Rambeloarison (1982) constatent que les exploitations artisanales n'ont pas besoin d'un gisement à haute teneur en fer. Même un gite ne titrant qu'un faible pourcentage de fer (10%) est exploité.

Ces géologues ont aussi évalué la rentabilité des exploitations artisanales traditionnelles par référence à un certain nombre de critères: géographiques, économiques, géologiques.

Les conditions géologiques favorables ne sont pas suffisantes à elles seules pour qu'un gisement soit exploitable. Il existe d'autres conditions à remplir:

- la proximité de la forêt pourvoyeuse en combustible.

- le voisinage de l'eau pour l'enrichissement du minerai par le lavage et d'autres opérations secondaires (extinction des fourneaux, trempe, etc).

- et aussi la proximité des lieux de vente pour l'évacuation des produits aussitôt leur fabrication terminée. Ces lieux de vente sont des marchés facilement accessibles (Talatan'Amoronkay, Alarobia-Ambohimiadana).

Concernant le gisement lui-même, les géologues complètent là encore les remarques des fondeurs traditionnels. D'une part, pour répondre aux conditions de rentabilité, le gisement ne doit pas être trop profond. La couche supérieure stérile ne doit pas excéder 2,5 m d'épaisseur. Il ne doit pas être compact et présenter une altération trop poussée. Razanadrakoto d'Ankerana a présenté un gisement qui suivait "des couches plutôt plates séparées par des niveaux de sable" (6). Par ailleurs, le minerai qu'il décrit comme ayant des yeux (masom-by) et des branches (rantsany) correspond en fait dans les quartzites à magnétite à des remobilisations du fer et à des concentrations en "filons, filonnets, veines ou veinules" (7) (Andrianarimanana, 1980, p. 24).

Ainsi, la mise en parallèle des langages des traditionnistes et des géologues est riche de concordances. La même observation peut aussi s'appliquer au traitement métallurgique.

1.2.1 Traitement du minerai. Les impuretés, c'est-à-dire tout corps étranger inclus: phosphore (P), oxyde (O_2), soufre (S), sont absentes dans le minerai exploité artisanalement. Aussi les prétraitements préliminaires comme la calcination ou le grillage ne s'avèrent pas nécessaires. Les fondeurs traditionnels de la région de Merikanjaka ne connaissent pas d'ailleurs cette technique.

Rappelons que les lavages effectués à proximité des gisements enrichissent le minerai parfois de très faible teneur (20% de fer) et permettent d'obtenir un concentré jusqu'à 65% de fer. De surcroît, le broyage et le lavage ont réduit le minerai à un calibrage des éléments compris entre 1 mm et 2,5 mm. Les fondeurs traditionnels reconnaissent empiriquement la qualité ainsi que le "comportement du minerai" lors des différentes phases de transformation. Ils n'ont pas d'autres moyens pour connaître les compositions minéralogiques et ne penseraient pas à s'adresser au Service des Mines de Tananarive.

1.2.2 Combustible. Autrefois, la production continue d'outils métalliques, surtout celle des angady, ne se faisait que lorsque la saison où les travaux des champs commençaient (à partir d'octobre). A cette période, les agriculteurs augmentaient leur demande en outils. Les batteries temporaires (toby) se constituaient alors pour satisfaire les commandes paysannes. A sept kilomètres à vol d'oiseau et au Sud-Est de Merikanjaka, se trouve le toby d'Andakamonina qui fut fréquenté durant les années 1942 à 1946, en début de chaque saison agricole.

L'existence de ces batteries de travail du fer présente un aspect négatif du point de vue écologique. Situées sur des lisières, elles contribuent à la déforestation et à la disparition de certaines espèces (8).

En effect, les fondeurs et les forgerons ont recours à divers types de bois - comme le lalona, le hazovelona, le masaizano, le hazomby ... (voir supra, p. 33) - poussant seulement dans la forêt naturelle et dont certains sont des essences recherchées. Or, ces essences ne peuvent se reconstituer dans la forêt secondaire (savoka) qui repousse après le déboisement. Ces essences naturelles ne peuvent être remplacées par les arbres des reboisements, eucalyptus et conifères. Les habitants estiment que ces bois ne sauraient remplacer le hazovelona, combustible indispensable pour fabriquer l'arimanta (charbon cru). Le hazovelona offre l'avantage d'être gros, dur et de se consumer lentement.

Mes informateurs ont bien insisté sur l'utilisation de tel ou tel type de combustible selon l'opération à effectuer (réduction, affinage, forgeage). Le choix de tel ou tel type de combustible se fait en fonction de son pouvoir calorifique mais aussi de sa composition, dont les métallurgistes connaissent par expérience les constituants.

Ainsi dana l'opération de réduction tanika, Andrianarimanana (1980) définit bien les trois rôles due charbon de bois:

- un support du minerai en empêchant l'écoulement avant le moment venu.

- un producteur de chaleur: l'anjavidy est réputé empiriquement pour son pouvoir calorifique très élevé, qualité thermique utile si l'on pense q'un kilogramme de magnétite, pour sa réduction, absorberait une quantité de chaleur de 1612 calories.

- un producteur d'oxyde de carbone (CO), un gaz réducteur.

A la fin de la réduction, la loupe, dont la base a la forme d'une cuvette de fer, résultat de la fusion pâteuse, présente deux composantes de qualités distinctes: le fer doux et le fer dur.

Le fer doux s'amasse autour du fourneau, tandis que le fer dur est celui qui se détache le premier du minerai; il est rugueux, bleu à l'extérieur et de couleur blanche à l'intérieur. Non malléable, il nécessite l'addition de fer doux et un fort échauffement pour être soudable. Ce fer dur servira à la confection du tranchant des outils fabriqués à partir du fer doux. Ce dernier beaucoup plus résistant se trouve en grande proportion dans le fer qui a subi la fusion.

Andrianarimanana a aussi procédé à l'évaluation quantitative des résultats de la méthode artisanale. Le chargement moyen d'un tanika nécessite 131 kg de minerai de fer et 200 kg de combustible. L'opération réussie fournit douze à quatorze bêches angady, d'environ trois kilos chacune.

A la fin de la réduction tanika, le fondeur récupère une loupe de 89 kg. Celle-ci, après l'affinage (rendrika) subit l'évacuation des scories et le lingot épuré (fonjam-by) ne pèse plus que 44,5 kg. Le poids total tombe à 35 kg environ après le dernière opération du forgeage au cours de laquelle le reste des impuretés à été éliminé.

Andrianarimanana explique assez bien le rôle de "fondant différencié" que le charbon produit sur le métal, selon la place dans le tanika; il écrit à ce sujet:

> "La carburation abaisse le point de fusion du fer, aussi les zones de métal fondu se trouvent en bas, vers le centre du tanika et autour des inclusions de charbon, où la température avait été plus élevée. La fusion du métal dépend de la température mais aussi de sa composition (teneur en carbone)".

Mais l'abaissement du point de fusion du métal dépend aussi du pourcentage de calcium (CaO) qui peut, non seulement provenir du combustible, mais surtout de l'addition d'un fondant.

Le fondant

L'analyse chimique des scories de fer récoltées dans les sites archéologiques à métallurgie a démontré le rôle du calcaire ayant servi de fondant, aussi bien sur les Hautes-Terres que dans le Sud. Il est tout à fait probable qu'une partie du Calcium (CaO) retrouvé dans ces scories provienne du combustible lui-même, mais une autre proportion de CaO a pu être ajouté délibérément. Le pourcentage est en effet faible dans les minerais, et très élevé dans les scories.

A l'évidence, les analyses montrent donc bien à quel point les scories sont hautement calciques par rapport au minerai originel. A la possibilité d'addition de CaO par le combustible ou un fondant, Razanadrakoto d'Ankerana a laissé entrevoir une autre possibilité touchant au revêtement du four. Tous les métallurgistes avec lesquels je suis entrée en contact insistent sur la nécessité d'employer le "tany haboka" pour revêtir la paroi intérieure. On se rappelle que ce revêtement fond lors de l'opération de réduction. Il est probable que ce tany haboka provient de cipolins qui contiennent du CaO.

Tableau des pourcentages de CaO dans les sites des Hautes Terres (H T) et du Sud (S)

	Minerai HT	Minerai S	HT 1	HT 2	HT 3	S 1	S 2	S 3
CaO	0,10	0,70	5,94	2,65	13,49	6,99	2,94	5,47

HT: Hautes Terres. Il s'agit du minerai extrait à Ampasanimbola (Ankerana) et lavé (cf chap. 1-2).

S : Sud. C'est le prélèvement d'un "vatovy" dans le gisement à fleur de terre du site d'Ankara Andindo.

HT1 : Scorie avec inclusion de combustible, récolté lors du sondage du site d'Atsampia (S3). Atsampia se localise au nord-ouest d'Ankerana.

HT2 : Scorie fluide, en forme de lave prélevée à Atsampia.

HT3 : Fond de culot plus ou moins circulaire à la base, compact, prélevé à Atsampia.

S1 : Fond de culot rapporté d'Ankara-Andindo.

S2 : Fragment de scories de fer à l'aspect fluide (en coulée de lave) avec un aspect poreux à l'intérieur. Prélèvement à Ankara-Andindo.

S3 : Fragment de scorie à l'aspect fluide (rouge à l'extérieur) prélévé à Ankara-Andindo.

Il n'est pas sans intérêt d'observer que l'opération de réduction enrichit aussi le métal en potassium. En effet, les scories des Hautes-Terres et du Sud en contiennent des quantités significatives alors que les minerais correspondants en sont dépourvus.

Tableau des pourcentages de K20 dans les sites des Hautes Terres (HT) et du Sud (S)

	Minerai HT	Minerai S	HT 1	HT 2	HT 3	S 1	S 2	S 3
K20	0	0	0,936	0,387	0,460	1,088	0,621	0,391

Mes observations sur le processus métallurgique portent sur ce que j'ai observé à Merikanjaka dans un fourneau cylindrique. La disposition du combustible et du minerai en anneaux facilite la circulation du gaz réducteur, et un mauvais eménagement du contenu entraînerait l'explosion du fourneau.

Fourneau de réduction

Chargement (type de la région de Fianarantsoa)

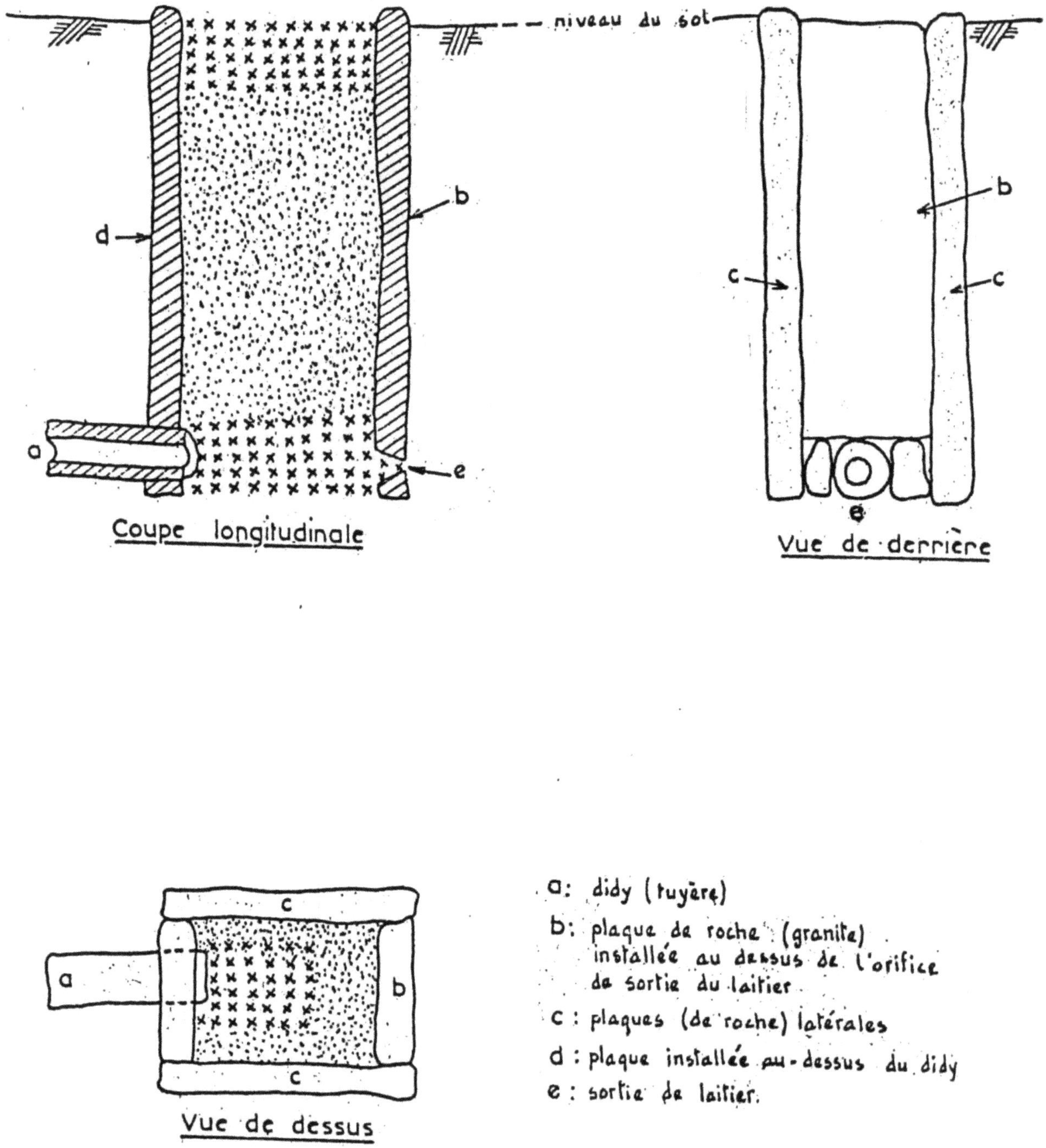

Tableau comparé des techniques et des résultats d'Ankerana et d'Antarambiby (d'après Andrianarimanana)

Sujet	Merikanjaka	Antarambiby
MINERAI ENFOURNE	a. Impuretés : environ 8 % b. Humidité : 3% dans les couches inférieures 10% dans les couches supérieures c. Granulométrie: 21% au-dessus de 1 mm 79% au-dessous de 1mm d. Poids enfourné: 125 à 150 kg	a. Impuretés :environ 20 % b. Minerai préalablement asséché au feu de bois Nécessité d'un vannage avant l'enfournement c. Granulométrie: grossière, toute au-dessus de 1mm avec environ 10% au-dessus de 10mm d. Poids enfourné: 60 à 80 kg
COMBUSTIBLE	a. Poids enfourné au chargement : 10 kg d'*anjavidy* b. Nature : Charbon d'*anjavidy* 100kg charbon d'*hazo velona* 90 kg c. Total consommé : 200 kg	a. Poids enfourné au chargement : 7 kg d'*anjavidy* b. Nature: Charbon d'*anjavidy* 53kg Charbon de café vert 30 kg Charbon de *fotony* vert 30kg c. Total consommé : 120 kg
FOUR	a. Forme circulaire : Construit au-dessus du niveau du sol avec des pierres dites "*vato maty*". Le trou d'évacuation du laitier fait face à la tuyère d'arrivée d'air (*didy*) qui est enfoncée en plein milieu du four et est inclinée (d'un angle de 10°). b. Dimensions: Hauteur : 80 cm diamètre : base : 120 cm sommet : 70 cm	a. Forme parallélépipédique : Construit dans le sol avec 4 plaques de granite. Le trou d'évacuation du laitier est perpendiculaire à la tuyère d'arrivée d'air. La tuyère (ou *didy*) est à peine enfoncée dans le four (à peine 4cm) et est horizontale. b. Dimensions : Hauteur 70 cm longueur : 40 cm largeur : 30 cm
CHARGEMENT	Le minerai contourne le coeur de charbon, intercalé régulièrement de petits morceaux de combustible. La tuyère est noyée dans le charbon.	Le minerai est chargé en forme de demi-lune autour du charbon. La tuyère est noyée dans le charbon.
OPERATION	a. Durée : environ 8 heures b. Caractéristiques : - tuyère d'arrivée d'air fermée hermétiquement après la première heure - arrosage du four et du manchon réduit avec 30 litres d'eau en fin de cuisson. - 1 journée de refroidissement avant la récupération du manchon.	a. Durée : environ 8 heures b. Caractéristiques : - tuyère d'arrivée d'air non fermée du début jusqu'à la fin - aucun arrosage. Récupération immédiate après l'opération de réduction.

Mes informateurs connaissent un autre type de fourneau parallélépipédique que l'on utiliserait à Antarambiby dans le Betsileo. L'essai a été fait à Ankerana mais les résultats ont été jugés dévebants (9). Je n'ai pas observé moi-même le fourneau d'Antarambiby mais Andrianarimanana l'a fait en détail et met en parallèle les deux techniques et leurs résultats.

Il semble que la consommation de combustible dans le four parallélépipédique soit proportionnellement plus faible. Il est probable que le dispositif des plaques de granite enterrés conservent mieux la chaleur; l'action réductrice de l'oxyde de carbone, plus égale et plus régulière, en devient plus efficace. La perte dans le laitier d'oxydes (FeO) non réduits s'en trouverait diminuée.

III.2 - Analyses en laboratoire des produits

Il serait prématuré dans le cas des recherches actuelles de faire une analyse des objets métalliques des fouilles. Ceux-ci ne sont pour l'instant que très peu nombreux: foënes de Talaky (XI - XIIe siècle), mais aussi objets d'Andranosoa (XIIIe siècle), ainsi qu'une série de découvertes faites dans le Nord-Ouest sur des sites islamiques (Vérin, 1975), mais dont certaines peuvent être des importations (voir pp. 66-70 - sites archéologiques).

Malgré cette disette provisoire de documentation, nous pouvons nous consoler en observant que le continuum de la culture malgache est tel que des objets des fourneaux et des forges traditionnels reproduisent probablement les qualités, donc les techniques des Malgaches des "temps archéologiques". Pour l'étude de la pureté du fer et les analyses macrographiques et micrographiques, je présenterai donc les résultats obtenus sur des lingots et des angady fondus, affinés et forgés dans les ateliers que je viens de décrire. Il en va autrement pour la radiographie pour laquelle les expériences sont peu nombreuses.

2.1. Radiographie

Les objets de Talaky (hameçons et foënes) sont suffisamment reconnaissables et bien préservés mais n'ont pu être radiographiés. En revanche, les objets d'Andranosoa, site de l'Androy, sont presque aussi anciens et ont pu être soumis aux rayons X. Ce site du Sud contenait une boucle d'usage indéterminé et une lame de sagaie. La radiographie a montré qu'elle était constituée d'une superposition de feuilles métalliques amincies lors du forgeage, une technique encore usitée pour les armes, mais aussi pour le façonnage des lames d'angady.

Parmi les objets de Vohémar (XVIe siècle) étudiè par P. Vérin, se trouvait une lame que la radiographie a révélée être une scie; cet outil retiré d'une tombe par Vernier et Gaudebout n'est daté qu'approximativement (XV - XVIIe siècle). Mais le site de Vohémar contient sûrement des objets importés dont une paire de ciseaux que la radiographie a fait apparaître sous une gangue informe.

Parmi les objets de métal recueillis à Fanongoavana (XVe siècle) par Davil Rasamuel (1984), je relève une louche, des couteaux qui n'ont pas été encore radiographiés, pas plus qu'un objet circulaire à trou central (diamètre h. t. 1, 5 cm) que j'ai retrouvé à Atsampia (XVIIIe siècle ?).

La radiographie permet d'abord de "restaurer visuellement" les objets à leur dimension réelle; ainsi sous la gangue, j'ai pu constater que la boucle d'Andranosoa a eu 5 mm d'épaisseur à l'origine et que la sagaie du même site varie de 2 cm à 1,5 cm.

2.2. Appréciation de la pureté du fer

Les objets totalement oxydés que j'ai confiés au laboratoire de Monsieur Picon ne permettent aucune analyse. Aussi devons-nous nous contenter, pour les raisons explicitées plus haut des études faites sur les objets de fabrication traditionnelle.

Rabemananjara (1980) et Rambeloarison (1982) ont procédé à des examens sur des lingots et des angady des fondeurs de la région de Merikanjaka.

On se rappelle que le lingot ou fonjam-by obtenu après l'étape d'affinage (rendrika) contient encore des scories de fer qui seront éliminés lors du forgeage (tefy).

Le but de l'analyse de "pureté" du fer dans l'angady est de déterminer le pourcentage de fer contenu dans cet outil. Rabemananjara a procédé à une analyse en deux temps:

1° - la mise en solution du métal pour avoir la masse d'acier (m) par litre de solution.

2° - puis, le dosage du fer dans l'acier en solution.

Les prélèvements ont été effectués à partir de diverses parties de l'angady qui, chacune, présente à l'analyse des résultats différents de détail tenant à l'hétérogénéité du matériel venant du fourneau; mais pour l'ensemble, on peut conclure que ce fer est pur à 99%. Quant au 1% restant, il fait encore l'objet de déterminations.

Cette hétérogénéité se retrouve dans les essais mécaniques que l'on peut faire subir aux échantillons ainsi que dans les examens métallographiques.

2.3. Essais mécaniques et métallographiques.

2.3.1 Les essais mécaniques: ils sont de nature statique et dynamique. "Les essais statiques incluent les essais de traction, de cisaillement, de dureté. La contrainte subie par le métal varie de façon lente et progressive".

Dans les essais dynamiques "le métal subit des contraintes et des variations brusques comme pour le choc, l'endurance et la fatique".

Les essais de traction appliqués au lingot (fonja) et à l'angady passé au forgeage ont montré des différences très nettes.

En effet, le lingot est très hétérogène, car il présente des parties molles et des parties très dures. Les parties molles correspondent aux laitiers non encore éliminés et aux portions de grosses soufflures (c'est-à-dire les petites cavités contenant des gaz sous pression se formant lors de la solidification). Au contraire, les parties ayant subi un fort échauffement sont très dures. Dans le cas de l'outil forgé, l'hétérogénéité est faible.

Lors des cassures, on constate que l'outil forgé est formé de feuilles métalliques dont les portions facilitent la rupture, d'autant plus que le métal présente entre ces feuilles un pourcentage variable d'oxydation. La rupture est courante dans les portions où l'on observe les fissures et les soufflures, donc dans les zones les plus hétérogènes.

Pour les essais de cisaillement dont le but est d'éprouver et d'apprécier l'élasticité du métal, ces résultats s'accordent avec les essais de traction.

Lorsqu'on procède aux essais dynamiques, la mesure de la résistance aux chocs appliquée au lingot (fonja) montre que la partie extérieure est beaucoup plus carburée que l'intérieur.

Le lingot est très hétérogène. Selon les portions testées, le métal se comporte aux essais soit comme un acier demi-doux, soit comme un acier dur. Tandis que l'angady plus homogène a un comportement d'acier demi-doux.

Les mesures obtenues aux analyses permettent de caractériser la nature du métal.

A ce propos, Rabemananjara (p. 52) précise

> " - le fonja se comporte comme un acier demi-doux à l'intérieur, c'est-à-dire $0.25 < \% C < 0,40$, et comme un acier dur vers l'extérieur $0,60 < \% C < 0,80$;
> - l'angady se somporte comme un acier demi-doux".

Rabemananjara, pour classer les échantillons étudiés, s'est référée au tableau de Basquin (1972). Je reproduis cette planche où sont définis dans un ensemble les aciers demi-doux et demi-durs avec leur pourcentage respectif de carbone (0,25 à 0,40 et 0,40 à 0,60).

En résumé, les caractéristiques mécaniques des matériaux varient selon leur composition chimique, leur mode d'élaboration (fondu, forgé, laminé, étiré), le traitement subi et la température de l'essai (Rabemananjara, 1980, p. 14).

L'obtention d'un acier fin nécessite d'abord l'épuration des principales impuretés (P, O_2, S) dont le taux ne doit pas dépasser les valeurs suivantes:

$$P < 0,02\% \quad S < 0,015\% \quad O < 0,01\%$$

Mais d'autre part, les aciers contiennent aussi divers autres corps qui ont chacun leur influence en dehors de ces impuretés principales (silicium, manganèse, soufre) (10). Leur proportion étant si infime dans le fer traditionnel, elles peuvent être négligées; en revanche, comme le note Rambeloarison...

"avec la teneur en carbone, augmente la charge de rupture, la

CARACTERISTIQUES MECANIQUES DES ACIERS AU CARBONE RECUITS. Basquin P. 171
(résilience mesurée sur éprouvette Menager 60 x 10 x 10 - entaille de 2 x 2 à rayon de 1 mm)

Désignation	Pourcentage de carbone	Limite élastique Kg/mm^2	Charge de rupture Kg/mm^2	Allongement A %	K $Kg/cm2$ m	Exemples d'utilisation
Acier extra doux	0,05 à 0,15	20 à 24	32 à 38	34 à 28	25	Fils, Chaines, Tôles et tube de chaudières, Rivets, Arbres de transmissions, Cames, Axes, Engrenages, cémentés et trempés
Acier doux	0,15 à 0,25	24 à 28	38 à 46	28 à25	20	Pièces soumises à la flexion et à la torsion: arbres, essieux de wagons, poutrelles et profilés, Aciers marchands, Boulonnerie, Visserie, Pièces estampées ou cémentées, Tige de piston
Acier demi-doux	0,25 à 0,40	28 à 32	46 à 55	25 à 22	15	Goupilles, Clavettes, Arbres, Essieux, Rails, Pièces de forge à grande résistance
Acier demi-dur	0,40 à 0,60	32 à 38	55 à 65	22 à 18	10	Essieux et bandages de roues de wagons et de locomotives, Rails et matériels de voie, Matrices, Pièces d'armes, Pièces soumises au frottement et à l'usure
Acier dur	0,60 à 0,70	38 à 45	65 à 75	18 à 14	5	Bandages spéciaux, Ressorts de voiture, Marteaux, Enclumes, Outils
Acier très dur	0,70 à 80	45 à 50	75 à 85	14 à 08	8	Pivots, Ressorts fins, Fils pour câbles de grandes résistances, Outils, Grosses limes
Acier extra dur	0,8	50 à 55	85 à 100	8 à 5		Limes fines, Scies, Fraises, Outils de coupe

limite élastique et la dureté, tandis que plus cette teneur augmente, plus la ductibilité, la résistance au choc et l'allongement de traction diminuent".

2.3.2 Examen métallographique; on a recours à la macrographie et à la micrographie accompagnée d'un essai de microdureté.

2.3.2.1 - La macrographie étudie essentiellement à l'oeil nu ou à un faible grossissement la structure du fer et ses alliages (alliage fer - carbone pour notre cas). Elle met en relief les inégalités, la structure interne, les défauts d'homogénéité et la présence d'autres éléments dans l'acier.

Grâce à cette méthode, on peut ainsi observer à partir des "cassures provoquées" ou accidentelles:

- la grosseur des grains

- les inclusions

- la porosité

- la surchauffe

- les flocons; ces flocons correspondent à de faibles cavités, à des fissures observées dans les métaux ferreux et apparaissant à la cassure sous forme de plages brillantes et argentées à grains grossiers. L'observation peut également s'effectuer à partir de surfaces préparées faisant appel à l'usinage et au polissage. Les mêmes caractéristiques sont recherchées et complétées par des informations plus précises sur l'hétérogénéité chimique: la ségrégation majeure (formation à partir d'une phase donnée d'une autre phase, de composition chimique différente), ici, une masse solide résultant de la solidification d'une solution solide pratiquement homogène, la répartition des impuretés et l'hétérogénéité cristalline (orientation des cristaux et texture)....

Sur les échantillons analysés (le fonja et l'angady) Rabemananjara a pu alors observer une hétérogénéité chimique caractéristique. A ce sujet, elle précise...

> "l'essai de corrosion de la surface du lingot apparemment unie mais parsemée de grandes taches sombres montre que celles-ci correspondent à des zones riches ... en carbone dans une matrice incolore qui est de la ferrite plus ou moins pure".

En fait, la ferrite résulte d'une certaine masse de fer qui se solidifie au début en entraînant avec lui quelques atomes de carbone. La partie qui reste est pauvre en fer, tandis que les cristaux suivants s'enrichissent en carbone. La malléabilité de l'acier extra-doux provient de la ferrite.

A propos de l'hétérogénéité structurale observée sur les angady, elle note que les grains présentent une différence de grosseur et d'orientation suivant leur localisation. A l'extérieur correspondant à "la zone de la peau", on a une cristallisation très fine. Comme cette partie se solidifie très vite, la ségrégation dite majeure n'a pas eu le temps d'opérer. Vers l'intérieur, les cristaux sont plus gros par suite de la solidification plus lente. Et pour la partie interne, les cristaux grossissent (le carbone, le soufre, le phosphore) progressivement.

Enfin, pour les deux échantillons (le <u>fonja</u> et l'<u>angady</u>) de nombreux défauts apparaissent à des degrés divers sous la forme d'"inclusions de laitiers" ou d'"inclusions de carbure très dures".

2.3.2.2 <u>La micrographie</u>: On examine au microscope les "petits cristaux contenus dans les microcristaux ou grains de métal apparus au cours du refroidissement du métal". Ils forment la microstructure du métal et sont aussi nommés les "constituants micrographiques". La métallographie microscopique met alors en évidence: le nombre des constituants des alliages métalliques, leur répartition et leur dimension, et les défauts du métal ou les inclusions qu'il renferme lorsque ceux-ci sont présents ou à l'échelle microscopique".

Parallèlement, l'essai de microdureté cherche à préciser la "dureté des différents constituants soumis à une très faible charge, correspondante à leur échelle".

A propos des produits de l'affinage et du forgeage des produits traditionnels, Rabemananjara (1980, p. 137) dégage des observations fort significatives.

<u>Le fer produit par la méthode traditionnelle est "un acier mais peu carburé"</u>. Les principaux constituants, notamment la perlite en faible proportion et la ferrite majoritaire. La perlite est un agrégat de Fer et de Fe_3C. Pour l'<u>angady</u>, elle est composée de 87% de ferrite et 13% de cémentite (11) et contenant en plus 0,85% de carbone. Or un acier contenant 0,85% de carbone est défini comme 100% perlitique. En principe, la "perlite se forme au cours du refroidissement lent de l'austénite au dessous de 721 ° C. Et la transformation s'effectue à partir de germes de cristaux d'austénite en donnant une série de lamelles bordées de ferrite."

Comme on peut s'en douter, "le plus fort pourcentage de carbone se remarque près des inclusions repérées lors de la macrographie".

On est sur un carbure "mais comme dans la méthode de fabrication il n'y a pas eu de "fusion", le carbone n'a pas pu diffuser dans toute la ferrite. La diffusion de carbone ne s'est effectuée que dans les zones voisines".

<u>L'hétérogénéité structurale détectée déjà lors de la macrographie est confirmée par l'analyse micrographique</u>. Celle-ci est "due à la recristallisation à cause du fort taux d'écrouissage de la surface extérieure et d'un refroidissement rapide".

La différence de taille des grains explique aussi les zones où la cassure est favorisée notamment au niveau des feuilles métalliques superposées pour la confection de l'<u>angady</u>.

Le calcul du pourcentage de carbone effectué après plusieurs recuits a permis encore de constater "qu'il existe des gaz enfermés à l'intérieur de l'acier qui sont cause de la décarburation de celui-ci après les recuits". En fait, l'<u>angady</u> a subi des recuits par les passages successifs au feu et à la forge de l'acier.

En général, le recuit se fait de préférence à une température aussi élevée que possible.

Le fer produit par la méthode traditionnelle présente aussi les nuances de l'acier, entre autres:

" - l'acier eutectoïde (100% de perlite, 0,85% C), de la ferrite pure (ou presque à 0,8% de carbone) et toute la gamme d'acier hypoeutectoïde (50% de perlite, 50% de ferrite et 0,425% de C)".

Des inclusions dendritiques observées aussi bien dans le fonja que dans l'angady reconnues comme étant des carbures mixtes n'ont pu être autrement caractérisées. Les dendrites se définissent par l'"assemblage cristallin possédant de nombreuses branches et une forme arborescente. Ces dendrites apparaissent seulement lors de la solidification d'une phase unique ou solution solide voisine des métaux purs".

En conclusion, on peut dire que le fer obtenu par la méthode de réduction directe est très hétérogène mais présente les aspects d'un acier demi-doux. Il y a une très faible diffusion du carbone dans la fusion pâteuse obtenue après la réduction qui s'est opérée à une température moyenne de 1200-1300 °C. Nous savons que la température de fusion minimale du fer est de 1500 °C. La principale qualité observée du produit est sa capacité à la soudure à cause de cette basse teneur en carbone. Les vestiges recueillis à Fanongoavana (David Rasamuel, 1984) ont bien montré que la cémentation (la fixation du carbone par le CO dans le fer) n'était pas pratiquée et que c'était du fer doux qui a été forgé; cette aptitude à la soudure du fer malgache a d'ailleurs été remarquée par les métallurgistes forgerons de Merikanjaka. Ils ont bien précisé lors des enquêtes que le fer malgache (vy gasy) se différencie du fer étranger (vy vazaha) par cette capacité à être facilement réparé. Cette qualité ne peut pas s'appliquer aux fers de récupération, c'est-à-dire les fers étrangers comme les ressorts, les bandages, etc.

III.3 - Les sites à métallurgie

III.3.1 Répartition générale des sites. Comme le fer semble aussi ancien que la civilisation malgache ou du moins remonte aux temps les plus reculés de ce qu'on connaît, on peut dire que chaque fouille de site risque de nous apporter de nouveaux documents sur la question. Limitée en moyens comme je l'étais, j'ai fait porter mon effort surtout sur les sites de l'Androy et ceux de l'Amoronkay, en m'intéressant principalement aux processus de fabrication métallurgique. Il convient, avant de présenter ces résultats obtenus dans le Centre et le Sud de récapituler ce qu'on connaît pour l'instant dans la totalité de Madagascar. Les trois tableaux ci-après portent les indications des lieux de fabrication du métal, des forges et des emplacements des découvertes d'objets métalliques.

La plupart des sites du Nord auxquels j'ai ajouté Dembeni aux Comores (Allibert et Wright) ont été décrits ou repertoriés par Vérin (1975).

A Dembeni, dans un lieu où les gisements sont absents, on a trouvé dans des horizons du Xe siècle des produits du travail de la forge et des morceaux de minerai soumis à affinage.

A Mahilaka (XIIe au XVe siècle), le site était un immense lieu de

PERIODISATION DES SITES A METALLURGIE DU NORD

Centuries A.D.	IX-X	XI	XII	XIII	XIV	XV	XVI	XVII	XVIII	XIX
Kingany				△ —	— △					
Antsoheribory					△					
Mahilaka			△ —	—	— △					
Vohémar							■ ●	■ ●		
Bemanevika						●		●		
Amboronala							●	●		
Antanandava									■	
Antalaha									△	
Nosy Mangabe							△ ■			
Sandrakatsy				△						
Dembeny (Mayotte)	△									

△ Métallurgie

● Forge

■ Vestiges métallurgiques

PERIODISATION DES SITES A METALLURGIE DES HAUTES-TERRES

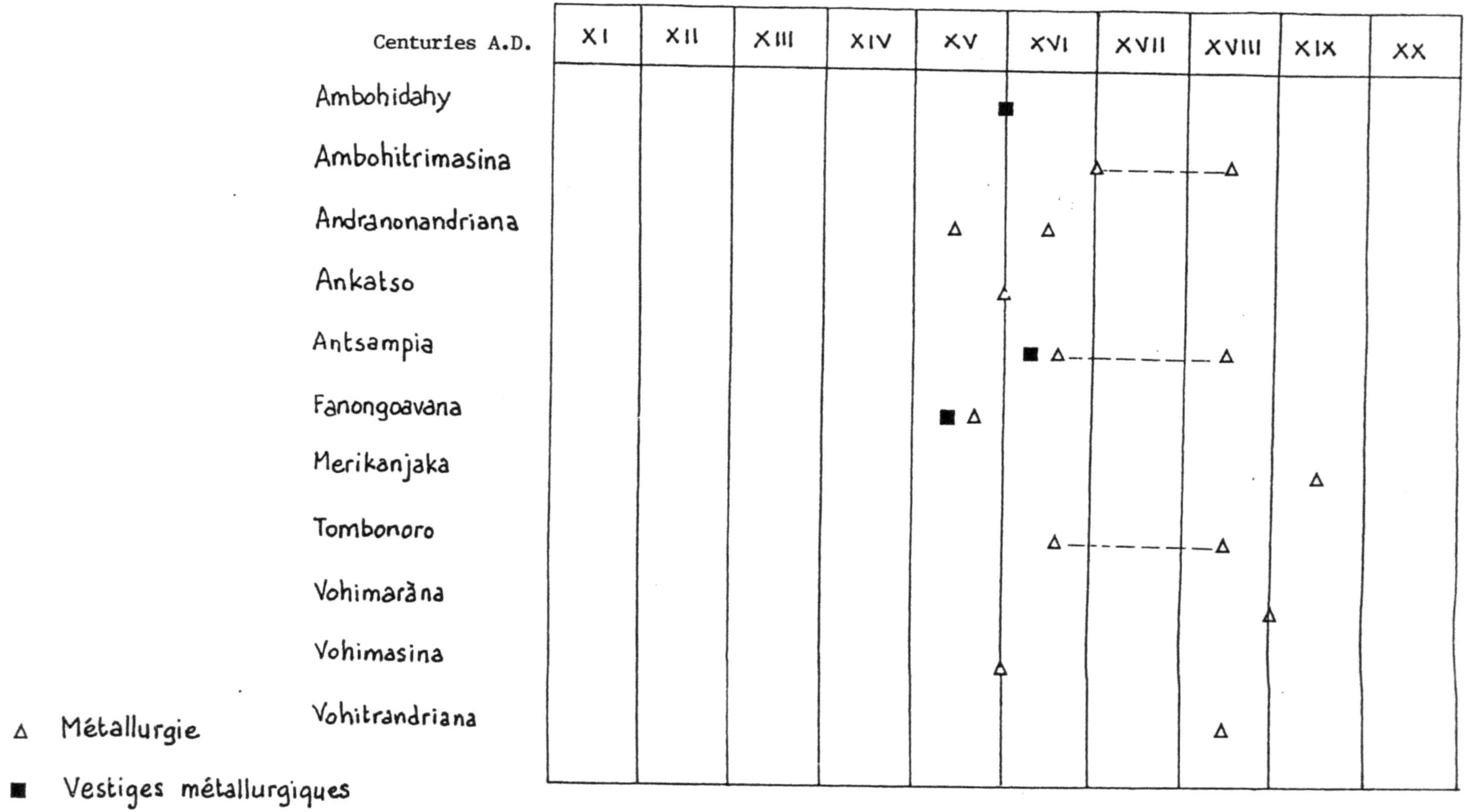

PERIODISATION DES SITES A METALLURGIE DU SUD

Centuries A.D.	IX-X	XI	XII	XIII	XIV	XV	XVI	XVII	XVIII	XIX
Ambondrombe									△ ●?	
Andaro							△			
Andembe									△	
Andranosoa			■ △ – –	– – – –	– – – –	– – – –	– – – –	– △		
Ankara (Andindo/ Anivo)									△ ■	
Ivahona-Andebobe									△	
Lintamandanimerina						△ – –	– – △			
Rezoky-Asambalahy							△			
Tondalava							△?		△?	
Ampasimahanoro									△ – –	– – △
Etrobeke-Etsitsike										●
Taimby										△
Ambohazomby								△?		
Efangitse						△				
Iabomanitra						△ – –	– – △			
Maliovola					△ ●					

△ Métallurgie

● Forge

■ Vestiges métallurgiques

Carte de situation des sites à métallurgie du Nord et des Hautes Terres.

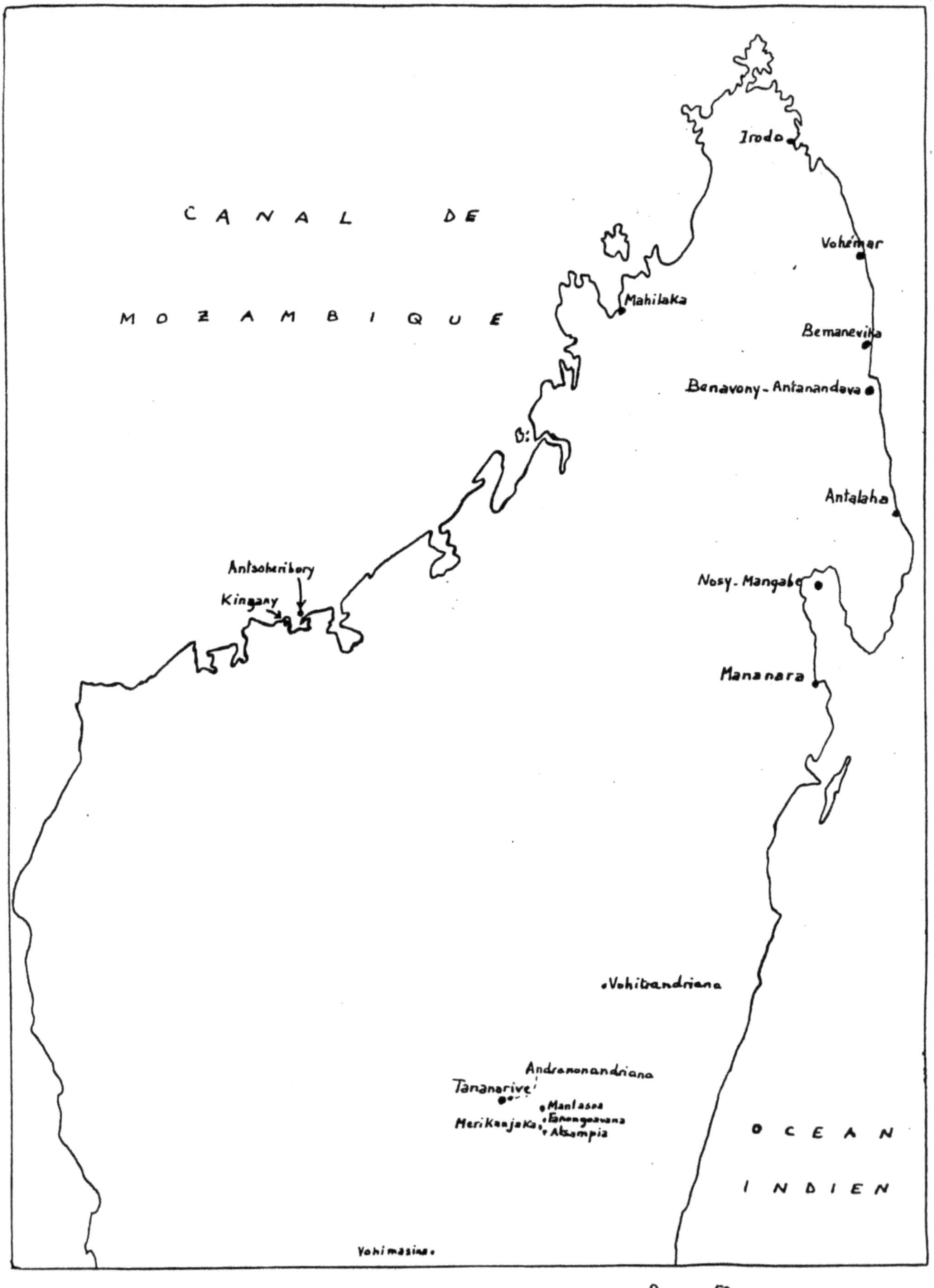

Carte de situation des sites à métallurgie du Sud.

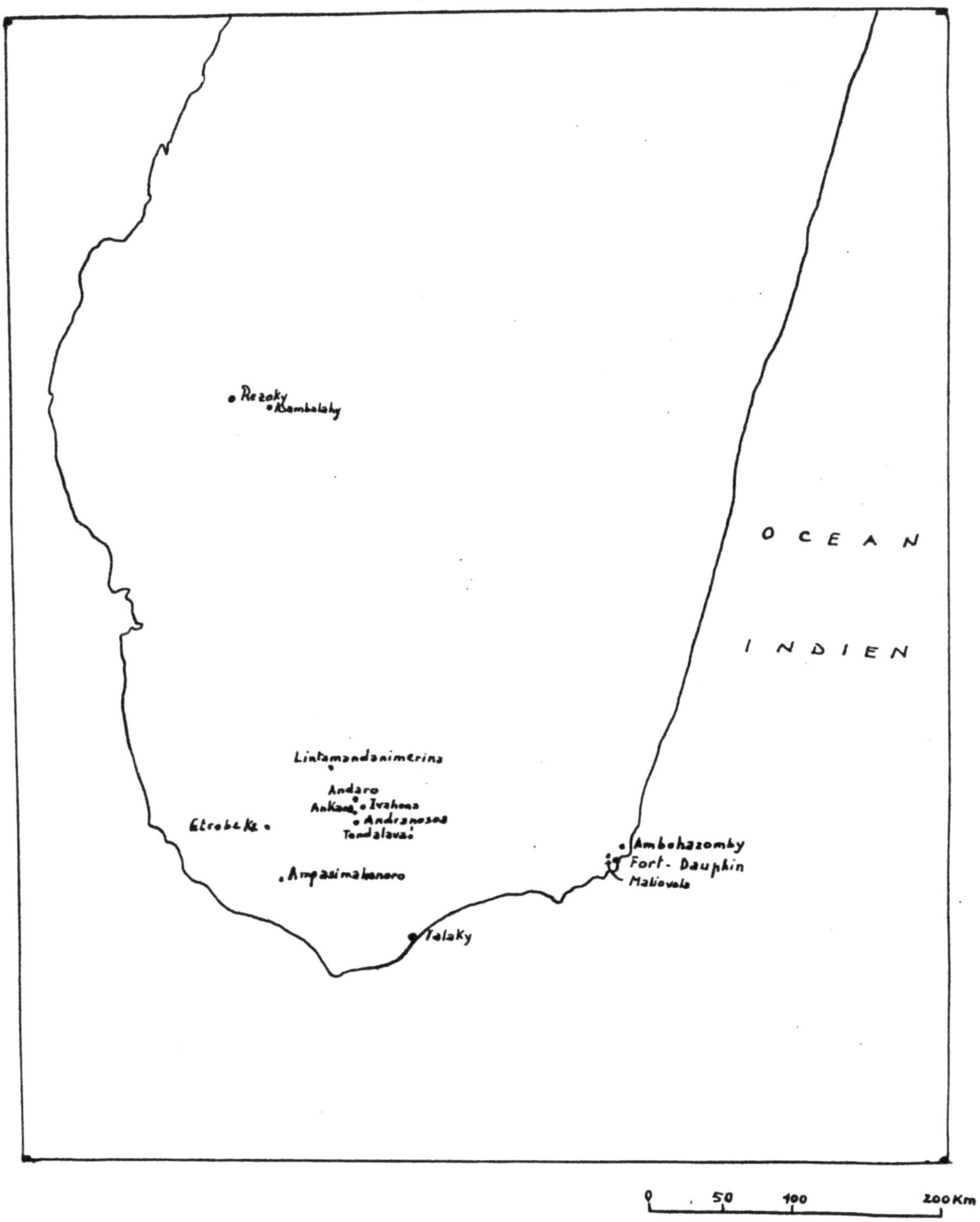

travail du fer et l'atelier d'un forgeron a été localisé dans l'ancienne forteresse. Le Nord-Est a été également intensément fréquenté par les métallurgistes et même les couches du site de Nosy Mangabe portent des traces de fer travaillé un peu avant les visites hollandaises. Les capitales islamiques de Kingany et d'Antsoheribory dans le Nord-Ouest (du XIVe au XVIIIe siécle) sont également des sites où les forges travaillaient pour une population nombreuse.

Les sites des Hautes-Terres semblent également très nombreux mais ils sont moins anciens que ceux des côtes. Le site de forge le plus ancien des Hautes-Terres dans l'état de la recherche semble être celui d'Andranonandriana découvert par Wright, Heurtebize et moi-même près d'Ambohimanga. Relié à la période Fiekena, il pourrait dater du milieu du XVIe siècle. Dans les couches profondes de Vohimasina, dans la Manandona, les objets métalliques découverts par Victor Raharijaona peuvent être assignés également au milieu du XVIe siècle. Vohitrandriana, dans l'Antsihanaka (Battistini et Vérin, 1966) est plus récent: XVIIIe siècle. Les autres lieux de forge et lieux de fabrication se rattachent précisément à mon étude. Je vais successivement décrire les sites d'Andakamonina, de Vohipanja et Ambohimarina, d'Ambohitrimasina, de Tombonoro et d'Atsampia. Ils s'échelonnent dans le temps du XXe à la fin du XVIIe siècle.

Dans l'extrême-sud, mes efforts ont proté essentiellement sur la région de l'Androy où depuis 1974, Georges Heurtabize avait localisé une série de sites s'échelonnant dans le temps entre le XIIe siècle (Andranosoa) et le XIXe siècle.

Accessoirement, j'ai aussi relevé des sites dans l'Anosy où Cauche et Flacourt nous ont montré l'importance du travail de la métallurgie. Dans la vallée de l'Ambolo, j'ai localisé le site d'Ambohazomby où quatre gros tas de scories de fer hauts de un mètre environ avaient été recouverts par la végétation. Ambohazomby se trouve le long de la rivière Manampanihy à trois kilomètres du gisement à Mangatsiaka. Ce dernier est désigné par la population locale par le toponyme de Ampihaliamby ("là où on creuse le fer"). Les anciens canaux d'extraction y sont encore visibles. Les habitants mentionnent d'autres lieux de forge célèbres tels Mangaika. Ces anciens sites sont juchés sur des pics et l'accès en serait tellement difficile que même les zébus n'arrivent pas à en monter les pentes.

Au site fortifié d'Efangitse (12) dans la basse vallée de la Fanjahira, des scories de fer ont été également découvertes ainsi qu'un fond de lingot circulaire. Ce site pourrait remonter au XV-XVIe siècle compte tenu des vestiges recelés.

A Mokala (13), à l'est de Fort-Dauphin sur la plage, il a été retrouvé des tas de scories de fer et quelques pièces laminées. Ce site contient le même genre de poteries qu'Andaro et Andranosoa dans l'Androy, à savoir une poterie ocrée et avec des anses. L'association de ces vestiges avec le travail de fer est certaine et l'occupation remonterait au XIVe siècle.

III. 3.2 <u>Les sites à métallurgie des Hautes Terres</u>

3.2.1 - <u>ANDAKAMONINA</u> C.G.N. : X 552 500 Y 769 000
Feuille Q 47 au 1/100 000

Je vais décrire là un site sur lequel des informateurs ont vu opérer.

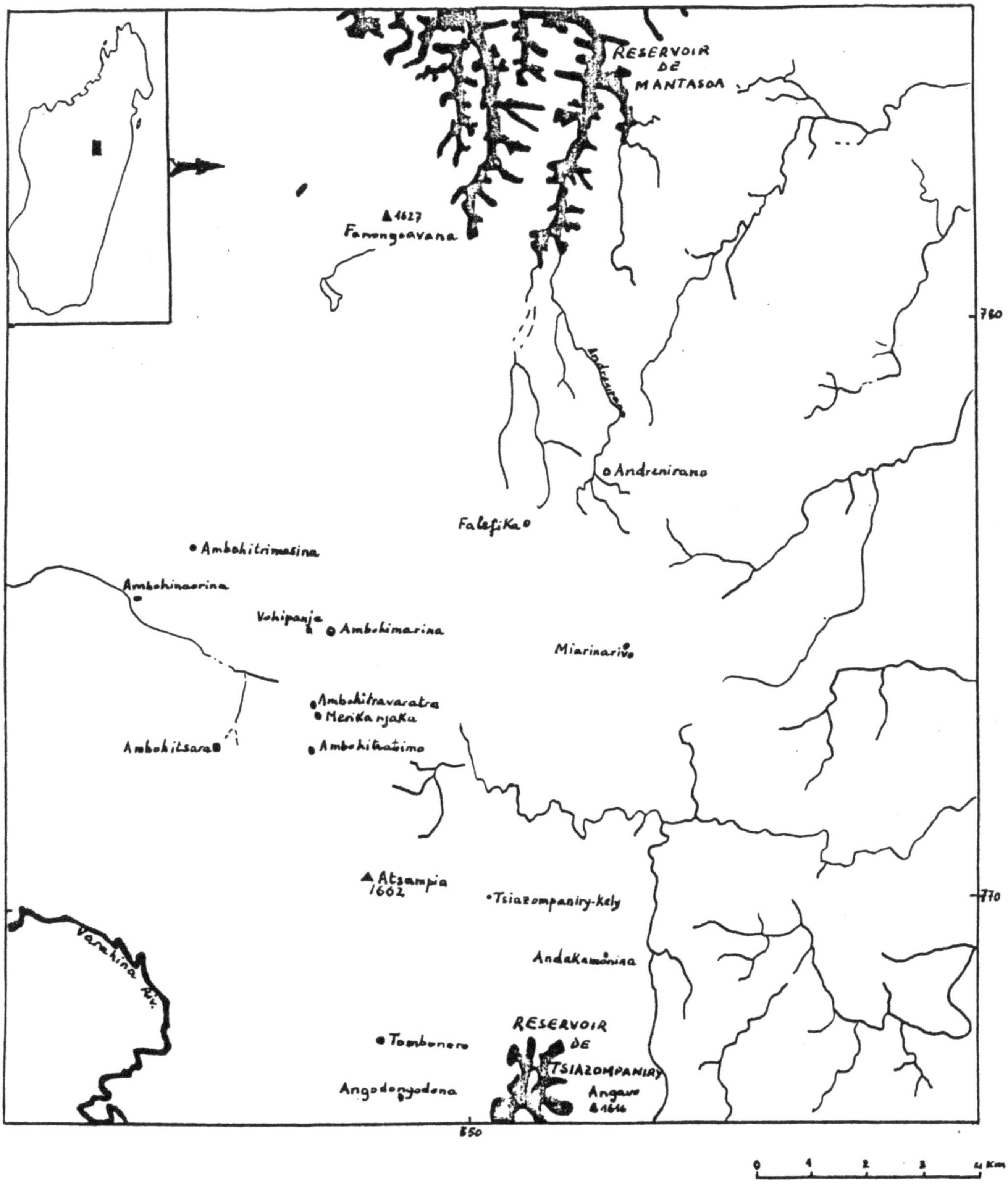

Carte de localisation des sites dans la région de Merikanjaka

Il s'agit d'une "ethno-archéologie" comme aurait pu l'être l'étude d'Andavamanavy et d'Ambohibazaha que les habitants connaissent comme des lieux de travail assez récents.

Le site d'Andakamonina en effet a constitué une batterie en activité (toby) vers les années 1940. C'est en quelque sorte un site archéologique subactuel. Comme il a été récemment abandonné, on retrouve encore aisément sur ce site, regagné par la végétation, des traces matérielles de l'organisation spatiale dans un "toby fanaovam-by". La fréquentation de ce site a cessé peu avant la Révolte de 1947.

Andakamonina (14), littéralement, se traduirait "à la pirogue qui reste". C'est un site qui n'aurait pas été habité auparavant et qui a seulement connu le travail du fer.

Le toponyme viendrait du fait qu'une pirogue n'aurait pu être évacuée et serait restée un certain temps, sinon à jamais dans ce site.

En effet, comme la région borde la grande forêt à l'Est, les gens de la région ont aussi pratiqué la technique de la confection de pirogues, qui étaient ensuite vendues à Tananarive, à la récolte du riz de première saison.

Le site a une surface plutôt restreinte (20 ares). Il a constitué une batterie chargée de fournir des lingots de fer pour un noble d'Ambohinaorina en 1940-1944. Andakamonina serait entré en fonction après l'abandon d'Ambohibazaha situé plus au Nord (15). Mme Razanavao (fille de l'ancien chef du toby) m'a expliqué l'organisation du lieu de travail, aidée de son frère Razanadrakoto.

Ce site s'étage en trois aires où étaient localisées les principales opérations de transformation du minerai en lingot. Je donne leur description en commençant par la plus basse: la première aire longe la limite inférieure du site et on y localise les fourneaux de fusion. Ces derniers, cinq en tout, étaient espacés les uns des autres de 6 m à 10 m environ et sont eux-mêmes distants du rebord d'un mètre (voir fig. p. 75).

Les laitiers de fer (taim-by) étaient facilement évacués vers la pente de l'Ouest. L'affectation de ces différents fourneaux allait du Nord au Sud selon des préséances expliquées plus loin.

Le deuxième étage, plutôt regroupé au Nord-Ouest, correspondait aux troisième et quatrième opérations (rendrika affinage et tefy forgeage) de la transformation du minerai; mais sur le troisième il n'y avait que des forges (voir fig. p. 75).

Cette zone est limitée au Nord-Ouest par une rangée de pierres disposées de façon semi-circulaire. Ces pierres marquaient la zone où les marteleurs se tenaient. Dans la concavité était aménagé un trou rectangulaire long de 1,40 m et large de 40 cm; un bloc de bois taillé plutôt cubique avait été planté au milieu pour l'emplacement de l'enclume. Le foyer se situe au Sud à 2,60 m de cette enclume. Au dégagement, j'ai pu y décéler la forme de son fond circulaire avec des traces de combustion.

Au levé sur l'aire supérieure, j'ai remarqué des arrangements artificiels de blocs de pierres correspondant aux emplacements des forges. J'en ai dénombré neuf dont l'un situé tout de suite au nord du fourneau de

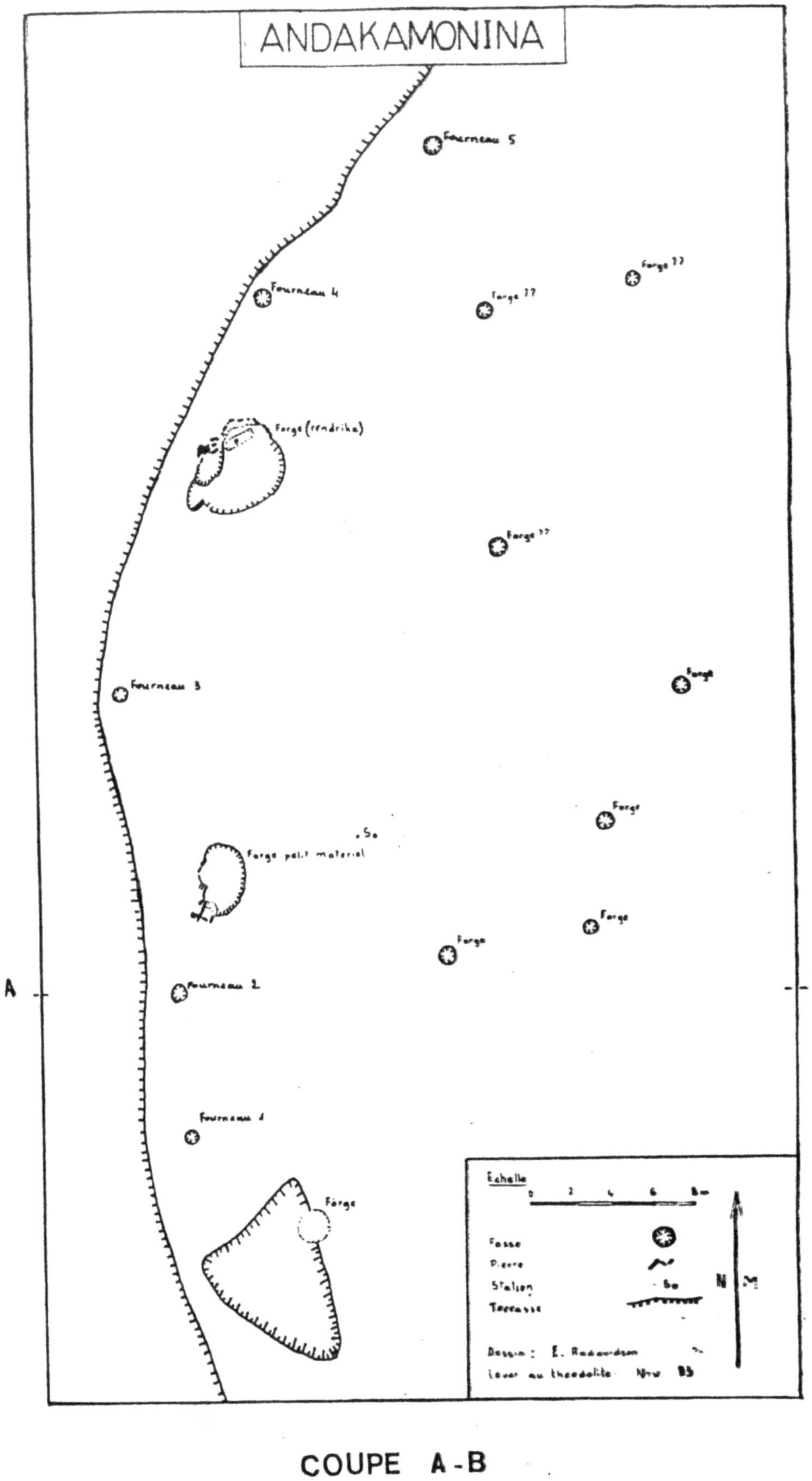
ANDAKAMONINA
Fourneau 5
Fourneau 4
Forge ??
Forge ??
Forge (rendrika)
Forge ??
Fourneau 3
Forge
Forge
Forge petit materiel
Forge
Forge
A
B
Fourneau 2
Fourneau 1
Forge
Echelle
0 2 4 6 8m
Fosse
Pierre
Station
Terrasse
N
Dessin :
Lever au theodolite

COUPE A-B

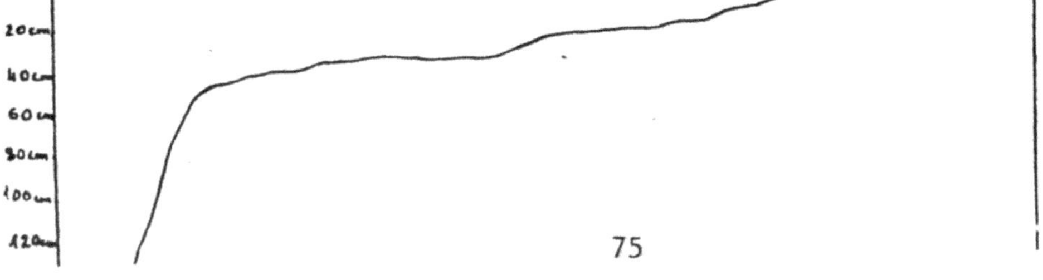
0
20cm
40cm
60cm
80cm
100cm
120cm

fusion no. 2 (plan p. 77), garde encore en place, notamment les pierres du foyer. Ce dernier a été bien délimité au dégagement avec les traces de brûlure de la terre et des restes de charbon.

A l'extrême-sud du site, on retrouve une fosse triangulaire dont l'existence mérite une explication. Il est probable que la fosse servait pour l'éxcavation des eaux de ruissellement, mais il se peut également que les métallurgistes y ont pris la terre destinée au colmatage des fourneaux de fusion. Mes informateurs, non plus, n'ont pu me donner la signification exacte de ce trou.

Sur le site d'Andakamonina, aucun vestige de la vie quotidienne, marque d'une occupation permanente, n'a été retrouvé.

Le site d'Andakamonina, grâce à son aspect intact, peut servir de site de référence pour les fouilles d'autres sites à métallurgie plus anciens, si on admet le fait que la technologie s'est peu modifiée à travers le temps.

J'ai alors dégagé l'ensemble d'un fourneau de fusion (no. 2) dont les vestiges étaient encore en place. Le fourneau proprement dit est cylindrique, et le mur épais à l'origine de 10 cm s'est écroulé en partie vers l'ouest pour former une masse épaisse de 25 à 30 cm au-dessus de gros blocs de pierre. Le trou où se mettait la tuyère d'aération est limité par trois blocs de pierre qui étaient probablement debout à l'origine mais sont maintenant couchés sur les côtés. L'emplacement du <u>didy</u> aurait eu 11 cm de large. Le trou d'évacuation des laitiers de fer, haut de 22 cm, est limité par deux pierres plantées sur chant et situées à 30-35 cm l'une de l'autre. Ce sont les <u>tolandidy</u> (encadrement du <u>didy</u>). Le fourneau avait 55 cm de diamètre. A l'est de celui-ci, une place bien dégagée correspond à l'endroit où étaient installés les soufflets. Les manieurs de soufflets se tenaient à une distance de 70 cm du fourneau derrière leurs soufflets. Les deux blocs de pierre que j'ai retrouvés distants de 38 cm l'un de l'autre leur servaient de repose-pieds. Le profil de l'aire de fusion, depuis le lieu où se mettaient les manieurs de soufflets jusqu'à l'endroit où s'écoulaient les laitiers de fer, présente une dénivellation de 40 cm.

Parmi les vestiges retrouvés à Andakamonina, j'ai relevé une tuyère d'aération <u>didy</u> en cours de confection, longue de 35 cm et de 10 cm de diamètre. Cette ébauche de tuyère était seulement dégrossie avant d'être abandonnée.

<u>Organisation sociale spatiale à Andakamonina</u>

Les acteurs du travail n'étaient pour rien dans le choix du <u>toby</u>. Les nobles leur avaient désigné l'emplacement, mais l'organisation des métallurgistes est particulièrement significative.

En effet, le site d'Andakamonina été organisé de façon à ce que les différentes opérations de transformation du minerai en lingot y soient bien distinctes spatialement. Mais cette organisation spatiale s'observe également au niveau des personnes qui travaillaient à Andakamonina. La disposition des participants était définie en fonction des filiations ou des relations parentales. On sait que les directions cardinales ont une place privilégiée dans la représentation du monde des Malgaches. A Andakamonina, suivant le degré de filiations ou de relations entre les différentes personnes, s'étaient réparties les diverses zones de travail.

Andakamonina
(FOURNEAU DE FUSION 2)

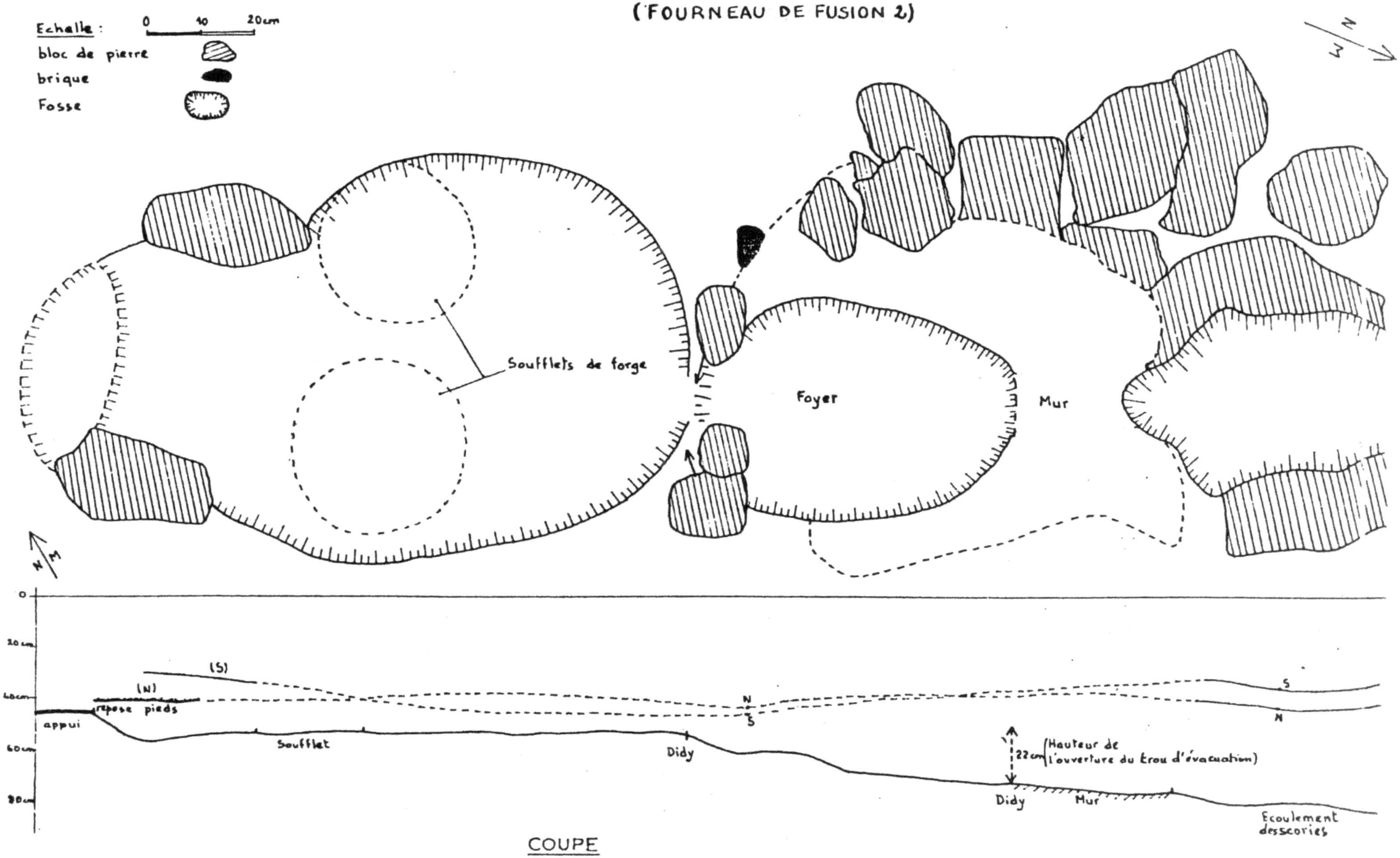

Andakamonina

Essai de généalogie

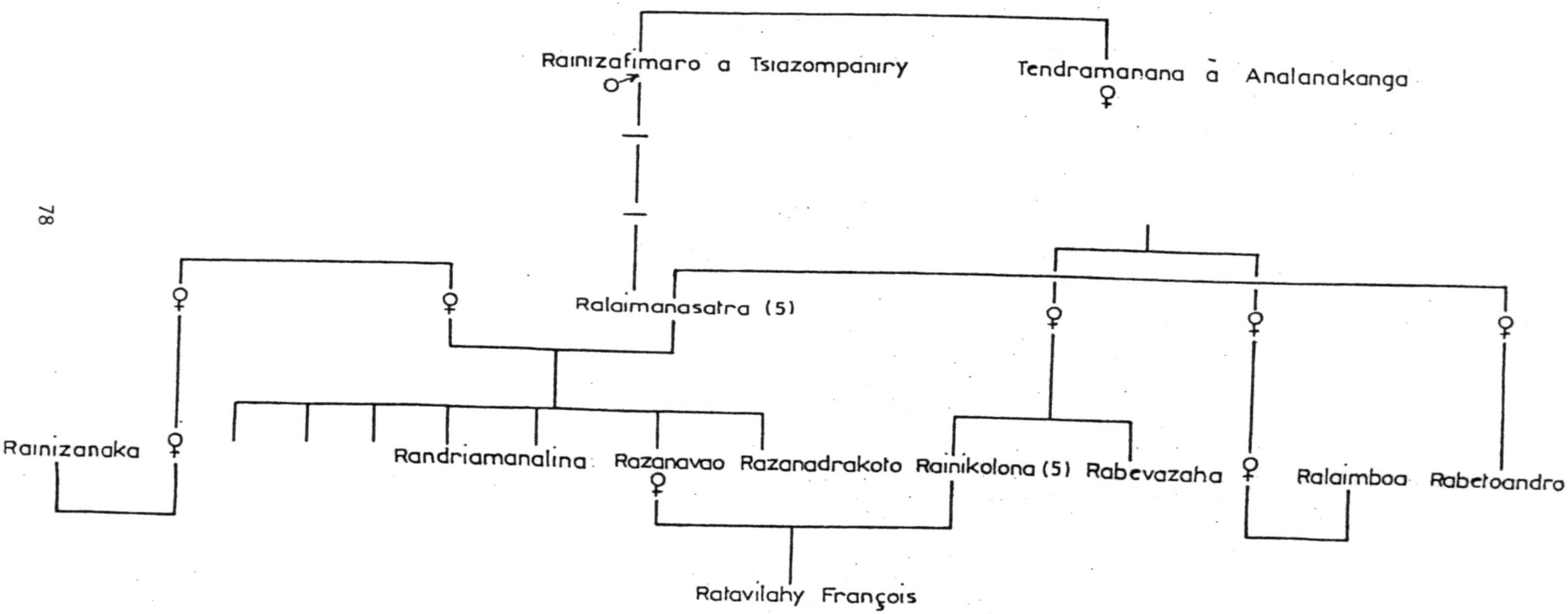

Le fourneau 1, le plus au Sud, était octroyé à un nommé Rabevazaha, frère d'un certain Rainikolona. Le fourneau 2, au centre sud, appartenait à Rabetefaka, qui n'avait aucun lien de parenté avec les autres artisans d'Andakamonina. Originaire de Mandrosoa, à l'Est d'Ambohitrandriamanitra, il était venu avec d'autres forgerons de Mahatsara pour travailler au toby d'Andakamonina. Le fourneau 3 était octroyé au groupe désigné sous le pseudonyme "Compagnie Rainizanaka". Razanavao a précisé que ce Rainizanaka avait épousé une de ses cousines germaines. Le fourneau 4 appartenait à Rabetoandro, neveu utérin de Ralaimanasatra. Ce dernier s'était partagé le dernier fourneau n° 5, le plus au nord avec son gendre Rainikolona (voir planche p. 75).

De cette énumération nous retenons d'abord que c'est l'aîné Ralaimanasatra, mais aussi le chef du toby, donc le plus digne de respect qui occupait le nord. Ensuite, les autres forges étaient octroyées aux "enfants" (qui comprennent les neveux), selon l'ancienneté du collatéral parent. Quant à Rabetefaka et Rabevazaha qui n'avaient aucun lien de parenté directe avec le chef, ils étaient relégués au sud. Ce coin sud semble aussi avoir été réservé aux métallurgistes qui séjournaient temporairement et n'entretenaient pas de relations suivies avec le groupe de Ralaimanasatra (16). On m'a cité, par exemple, un certain Ralaimboa, le beau-frère de Rainikolona parmi les collaborateurs temporaires.

Le bon état de préservation des vestiges d'Andakamonina et les explications des informateurs permettent de comprendre d'autres sites comme Tombonoro (voir p. 93-101).

3.2.2 - VOHIPANJA et AMBOHIMARINA C.G.N. X 774 600 Y 547 400
X 774 600 Y 547 750

Le site de Vohipanja (voir schéma) rectangulaire, en terrasse, d'une étendue de 45 ares environ est allongé dans le sens est-ouest. Des scories de fer éparpillées en surface ont été remarquées surtout du côte nord. Du fait que le site présente, une pente dans sa partie nord-ouest. Cette localisation présentait des avantages pour l'évacuation des laitiers. Toutefois, ce trait va à l'encontre de tout ce que j'ai ordinairement observé ailluers. En effet, le coin de la métallurgie se localise à l'ouest, sensiblement au sud-ouest, mais jamais au nord.

Les sondages 1, 2, 3 d'un mètre de côté chacun ont été effectués dans la zone où j'avais remarqué une certaine concentration de laitiers et de scories de fer. Les vestiges de travail du fer parsèment en effet la surface et remplissent la couche superficielle épaisse d'environ 10 cm à l'exclusion de tout autre vestige. Tout de suite après cette strate, j'ai rencontré la couche rouge stérile et dure.

Une deuxième série de sondages (4 et 5) a été entreprise sur la surface sommitale et au sud, là où j'avais noté l'existence d'une petite pente. Ces sondages comme les précédents n'ont pas mis en évidence des vestiges; même pas un tesson de poterie n'y a été retrouvé.

En l'absence d'autres vestiges que la structure de surface, il est difficile d'interpréter le site de Vohipanja (au village d'Ipanja). L'existence de la fosse à boeufs (7,5 m x 5 m) et la terrasse semblant délimiter le site font penser à un parc à zébus. Il est probable que la terrasse à l'origine a été entourée d'une palissade. Vohipanja a dû aussi

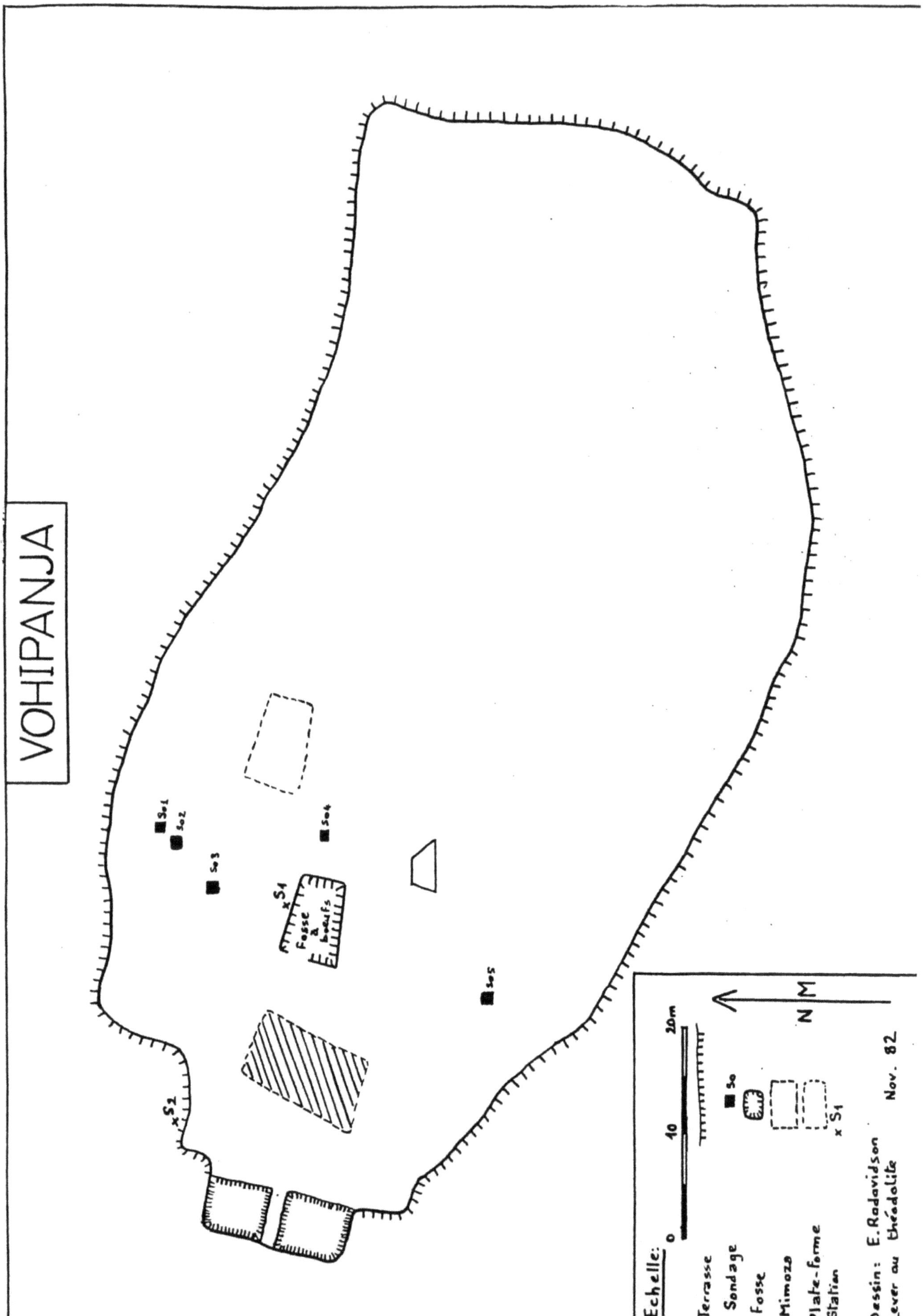
VOHIPANJA
So1
So2
So3
So4
So5
x S4
Fosse à boeufs
x S2
Echelle:
0
40
20m
Terrasse
Sondage
So
Fosse
Mimoza
Plate-forme
Station
x S1
N M
Dessin: E. Radavidson
Lever au théodolite
Nov. 82

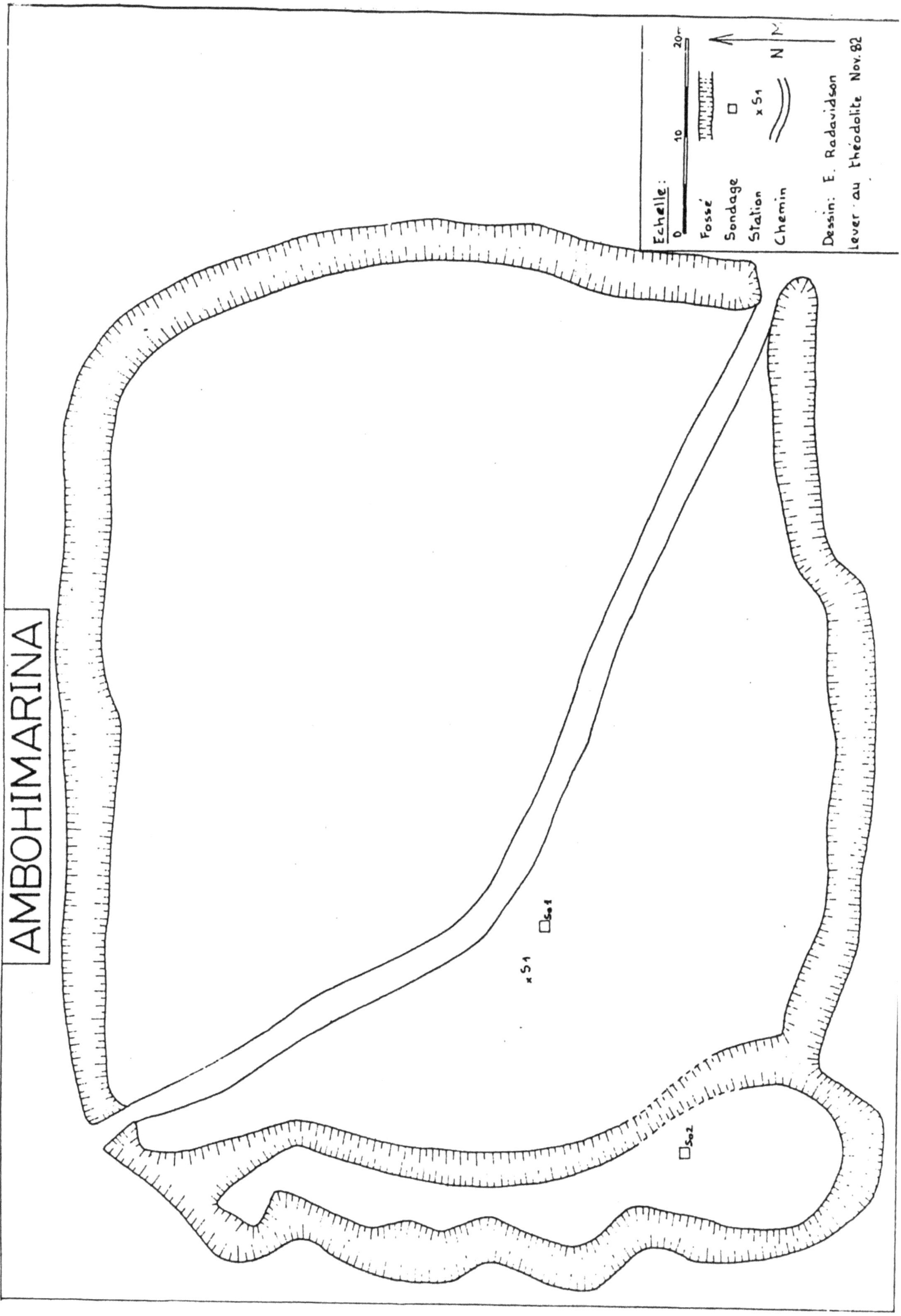
AMBOHIMARINA
Echelle:
0 10 20m
Fossé
Sondage
Station x S1
Chemin
N
Dessin: E. Radavidson
lever au théodolite Nov. 82
So1
x S1
So2

être un lieu de forge simple sans habitat important. Les scories retrouvées constituent les dernières impuretés évacuées du lingot lors du forgeage. Par ailleurs, à l'est à quelques 500 m, un autre site, celui d'Ambohimarina a été reconnu. Vohipanja en était-il un satellite ou au contraire Ambohimarina était-elle une dépendance de Vohipanja ? Aucun indice ne le laisse pour l'instant supposer dans un sens comme dans l'autre.

Le site d'Ambohimarina, de forme sensiblement rectangulaire s'étend sur une surface de 88 a environ (110 m x 80 m). Il est entrouré d'un fossé "double" (17) à l'ouest. Ce fossé double dans la partie occidentale s'explique par le fait que cette aire donnait accès à une zone découverte contrairement à l'est où une colline à pente abrupte domine Ambohimarina. Le fossé est remblayé et couvert de végétation à l'heure actuelle.

Deux issues, l'une au nord-ouest et la deuxième au sud-est (18), donnent accès à l'intérieur du site traversé par une piste. La surface sommitale est plane sur toutes ses parties nord et est. La partie occidentale, en revanche, présente une pente assez prononcée surtout vers le sud-ouest.

Les deux sondages effectués l'ont été sur la surface sommitale et en bas de pente (voir schéma). Le site, constituant par ailleurs un terrain de culture pour les habitants des villages environnants, les travaux n'ont été effectués que sur les parties non encore travaillées et cultivées.

Sur la métallurgie, je n'ai retrouvé aucune trace. Quelques tessons de céramique, peu reconnaissable, la plupart ayant été endommagés par les travaux de culture effectués sur le site, ont été récoltés aux sondages. Sondage 1 a été fouillé jusqu'à 50 cm de profondeur. C'est une couche superficielle fort peu fertile, la seule couche d'occupation observée. Sondage 2, choisi entre les deux fossés, a été testé jusqu'à 1,50 m. Il a traversé une accumulation de déblais stériles faisant contrescarpe. Compte tenu que le site d'Ambohimarina aurait pu être associé avec le précédent, j'ai été déçue de la pauvreté des vestiges. On se demande les raisons qui ont poussé les anciens habitants à terrasser des sites si importants qu'ils ont peu ou pas habité. L'absence de structure ou de vestiges autres que les fossés ne dispense pas de rechercher ce qu'a pu être la fonction du site. Rien n'indique qu'il était un simple enclos à bétail.

L'absence de vestiges du travail du fer dans une région où la plupart des sites à fossé en portent est en soi intéressante même si elle est pour l'instant inexplicable. Vohipanja se trouve à 500 m à l'ouest d'Ambohimarina. Ambalanirana, à l'est sur la colline, en est également distante d'environ 500 m à vol d'oiseau, et ce dernier recèle des laitiers et scories de fer en tas importants.

3.2.3 AMBOHITRIMASINA C.G.N. X 776 100 Y 545 300

3.2.3.1. Présentation générale

Situé au nord-est du village d'Antanimasaka, il constitue un lieu de travail du fer bien attesté. Ambohitrimasina a été planté d'eucalyptus aujourd'hui régulièrement coupés pour l'obtention du combustible et du bois de charpente. Cette production s'est ajoutée dans la région à celle du travail du fer (19). Le site d'Ambohitrimasina est installé à 1 400 m d'altitude. Il est limité à l'ouest et au sud par des pentes très escarpées; la limite nord et est est légèrement marquée par un terrassement

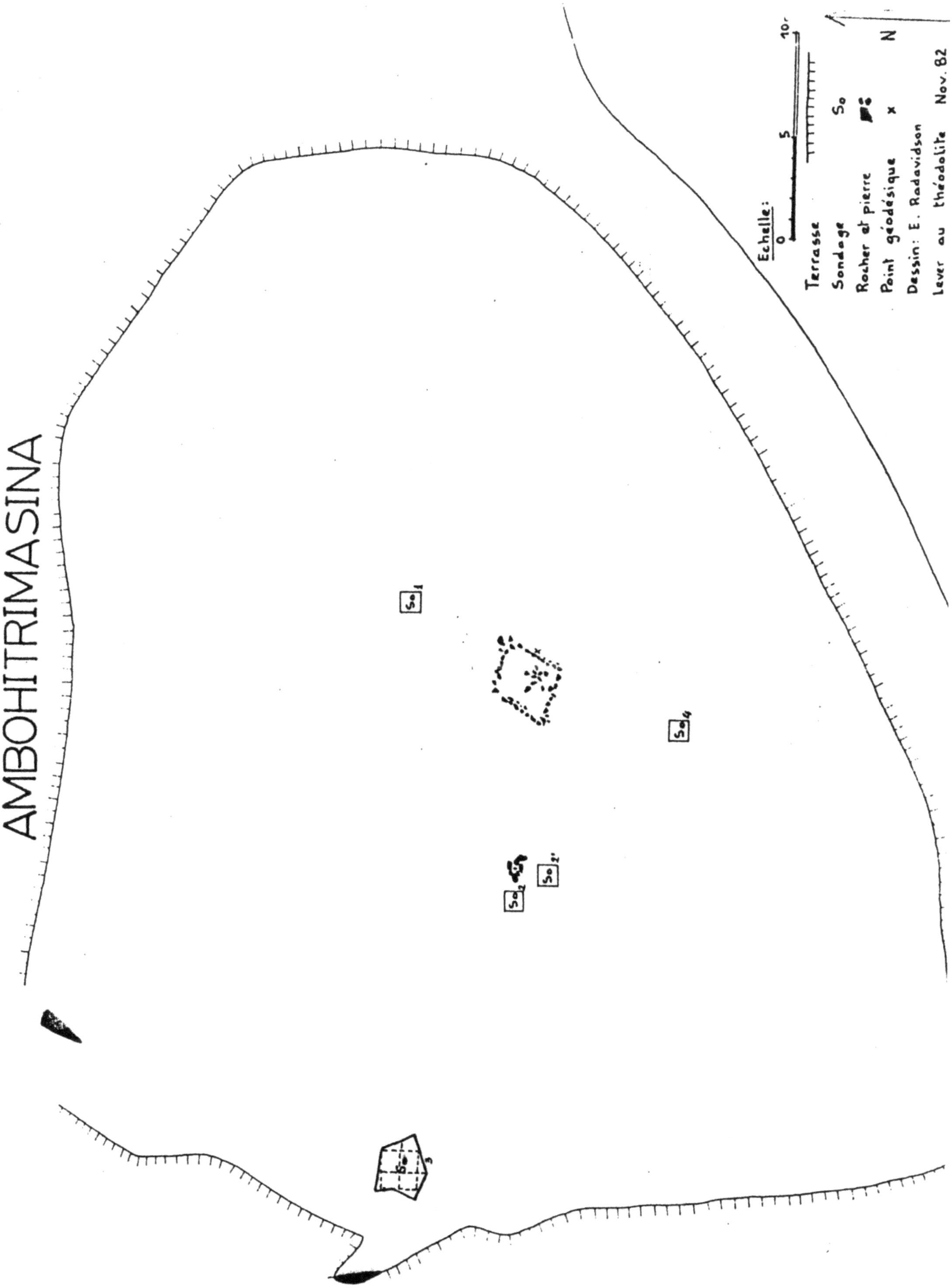
AMBOHITRIMASINA
Echelle:
0
5
10
Terrasse
Sondage So
Rocher et pierre
Point géodésique x
N
Dessin: E. Radavidson
Lever au théodolite Nov. 82
So1
So4
So2
So2'

et une déclivité. Sa surface sommitale parcourue par une piste empruntée par les camionneurs chargés de la collecte du charbon de bois semble avoir été préservée de destruction totale. La surface sommitale constitue une sorte d'esplanade ovale d'environ 20 ares de superficie (50 m x 40 m).

A l'est, en contrebas, à 100 m et suivant la piste, j'ai remarqué l'existence d'une pierre levée dont la signification m'échappe. Elle peut correspondre à la délimitation d'un territoire. Mais elle peut aussi être une commémoration érigée en souvenir d'une personne morte ailleurs (20). Quoiqu'il en soit, rien ne me permet d'inclure cette pierre levée dans l'ensemble spatial du site d'Ambohitrimasina.

Les laitiers de fer se localisent dans la zone occidentale du rebord du site; l'évacuation en était facilitée par la pente très voisine. Mais cette localisation tient aussi compte de l'organisation spatiale sociale et traditionnelle. Les autres structures observées sur le site ont été une construction dont seules les fondations en pierre subsistent encore et à l'ouest de cette "maison" (?) un ensemble circulaire en pierres où sont érigés sept bâtonnets munis de lambeaux. Apparemment, cet endroit constitue un lieu de culte.

En outre, une tradition récente attribue l'appartenance de ce site à un "bodista" (21) appelé Masina (litt. saint) ayant vécu longtemps avant le fanjakana hova (22). Ce Masina aurait mené des batailles contre les Betsimisaraka à l'est, et c'est au cours d'une de ces dernières qu'il aurait succombé. On l'aurait enterré là où il était tombé à Ampasandrolomasina. Seul l'ancien maire à Antanimasaka, M. Rambeloson connait cette tradition et aucun habitant ne peut confirmer ou infirmer cette version.

Le site d'Ambohitrimasina représente une énigme, car les vestiges semblent n'avoir aucune cohérence entre eux.

Tout d'abord, la construction dont les fondations en dur subsistent, peut difficilement être assimilée à une maison d'habitation. Il est vrai que, traditionnellement, les maisons ne sont constituées que d'une seule pièce. Mais elles sont plus spacieuses et rectangulaires (5 m x 6 m environ). La maison d'Ambohitrimasina a la forme d'un carré de 3 m de côté. L'orientation totuefois est respectée (direction sud-est-sud-ouest). Le "foyer" qui, normalement, doit se trouver du côté nord, se trouve vers le centre, sensiblement au sud-est. Les pierres du foyer sont de grandes dimensions. J'en ai retrouvé deux, encore debout, de 30 cm de haut et 20 m à la base. Au décapage de l'intérieur de la maison, quelques tessons de céramique très fragmentés ont été récoltés ainsi que des scories de fer en nombre restreint. Le décapage a été arrêté dès que j'ai rencontré la base des pierres de fondation, c'est-à-dire à 10 cm à partir du sol actuel. Au centre du "foyer", de la terre cendreuse a été dégagée sans autre trouvaille. Par contre, en dessous du bloc de pierre triangulaire (54 cm de haut), planté au coin nord-est (an-joro firarazana), j'ai retrouvé une petite boite ronde de pommade "baume tigre" provenant peut-être d'une offrande récente (23).

A l'ouest de la "maison", à 6,50 m se trouve l'emplacement circulaire (50 cm de diamètre) entouré de pierres (orim-bato) dont certaines sont encore debout et d'autres écroulées. Au pied du plus grand bloc (34 cm de haut et 35 cm à la base) sont plantées sept tiges de bois munies à leur sommet de tissus enroulés contenant probablement des ody (24) (médicaments). J'ai toutefois voulu vérifier si cet emplacement ne correspondait pas à une

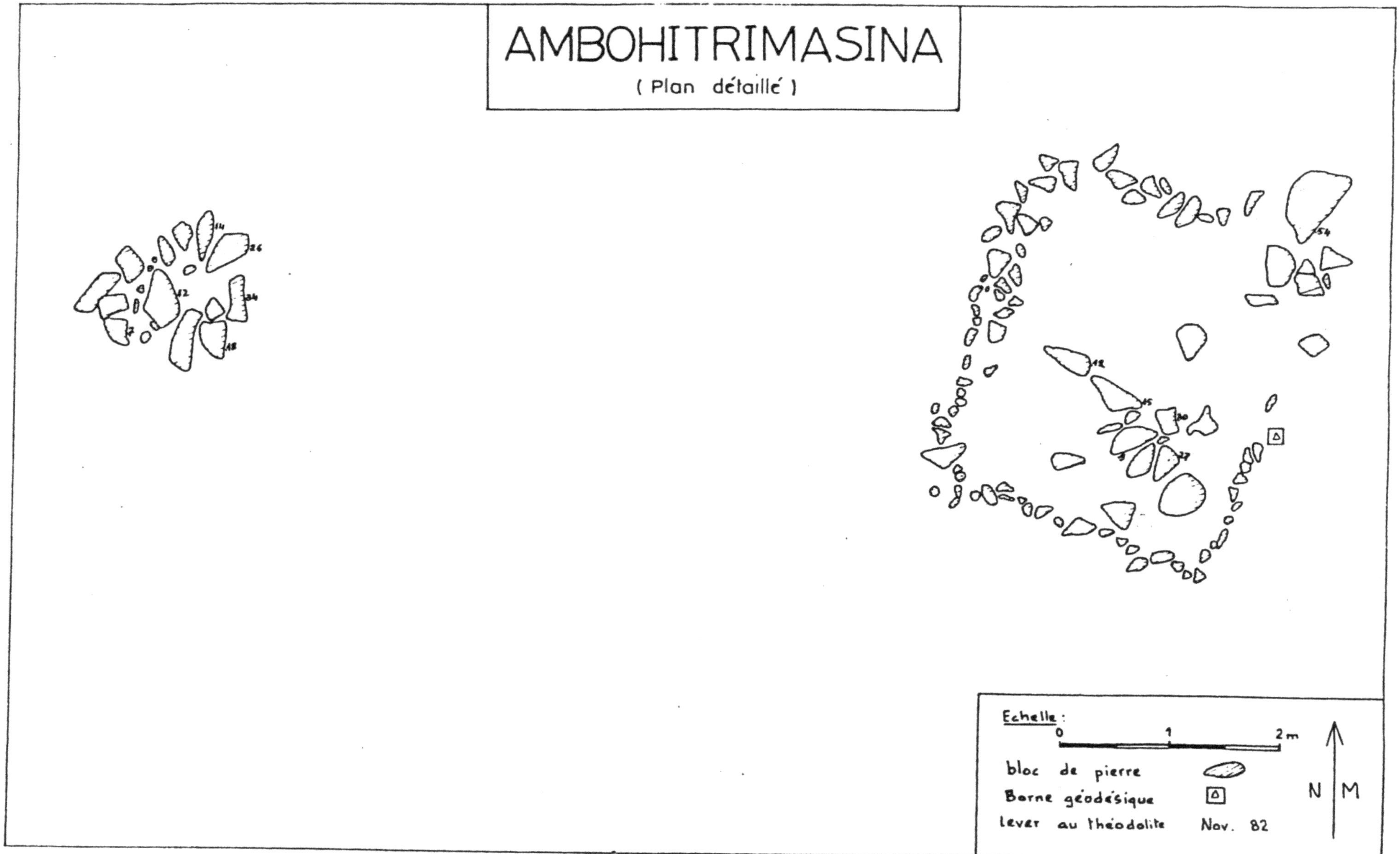
AMBOHITRIMASINA
(Plan détaillé)
14
26
12
34
7
18
54
12
15
30
27
3
Echelle :
0
1
2 m
bloc de pierre
Borne géodésique
lever au théodolite
Nov. 82
N
M

Ambohitrimasina

SONDAGE 1

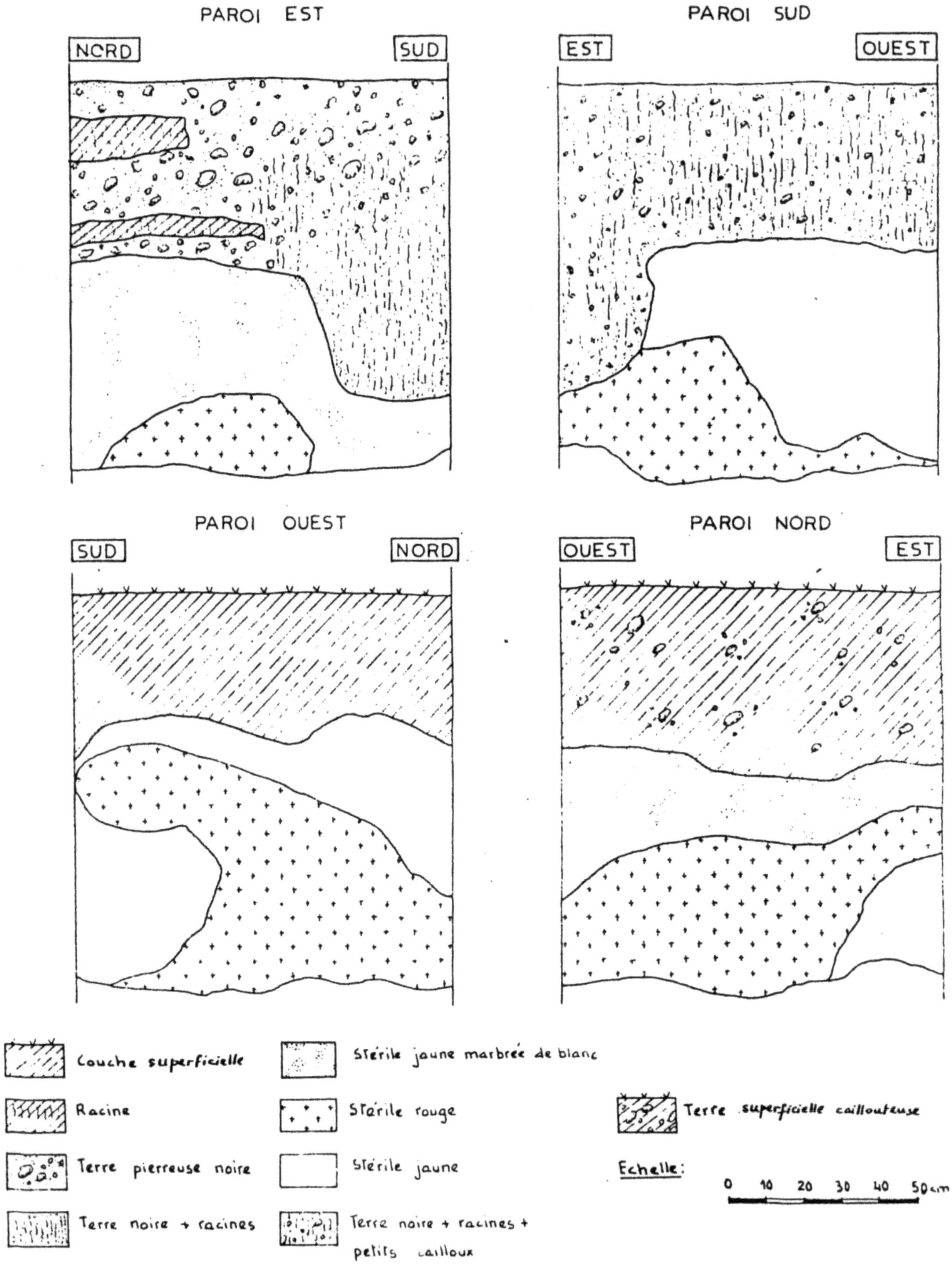

Ambohitrimasina
SONDAGE 2

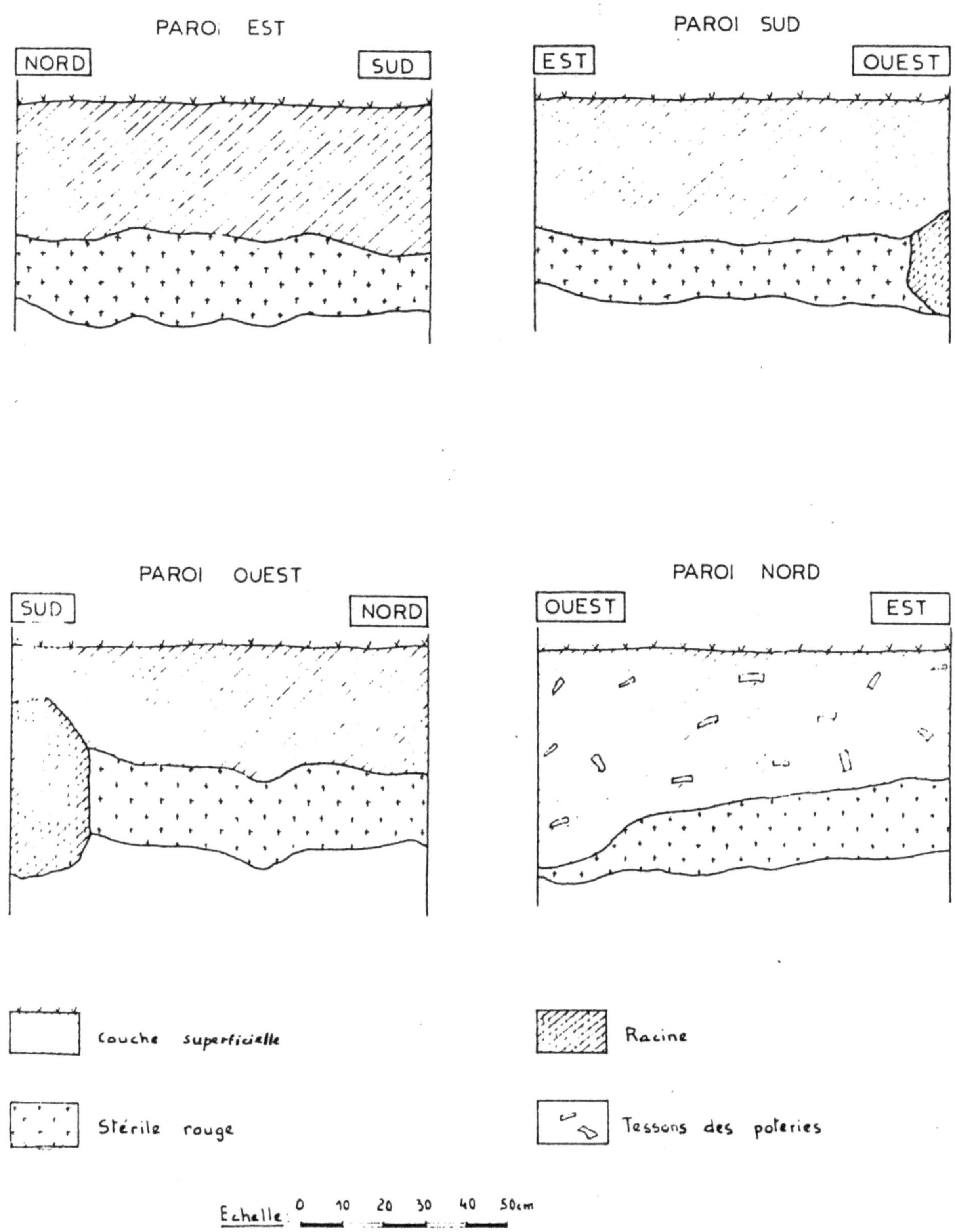

Ambohitrimasina

SONDAGE 3

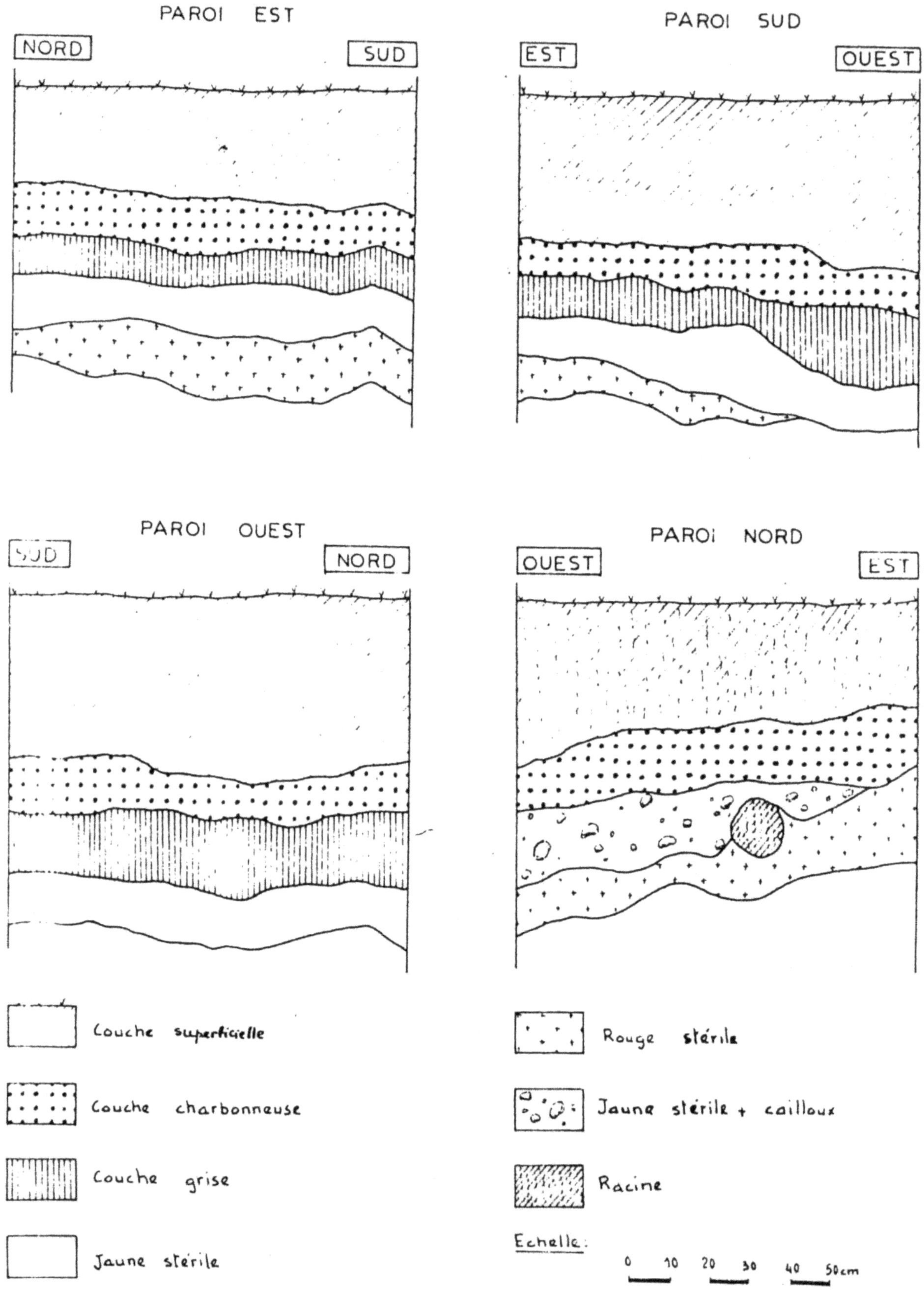

sépulture dont il ne serait resté que quelques vestiges: des blocs de pierre et les pierres levées se localisant habituellement du côté de la teh^te (plan p. 85). Mes deux sondages (So2 et Sol), faits respectivement à l'ouest et au sud de l'orimbato n'ont pas toutefois confirmé cette hypothèse. A part quelques tessons de poterie observés du côté nord, je n'ai retrouvé aucun autre vestige particulier. La seule couche d'occupation est épaisse de 25 cm à 49 cm, et suit un pendage est-ouest (voir coupe). Immédiatement en dessous, on rencontre la couche stérile rouge qui, elle aussi, suit un pendage est-ouest puisque de 18 cm à l'est, elle s'amincit à 2-3 cm à l'ouest. Les tessons de céramique ont été trouvés surtout du côté nord.

Deux autres sondages (Sol et So4) ont été également effectués sur la surface sommitale qui n'a pas été reboisée. Ils sont situés respectivement à 5 m au nord-est de la maison, et à 6,25 m au sud de la même maison. Les coupes stratigraphiques montrent que le site n'a pas été beaucoup habité. Au-dessus de la couche stérile d'aspect jaune ou bien jaune marbré de blanc et rouge, je n'ai rencontré qu'une couche superficielle épaisse de 39 cm sur la paroi nord et s'agrandissant à 79 cm sur la paroi sud. Cette couche est parfois caillouteuse et les racines des bois d'eucalyptus y sont bien ancrées.

Les résultats du dernier sondage (So3), à la limite ouest du site, vont à l'encontre de l'idée formulée sur la faible occupation d'Ambohitrimasina. En effet, comme le site est en pente vers la partie occidentale, la plupart des vestiges d'occupation humaine s'y sont déversés: notamment les débris de céramique. En fait, ce sondage a été mené dans le but de retrouver ce qui a pu être un fourneau de réduction. De nombreux laitiers de fer se sont aussi concerntrés dans cette partie occidentale du site. Des restes récents de fourneaux de combustion du charbon de bois parsèment ce lieu, et au pied d'un grand eucalyptus, j'ai retrouvé une aire de charbonniers bien conservée et intrusive dans ce site ancien. Le sondage de 1 m de côté au début a été progressivement agrandi vers le nord et vers l'ouest pour former un carré de 4 m de côté. Le contour du sondage a ensuite retrouvé la forme du fourneau, quelque peu modifiée par l'eucalyptus qui y avait poussé (voir fig. p. 83).

Originellement, le site avait un pendage est-ouest et nord-sud, ce dont témoigne l'épaisseur des couches au sondage. La couche superficielle de 23 à 39 cm au nord s'épaissit à 34-41 cm au sud. Et de 23-28 cm à l'est, elle s'agrandit à 38-41 cm vers l'ouest. Une grande densité de tessons de poterie a été retrouvée dans cette couche, accumulés par collectionnement. Des laitiers de fer se trouvaient mêlés aux tessons. Mais l'ensemble de ces derniers s'est concentré dans la couche charbonneuse uniforme et épaisse de 11 à 20 cm au nord et qui s'aminait à 8,5 à 11 cm au sud. Cette couche présente un faible pendage vers l'ouest, et sur les parois est et ouest, elle est seulement épaisse de 11 à 13 cm. En outre, j'ai remarqué que les laitiers de fer changent d'aspect au fur et à mesure que l'on s'avance en profondeur. En effet, plus on s'approche du fond de la couche, plus ils ont un aspect vitreux, opaque et leur densité diminue. A la base de cette couche charbonneuse, j'ai également décelé des traces fugaces de terre brûlée. Une dernière couche de couleur grise, épaisse de 8 à 18 cm surmonte la couche stérile dont la couleur évolue du jaune au rouge. Inexistante au nord, cette couche présente sa plus grande épaisseur à l'ouest (15-18,5 cm), contrairement à l'est où elle n'est qu'épaisse de 8,5 à 10 cm. Sur la paroi nord on remarque que la couche stérile jaune est caillouteuse. L'existence du gros pied d'eucalyptus dans la partie occidentale du sondage n'a pas

Ambohitrimasina

SONDAGE 3

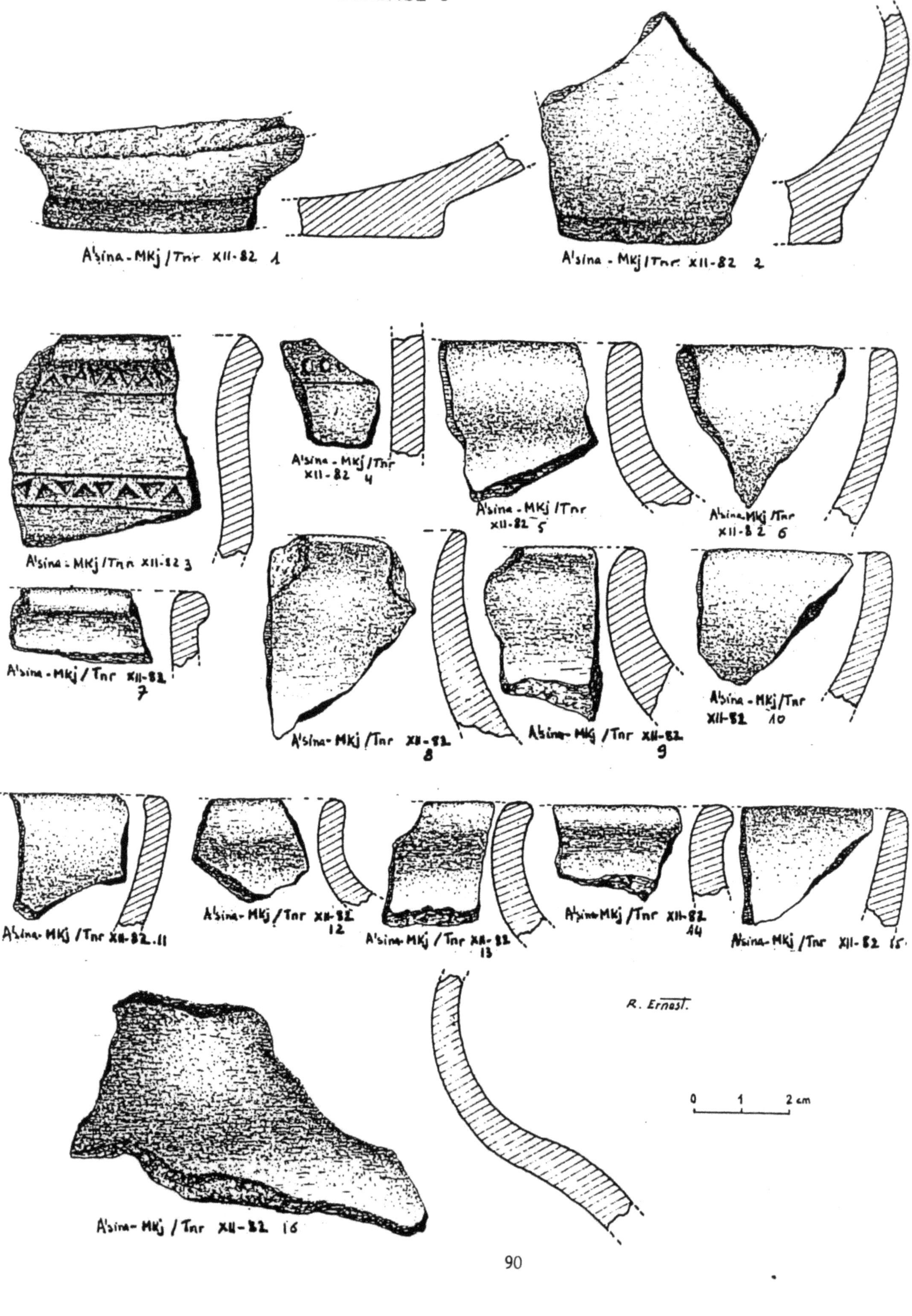

permis de l'agrandir davantage vers l'ouest. Toutefois, j'ai relevé encore l'existence d'un gros amas de laitiers de fer. Au delà, c'est la pente abrupte surmontée d'un gros rocher.

D'après les vestiges retrouvés dans ce sondage, on peut néanmoins penser que l'emplacement du fourneau est à localiser dans cette zone à l'extrémité occidentale du site. C'est une zone sous le vent (25) et relativement abritée à cause de la pente. Et si l'on tient compte des observations effectuées dans les autres sites (voie Andakamonina). Cette localisation s'explique par la facilité de l'évacuation des laitiers qui se déversent dans le ravin.

3.2.3.2 Etude de la céramique

Le sondage 3 a mis au jour un certain nombre de débris de céramique dont quelques-uns donnent la forme et la typologie de la vaisselle utilisée à Ambohitrimasina.

Les récipients - des bols (A'sina-Mkj/Tnr XII-82 2), des assiettes (A'sina-Mkj/Tnr XII-82 1), des marmites (18-19) - ont généralement une base à assise plate et un fond plat (18) ou concave (1 - 2 - 19). Les échantillons A'sina-Mkj/Tnr XII-82 1 et A'sina-Mkj/Tnr XII-82 2 constituent une base discontinue droite, haute respectivement de 8 mm et 12 mm. L'assise en est aplatie, le fond concave et l'épaisseur s'amincit vers le corps. Ce trait s'observe bien sur le deuxième échantillon car la base de 12 mm, s'amincit à 5-6 mm au corps. Les échantillons A'sina-Mkj/Tnr XII-82 18 et A'sina-Mkj/Tnr XII-82 19, eux consistent en des bases continues épaisses de 9 mm s'amincissant à 5-6 mm vers le corps. L'assise et le fond en sont aplatis. La technique de fabrication se devine aisément. Elle doit être semblable à celle encore usitée à l'heure actuelle où les récipients se fabriquent à partie du fond à l'aide d'une calotte servant de moule. Le reste du corps du récipient se modèle par la suite à l'aide de boudins ou de colombins de pâte disposés les uns sur les autres jusqu'au bord. Les bords observés sur les fragments de céramique d'Ambohitrimasina ne présentent pas de grande variété. Ils sont droits et présentent selon les échantillons un léger éversement (A'sina-Mkj/Tnr 3 - A'sina-Mkj/Tnr 17), ce qui laisse deviner la forme originelle du récipient. Ils peuvent être simples (A'sina-Mkj/Tnr 5-6-10-12-21-23), arrondis aux angles (A'sina-Mkj/Tnr 9) ou parfois amincis (A'sina-Mkj/Tnr 8-15). Sur certains bords, l'angle des lèvres est carrément biseauté à l'extérieur (3). On observe également un petit renflement imperceptible vers l'intérieur (11) ou à l'extérieur (7-14), provenant probablement du modelage où le potier a ramené la pâte (à l'extérieur). La plupart des tessons étant fragmentés, la forme initiale complète ne peut être donnée. Toutefois, un examen minutieux de certains échantillons suggère l'existence de récipients à col. J'en ai dénombré quatre (5- 9- 12- 13). Ce sont des fragments de col à inflexion externe et à bord droit.

Sauf sur un échantillon (17) ayant un diamètre d'ouverture approximatif de 20 cm, je n'ai pu calculer la largeur de l'ouverture des récipients d'Ambohitrimasina. Cet échantillon, qui présente un éversement du bord et épais de 6-7 mm, peut provenir aussi bien d'une marmite que d'une jarre.

Enfin, deux fragments de poterie d'allure un peu tronconique récoltés au sondage (A'sina:Mkj/Tnr XII-82 16 et 20) peuvent être interprétés de deux façons:

Ambohitrimasina

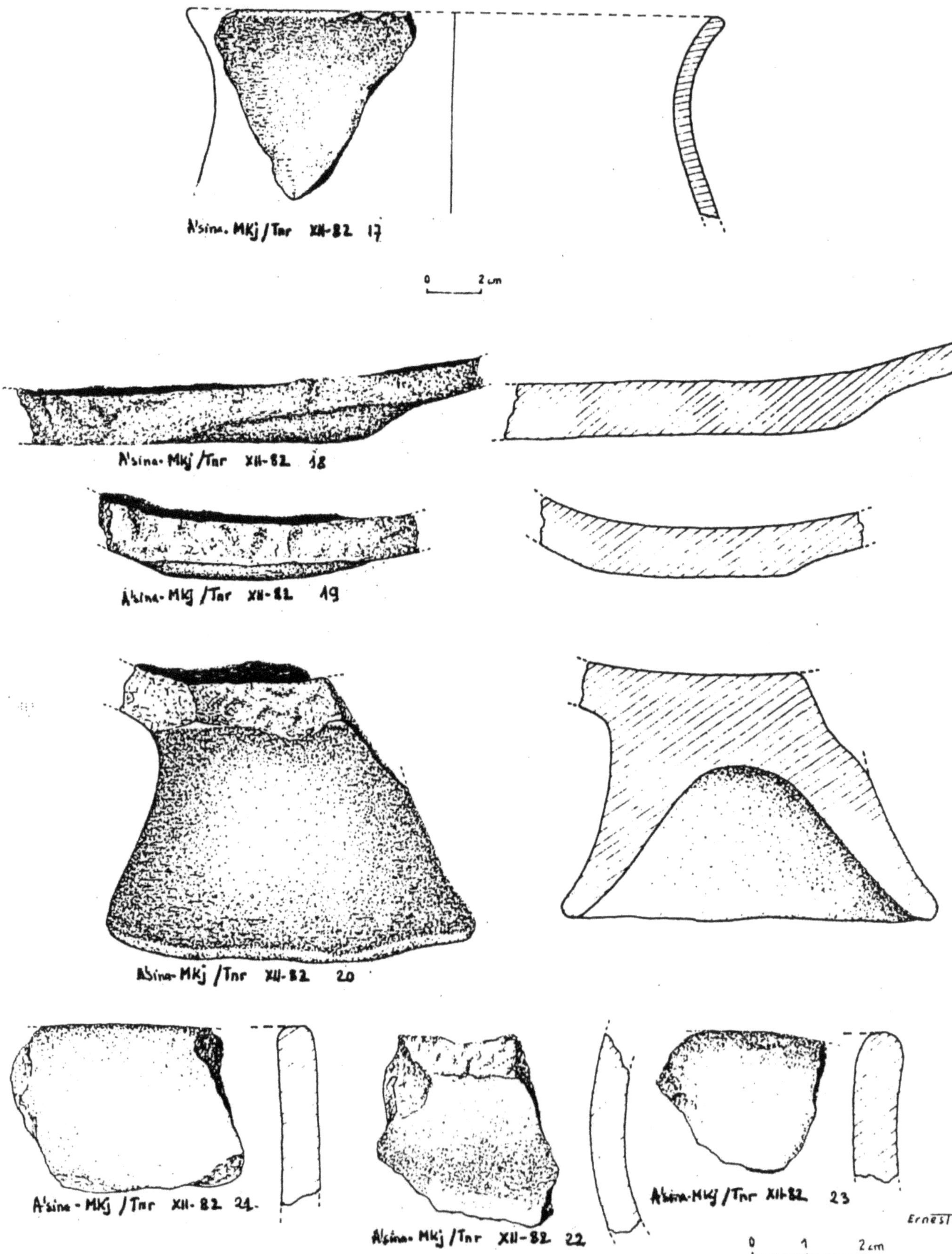

I - Ils peuvent provenir de couvercles de marmites: A'sina-Mkj/Tnr 20 constituant la poignée du couvercle. Ordinairement, ce dernier est muni d'une poignée, présentant un évidement au sommet, pour la préhension. Cet évidement sert à loger le suif qui sera allumé en temps utile et permettra de regarder la cuisson à l'intérieur de la marmite. Il peut également servir de bougeoir. Le diamètre à la jonction avec le corps du couvercle est de 4,50 cm.

A'sina-Mkj/Tnr 16, comme le précédent, peut être également issu d'un couvercle et il en constituerait le corps, épais de 7-8 mm.

2 - Mais ces fragments pourraient tout aussi bien avoir appartenu à des <u>loviamanga</u> assiettes à pied dont ils constitueraient la base. Les deux possibilités existent pour expliquer la fonction de l'objet mais il semble que le graphitage ait été réservé aux <u>loviamanga</u>, ce qui est le cas d'A'sina-Mkj/Tnr XII-82 20. D'ailleurs, très peu de céramiques sont graphitées extérieurement, sauf les plus fines, mais l'engobe rouge est plus courante.

A propos du décor, deux types ont été observés et toujours sur la face externe: des motifs en lignes incisées parallèles formant une bande à l'intérieur laquelle sont des dessins triangulaires géométriques imprimés dans la pâte crue. Ceci se produit sur une seule rangée (3). Rasamuel (1984) a montré que ce décor avec des motifs "triangulaires impressionnés" est obtenu à partir de <u>zozoro</u> (26).

> "Les impressions ont un fond étroit puisque seul un angle du bout de la tige naturelle tenue en position inclinée pénètre dans la pâte (lèvre de la vaisselle) et correspond au point le plus profond. Compte-tenu de ce procédé, la taille des triangles est très variable. Même leur orientation est assez anarchique, il n'y a pas de rangées ou d'alignements clairs".

Sur mon échantillon, j'ai deux bandes espacées de 1,5 cm, la première se situant au-dessous et le long du bord externe du récipient.

La disposition en mosaïque des triangles dans la deuxième rangée fait preuve de plus de recherche car les écarts entre les motifs sont amoindris. Ce qui n'est pas le cas pour la première bande, où la disposition des triangles est plutôt fantaisiste.

Le second type de décor consiste en des motifs circulaires, eux aussi imprimés dans la pâte crue avant la cuisson. Le même procédé a dû être utilisé comme lors de l'impression des triangles. Les potières ont probablement employé des tiges du type de celles récoltées pour la confection des nattes (<u>ahibano</u>) (27). Il n'est pas sans intérêt de remarquer le rôle des femmes qui sont chargées à la fois de la confection et des poteries et des nattes. Les potières ont pris l'initiative de créer des motifs décoratifs à partir du matériel utilisé quotidiennement, entre autres les produits pour les nattes.

3.2.3.3 <u>Observation sur Ambohitrimasina</u>

Sans pouvoir tabler sur un habitat de longue durée, les sondages nous donnent une idée approximative de l'âge du site. Si l'on se réfère à la chronologie déjà développée par Wright (1985), on constate que les

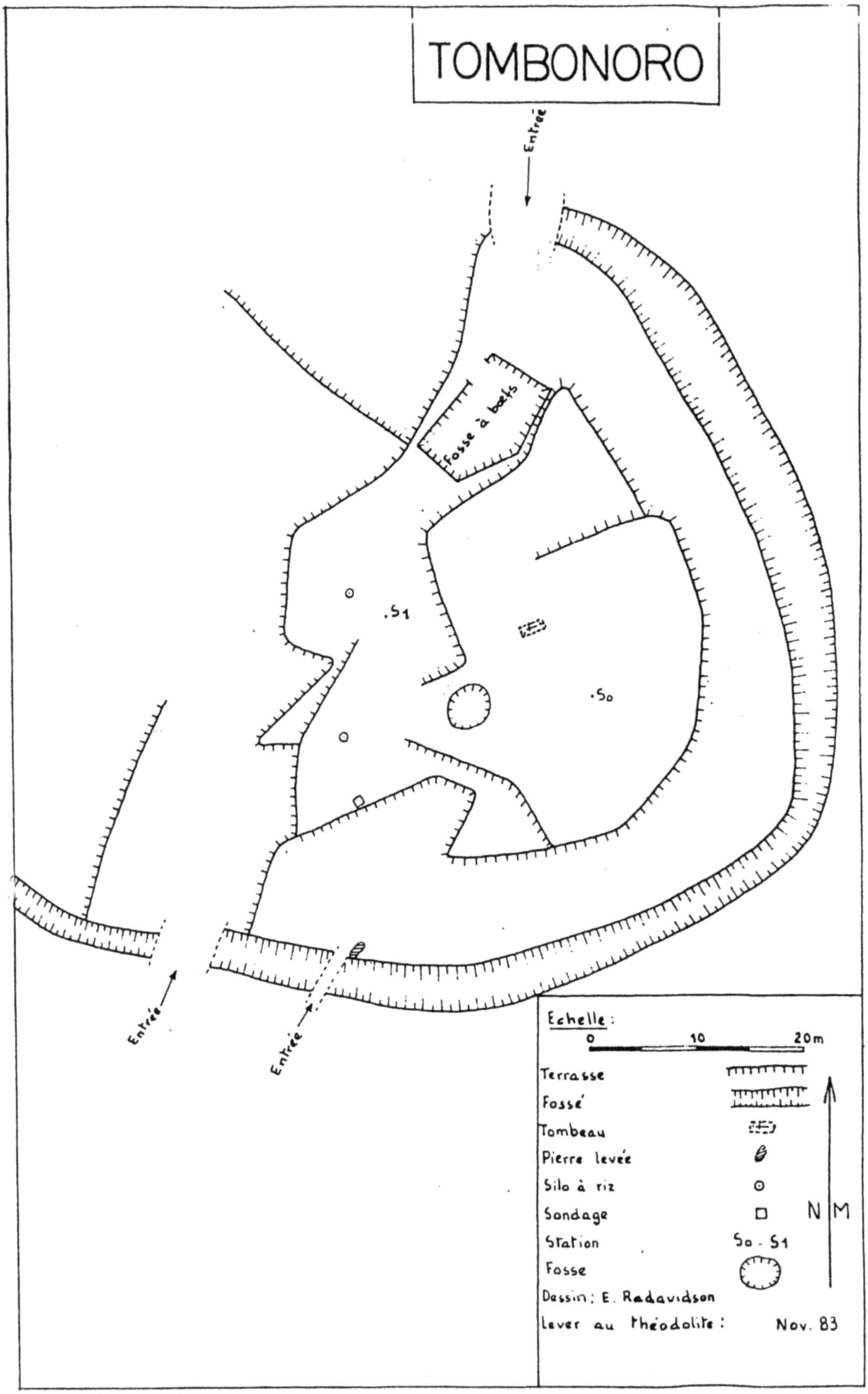
TOMBONORO
Entrée
Fosse à bœufs
S1
S0
Entrée
Entrée
Echelle :
0
10
20m
Terrasse
Fossé
Tombeau
Pierre levée
Silo à riz
Sondage
Station
S0 - S1
Fosse
N
M
Dessin : E. Radavidson
lever au théodolite :
Nov. 83

empreintes frustes sont similaires à celles de la poterie de la phase Ambohidray (XVII-XVIIIe siècle), mais les bords appartiennent plutôt à ceux de la phase Kaloy (XVIIIe siècle). Les perturbations faites par les charbonniers ne sont guère favorables à une appréciation plus précise de la date du site. Quant aux traditions, leur caractère vague déjà noté (cf supra) ne permet pas non plus de raffiner le placement chronologique.

3.2.4 TOMBONORO C.G.N. X 548 500 Y 768 400

3.2.4.1 Présentation du site et des travaux

Tombonoro est une ancienne batterie de travail du fer située légèrement au Sud-Ouest d'Atsampia mais à une altitude un peu moins élevée. Elle était un satellite d'Atsampia. Les traditions mal datées en font un grand parc à boeufs rattaché à Atsampia. Le toponyme originel aurait été AntobindRanoro, c'est-à-dire à la batterie appartenant à Ranoro. Au cours du temps, ce toponyme a été progressivement simplifié en Atombonoro, puis Tombonoro. Ranoro aurait été un noble ayant vécu bien avant la colonisation et il aurait été un le propriétaire de ce site.

A l'heure actuelle, le site ne garde plus que quelques aspects de l'occupation originale. La surface sommitale cultivable a été complètement remaniée et aménagée en deux terrasses. Lors de mon passage en 1983, Tombonoro était un champ d'eucalyptus. Mais selon le propriétaire du terrain, qui habite le village d'Angodongodona au sud-est, Tombonoro était un champ de maïs et de patates douces, il y a une vingtaine d'années. Lorsque furent faites ces cultures une tombe repérée au sommet du site avait déjà été vidée par des parents qui avaient emporté les restes mortels.

Le site d'une surface de 18 à 20 ares (fig. p. 94) semi-circulaire est limité à l'est et au sud par un fossé large de 2,5 m -au sud- à 4,5 m -au nord-est. Un lever précis de son contour et de ses détails marquants (silos, tombeaux, fosses à boeufs, terrasses) a été pris. Le fossé est, à l'heure actuelle, considérablement remblayé. Et les deux accès larges de 5 à 6 m environ situés au nord-est et au sud-ouest ont dû être modifiés. On peut en effet penser que ces accès étaient initialement semblables à celui au sud large de 2,5 m et marqué par une petite pierre derssée à l'intérieur. Le côte ouest du site bordé par une pente très abrupte n'a pas nécessité la création d'un fossé. Au nord-est, une fosse à boeufs vaguement trapézoidale est encore bien conservée et constitue un terrain où les longoza (Amomum Danielli) sont abondants. Un silo à riz circulaire situé sur la deuxième terrasse à l'ouest, a été repéré. Il est probable que la fosse de 4 m de diamètre située sur la terrasse sommitale, au sud-ouest du tombeau, était également un ancien silo à riz que l'on a agrandi. Un troisième silo de même forme, situé à 10 m au sud-ouest du premier silo, a été découvert et déblayé. Quelques tessons de poterie et des scories de fer ainsi que des grosses pierres en ont été dégagés. Ce silo a, sans aucun doute, été remblayé par les cultivateurs. Sa forme initiale était celle d'une bouteille à gros col évidée dans le sol. Il pouvait avoir 1,80 m de profondeur. Les pierres qui bordaient son orifice n'étaient plus en place (28), pas plus que le disque qui, généralement, obture ce genre de structure. Les débris retirés (pierres, scories, tessons de poterie, charbon) n'étaient pas en stratigraphie.

En fonction de mes expériences antérieures qui m'avaient appris que le coin sud-ouest était riche en vestiges métallurgiques, je me suis intéressée

Tombonoro Sondage 2

Emplacement "trano tanika"

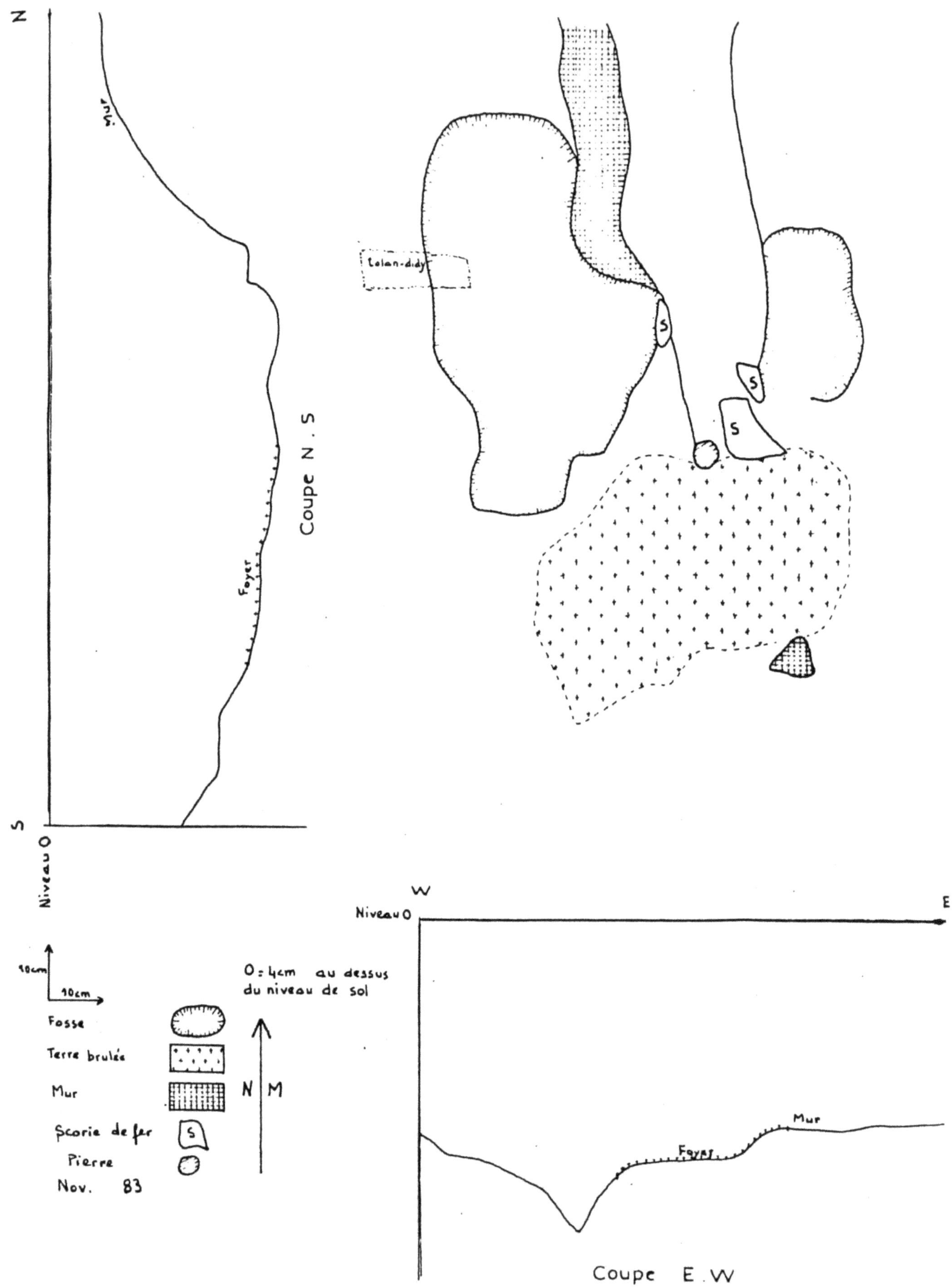

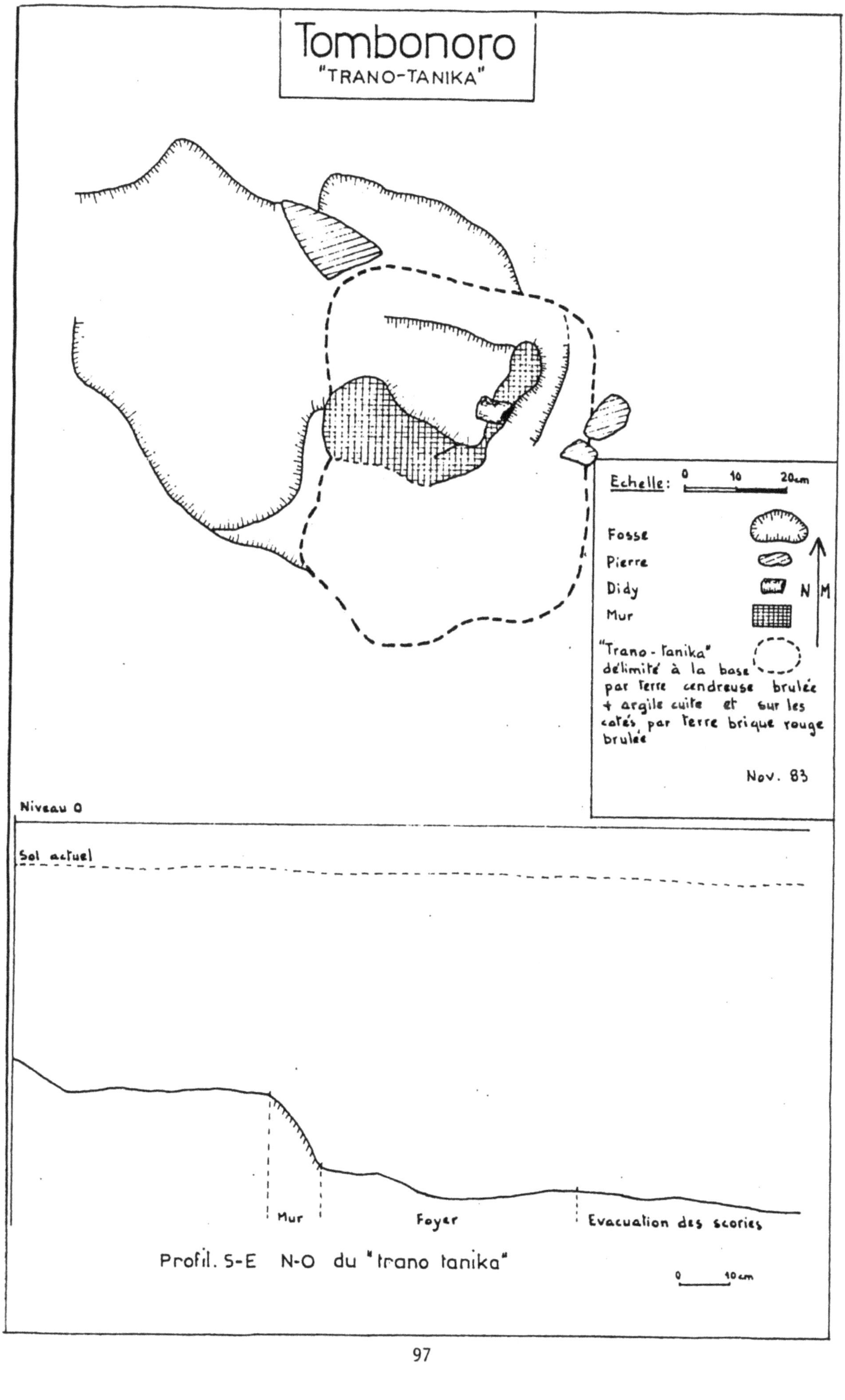
Tombonoro
"TRANO-TANIKA"
Echelle: 0 10 20cm
Fosse
Pierre
Didy
Mur
N M
"Trano-tanika" délimité à la base par terre cendreuse brulée + argile cuite et sur les cotés par terre brique rouge brulée
Nov. 83
Niveau 0
Sol actuel
Mur
Foyer
Evacuation des scories
Profil. S-E N-O du "trano tanika"
0 10cm

Reconstitution théorique de l'emplacement du fourneau de fusion à Tomobonoro
(Sondage 2)

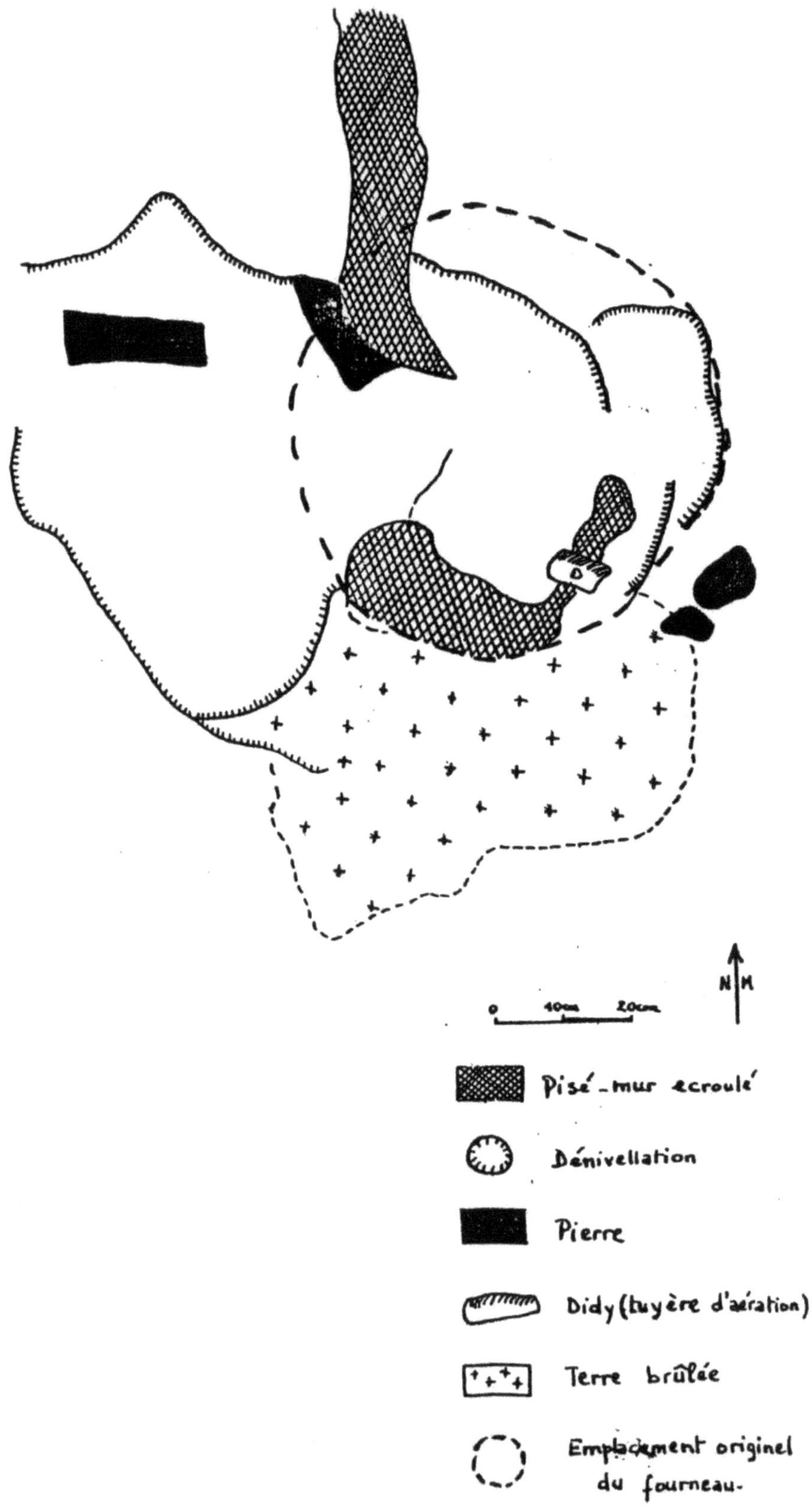

à cette aire et effectivement, les laitiers y étaient abondants et s'étaient même répandus sur la pente en contrebas.

J'ai pratiqué dans cette partie un deuxième sondage sur une zone relativement horizontale.

Au décapage, les scories de fer et les tessons de poterie mêlés ont été dégagés; à 10 cm de profondeur au nord, j'ai retrouvé un amalgame de pisé orienté nord-sud, épais de 10 cm et long de 50 cm (plan p. 96). Ce pisé constitue probablement un vestige du mur de fourneau écroulé. Un autre petit fragment de pisé a été également retrouvé au sud-est. De la terre brûlée répartie sur une aire de 0,22 m2 tapisse ce qui a pu être la base du fourneau. En outre, à l'ouest, à la limite du carré de sondage, une pierre plantée sur chant, longue de 20 cm et large de 7 cm au sommet, semble correspondre au tolan-didy (voir Andakamonina-une des pierres limitant, à la base du fourneau, la sortie pour l'évacuation de scories de fer). Les profils nord-sud et est-ouest du carré de sondage, font bien ressortir l'étagement de l'aire de fusion: le mur du fourneau en haut, puis le coeur du fourneau en cuvette, caractérisé par la terre brûlée; enfin, l'évacuation des scories à l'ouest, formant une véritable pente par rapport au fourneau lui même. La base du fourneau, ou ce qu'il en reste, a été retrouvée la suite du décapage. Un reste de mur, toujours en pisé, a été dégagé à 60 cm de profondeur et ce, en forme d'arc de direction nord-est, sud-ouest et est-ouest, légèrement nord-ouest. C'est sans doute un fragment du mur originel écroulé car l'épaisseur du pisé varie entre 5 cm au nord-est et 10 à 15 cm à l'ouest. Un fragment de didy (tuyère d'aération) était encore à peu près en place. Il est orienté est-ouest mais est légèrement décalé vers le sud, peut-être à la suite d'un enroulement sur lui-même et suivant le pendage.

La base du fourneau, en forme de cuvette, est marquée par une différenciation de la couleur des parois soumises à une très haute température. La terre cendreuse du bas surmonte le fond argileux brûlé. Sur les côtés, les parois ont une couleur rouge brique toujours brûlée. On a des nuances de bleu, noir et rouge.

La limite du trano tanika (fourneau) sur le plan a été reconstituée suivant les traces retrouvées en fouille. Le véritable centre du fourneau correspond à ce qui est délimité par les dénivellations (voir reconstitution théorique sur le plan p. 98). Selon les restes matétiels observés en surface, l'évacuation des scories s'est faite à l'ouest suivant la pente du terrain.

3.2.4.2 La céramique de Tombonoro

La céramique a été retrouvée en quantité à Tombonoro. Ce site a servi d'habitat et non seulement de parc à boeufs ou de centre de travail du fer. En effet, les silos à riz ont sans doute appartenu à des demeures. J'ai choisi d'étudier quelques tessons caractéristiques (voir planche p. 100) dans leurs forme et décor essentiellement. La majorité des tessons de céramique récoltés l'a été dans le sondage 1 du silo, le reste dans le sondage 2 du fourneau. La poterie est non décorée dans la plupart des cas (à 98%). Elle est lissée sur les deux parois. Une bonne partie des tessons sont enduits de graphite sur les parois interne et externe et très peu ne sont graphités que sur une seule face (4% extérieur, 1% intérieur).

Bien qu'on ne puisse généraliser, compte-tenu de la quantité rapportée,

Tombonoro

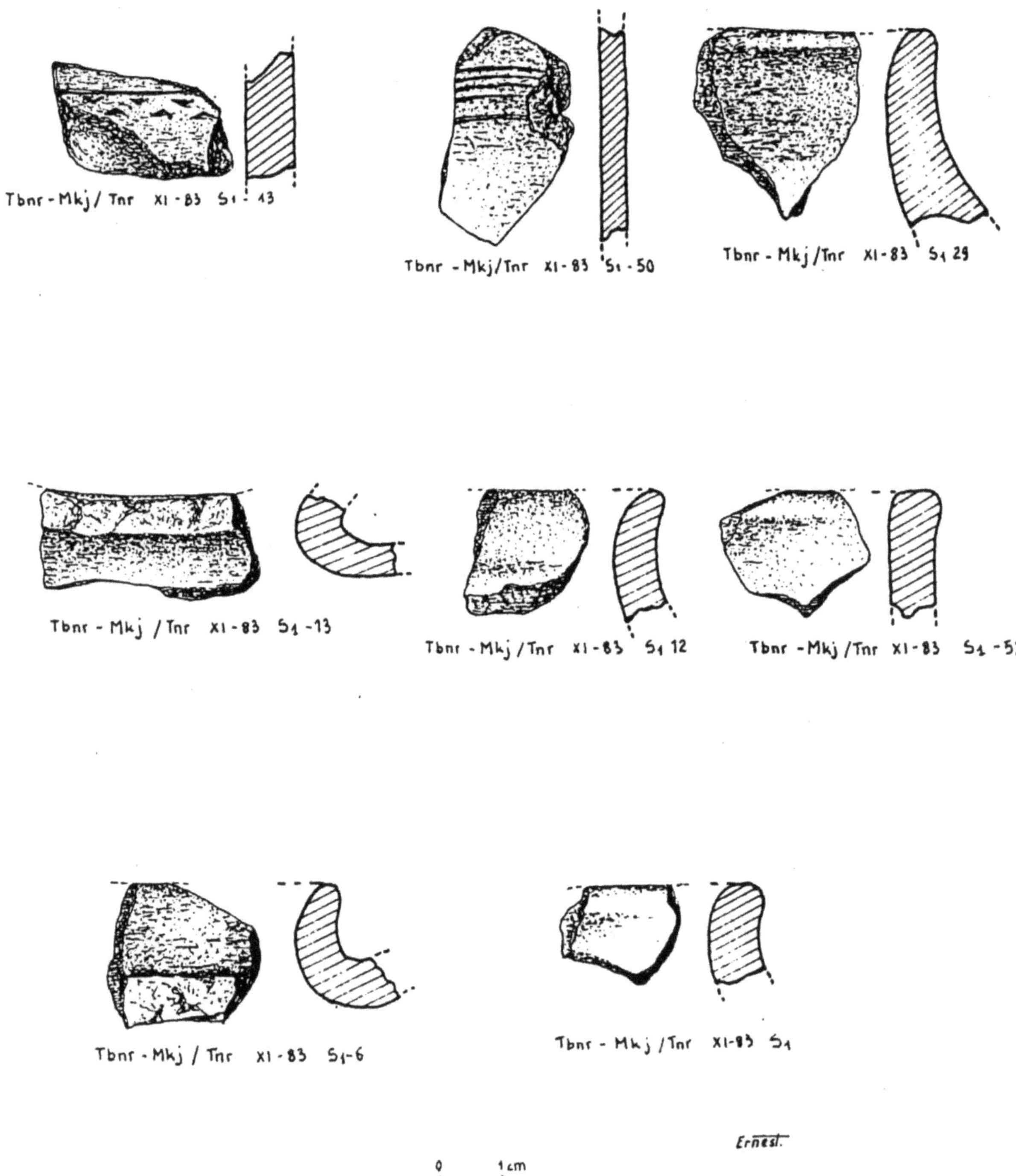

Tbnr - Mkj / Tnr XI - 83 S1 - 13
Tbnr - Mkj/Tnr XI - 83 S1 - 50
Tbnr - Mkj/Tnr XI - 83 S1 29
Tbnr - Mkj / Tnr XI - 83 S1 -13
Tbnr - Mkj / Tnr XI - 83 S1 12
Tbnr - Mkj / Tnr XI - 83 S1 -52
Tbnr - Mkj / Tnr XI - 83 S1-6
Tbnr - Mkj / Tnr XI-83 S1
Ernest.
0 1 cm

on peut dire que la céramique de Tombonoro est mince (4 à 8 mm en moyenne). Les bords sont droits (Tbnr-Mkj S1 et S29), parfois légèrement épaissis au sommet vers l'extérieur (S1 52). On a également un cas de bord éversé (S1 12) et aminci au sommet, ainsi qu'un col de récipient concave (S1 6). La taille des tessons ne permet aucune reconstitution et il est difficile de définir leur appartenance à une forme définie. L'échantillon S1-13 pourrait probablement provenir d'un col (comme le fragment S1-6), mais je ne peux en être catégorique.

Deux types de motifs (sur les trois tessons décorés retrouvés) caractérisent la céramique de Tombonoro. Les motifs en triangles imprimés (S1-13) sont disposés en mosaïques sur deux rangées, sans doute suivant le bord. Ce genre de décor est commun à plusieurs sites de la région (voir Ambohitrimasina, Atsampia, etc.).

Le deuxième type de décor consiste en des lignes incisées parallèles, sur cinq rangées; mais je ne peux dire leur emplacement sur la paroi de la céramique.

Essai de datation de Tombonoro

En nous basant sur la chronologie céramique établie par Wright, la comparaison des formes et motifs de poterie ferait remonter Tombonoro au Kaloy ancien, c'est-à-dire au XVIIIe siècle. Il y aurait sans doute un chevauchement avec Ambohitrimasina, mais la chronologie de Wright reste pour cette époque soumise à vérification.

3.2.5 ANTSAMPIA (Andrianefitany) CGN X 770 400 Y 548 500

Désigné plus couramment par la population locale sous le nom du fondateur "Andrianefitany" (Prince du désert / Prince qui a su gouverner la région), Antsampia a constitué un centre politique important dans le passé. En effet, le toponyme d'Antsampia serait dû au fait que ce site servait de centre de mise au point des idoles royales (an-tsampy: là où sont les idoles). Il m'a été affirmé que l'efficacité et le pouvoir des idoles n'étaient assurés et acceptés alors par le souverain qu'après avoir subi un examen auprès d'Andrianefitany. Ce dernier devait attester et garantir la puissance des sampy.

En outre, ce site situé à une altitude de 1 662 m, a également constitué une des "douze collines sacrées" du fief d'Andrianefitany, parallèlement à celles reconnues officiellement par le pouvoir central de Tananarive. Ranaivo d'Angodongodona propose la double liste suivante:

"Tendrombohitra 12" (29) - Les douze collines (sacrées)

Andrianefitany	Antananarivo
Antsampia	Ambohimanga
Ampandrahoanondry	Antananarivo
Ambohimihazona	Alasora
Ambohitrimanjaka	Merimanjaka

Andriamidona/Ambahania	Ambohidrabiby
Ambohimirary	Ikaloy
Ankazotelo	Iharanandriana
Ambohitsara	Ambohijoky
Mahatsinjo	Ambohidratrimo
Ambondrokely	Atsahadinta
Ananohofana	Ilafy
Fanongoavana	(Namehana) ?

A l'heure actuelle, le site recèle également des plantes médicinales (fanafody) où les guérisseurs viennent s'approvisionner. Un arbre appelé Andriamanahy, originaire du Matitanana et ayant la vertu d'attraper les sorciers y pousse. Le site est alors l'objet d'une attention soutenue de la part de la population. Il est interdit, par exemple, d'y pratiquer le tavy (30), le feu risquant d'entraîner un incendie généralisé. Par ailleurs, Antsampia constitue le point de départ de toute fête rituelle organisée par les descendants d'Andrianefitany.

3.2.5.1. Etat actuel du site.

Le pasteur Ravelonarivo et Monsieur Randrianandrasana habitant Merikanjaka et traditionnistes reconnus officiellement m'ont guidé sur le site. Avant d'accéder chez Andrianefitany, il convient de suivre un circuit imposé. L'accès s'y fait à partir du côté nord.Une petite halte a lieu à Ampandrahoanondry (litt. là où on fait cuire le mouton), un emplacement de culte où sont égorgés les animaux de sacrifice; on y fait aussi des voeux, par le jet de petits cailloux - en nombre impair - dans un trou aménagé à cet effet. Puis, c'est l'ascension du site d'Antsampia au sud. En contrebas de ce site, du côté nord, un tombeau en pierres sèches avoisine le sentier. Ce serait le tombeau d'une des filles d'Andriane fitany appelée Ralesoka. C'est là où elle aurait succombé aux ennemis, absorbée qu'elle était par la torréfaction des feuilles de tabac paraky (31).

A une quarantaine de mètres avant d'atteindre le premier fossé, à l'ouest du sentier, la population a érigé une pierre vatolahy (litt. pierre-mâle), entourée par la suite d'un alignement de pierres en hommage à Andriamanitrantoanina, un petit-fils d'Andrianefitany. Une personne non avertie confondrait facilement ce site avec un tombeau dont il a l'aspect.

A l'origine, Antsampia aurait été entouré d'un fossé double dont les vestiges sont encore visibles du côté nord à l'entrée. Ces fossés sont maintenant remblayés; et comme la végétation a repris du terrain, l'accès y est assez difficile; le tracé exact des fossés n'a pu être retrouvé en totalité. Une distance de moins de 30 m sépare les deux fossés qui limitent le site au nord. Le fossé le plus externe est à peine large de 2,50 m, mais celui à l'intérieur l'est de 4 m. Ce dernier est remblayé et couvert d'une épaisse végétation. Deux pierres levées situées de part et d'autre du sentier large de 1 m, indiquent l'accès dans le site, à l'entrée

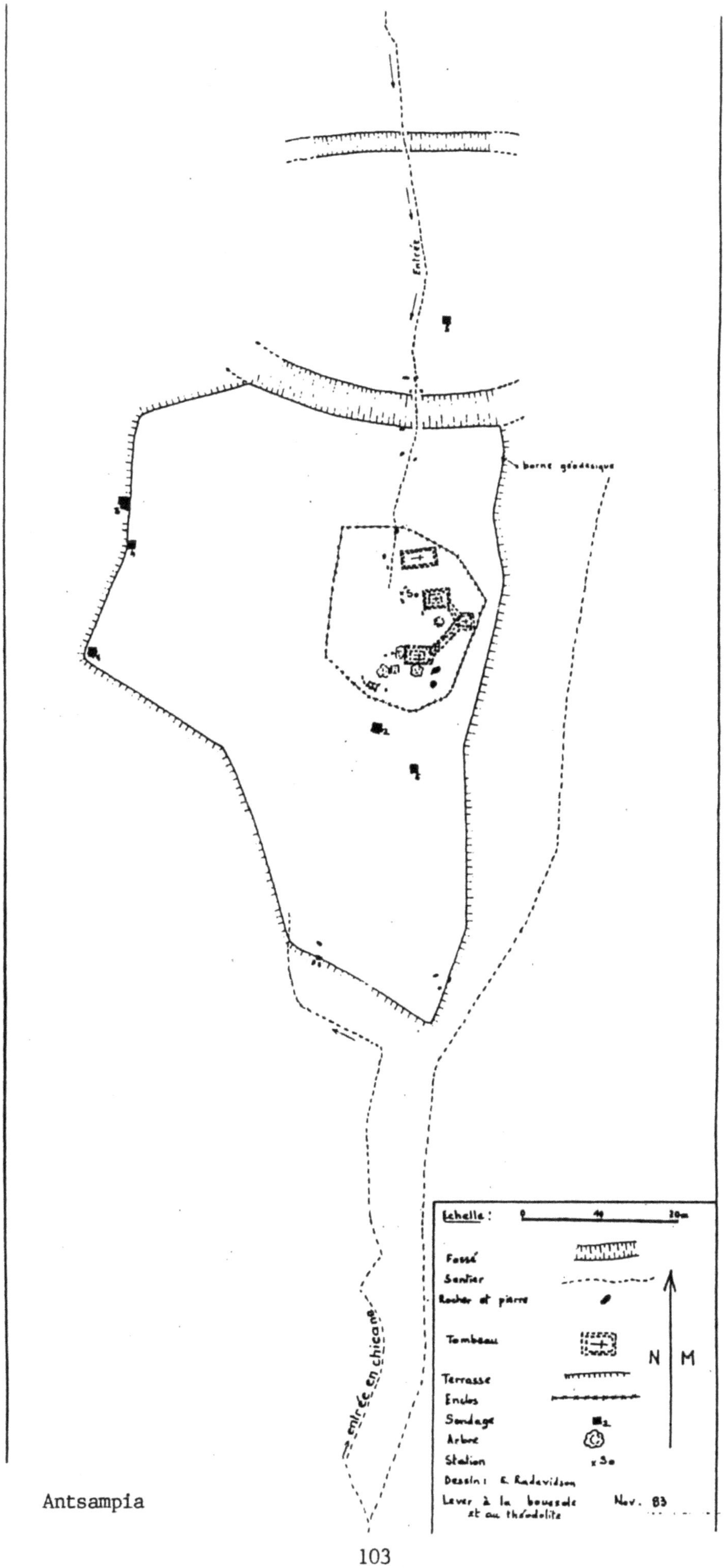
Entrée
borne géodésique
entrée en chicane
Echelle :
0
20m
Fossé
Sentier
Rocher et pierre
Tombeau
Terrasse
Enclos
Sondage
Arbre
Station
Dessin : E. Radavidson
Lever à la boussole et au théodolite
Nov. 83
N
M

Antsampia

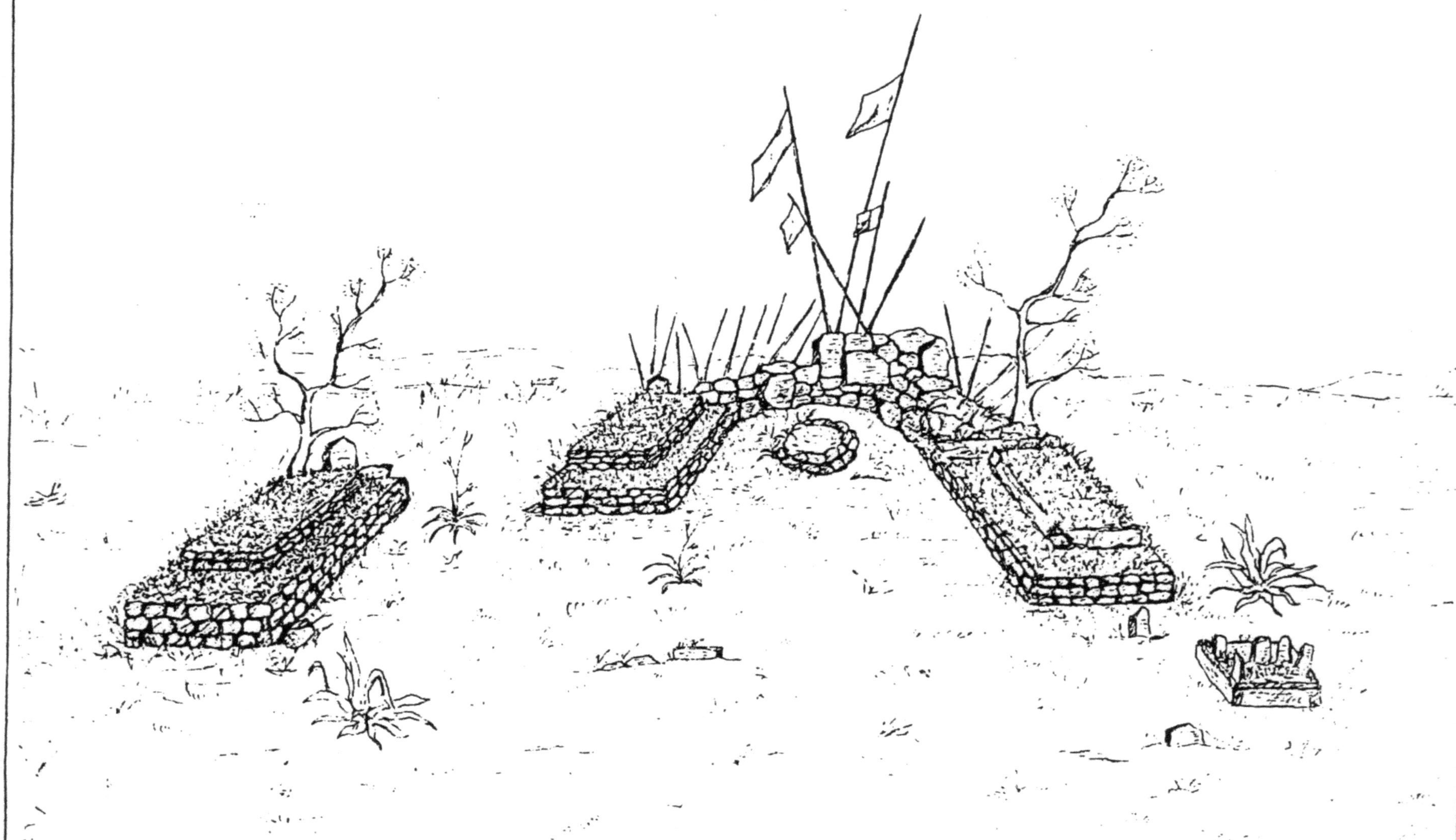

ANTSAMPIA : Les tombeaux et le lieu de culte
(Sommet du site)

extérieure du fossé au nord. Une autre pierre levée voisine aussi le sentier à l'est sur la surface sommitale entourée d'un enclos bien entretenu. Des pieds de néfliers plantés en 1923 le limitent dans la partie ouest.

La surface sommitale délimitée par cette clôture (de 22 m x 20 m) est caractérisée par l'existence de tombeaux orientés surtout est-ouest. Le tombeau d'Andrianefitany, au nord (32), est relié par une rangée de pierres à l'est à un lieur de culte lui-même "relié" -toujours par une rangée de pierres- à un autre tombeau au sud, décalé lui-même par rapport à celui d'Andrianefitany. Ce serait la sépulture de Ramaherivola, son serviteur (mpanompo) (33).

Entre ces trois constructions se trouve un autre emplacement circulaire où sont enterrés les descendants. Le lieu de culte (fanasinana) est surmonté de drapeaux, de tissu blanc plantés sur des tiges de bambou (volotsangan-tsy vaky: bambou non fendu); la ligne de pierre qui relie ce site est plus courte (2 m) vers Andrianefitany que vers Ramaherivola (5 m). Douze pierres levées (roa ambin'ny folo tsangam-bato) symbolisant les "douze collines sacrées" composent cette ligne. Au nord du tombeau d'Andrianefitany, légèrement décalé vers l'ouest pour que les lignes de têtes ne soient pas au même niveau, se trouve le tombeau de son fils ainé Ralambomaharivomaharivo (34). Enfin, au sud-ouest de la sépulture de Ramaherivola, un vestige de foyer sert aux visiteurs pour griller des morceaux de viande provenant des animaux de sacrifice.

Les côtés est et ouest d'Antsampia sont caractérisés par des pentes escarpées, contrairement à celles au nord et au sud où j'ai pu localiser une entrée en chicane totalement inutilisée aujourd'hui. La surface sommitale, à part l'enclos, est couverte d'une épaisse végétation, en rapport au caractère "sacré" que la population attribue au site.

3.2.5.2 Travaux effectués sur le site d'Antsampia

Un lever des contours de la terrasse sommitale, dans la mesure où la végétation l'a permis, a été fait. Cette terrasse aurait eu à l'origine un aspect vaguement trapézoïdal où le plus grand côté correspond à la limite orientale (voir fig. p. 103).

Six carrés de sondage, dont deux (2 et 6, voir plan) au sommet, trois (1, 3 et 4) à la limite ouest et le dernier (5) entre les deux fossés, ont remis à jour un certain nombre de vestiges, en grande majorité des tessons de céramique. Une seule couche d'occupation recouverte par la couche superficielle, noire ou de couleur grisâtre parfois très mince a été observée. Le sondage 6, par exemple, profond de 22 cm a dégagé une seule couche d'occupation correspondant d'ailleurs à la couche humifère. Les tessons de poterie sont très fragmentés, mais quelques échantillons permettent une étude de forme. L'examen détaillé nous en fournira un repère chronologique.

Le sondage 3 a procuré quelques vestiges de métallurgie.

3.2.5.2.1 Les vestiges métallurgiques

Le coin de la métallurgie, à Antsampia, se localise en bord de pente à

ANTSAMPIA

Sondage 3

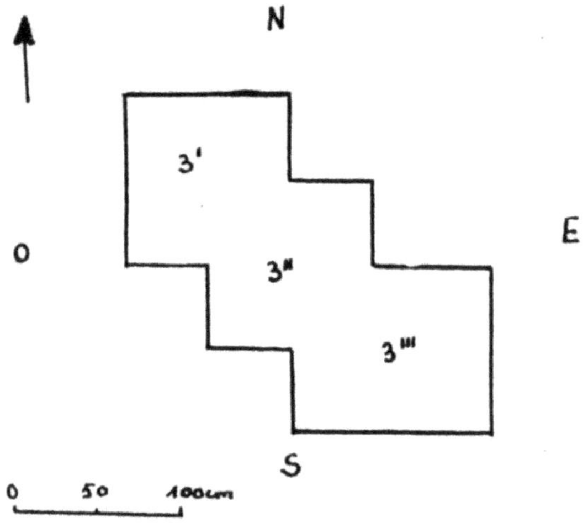

Sondage 3

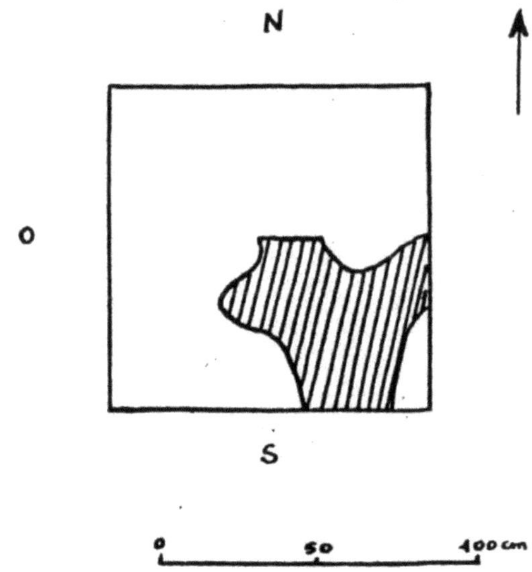

Sondage 3''' - Détails:
Emplacement du pisé à
14cm de profondeur

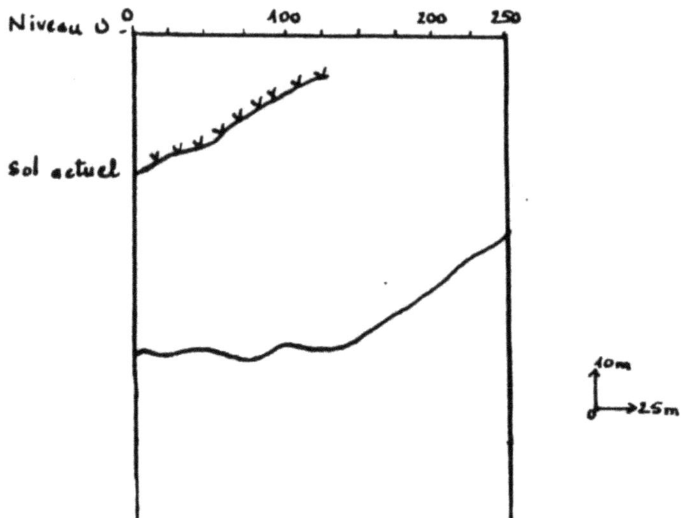

Profil ouest-est du sondage 3

la limite ouest du site, au nord-ouest par rapport à la terrasse d'Andrianefitany. Le sondage 3 a été choisi précisément à cet endroit à cause de l'abondance des laitiers de fer. Au fur et à mesure du décapage, le carré de 1 m de côté à l'origine a été agrandi vers l'est et vers le sud (voir pl. p. 106). Ce sondage a été effectué jusqu'à 1,35 m de profondeur à partir du niveau du sol actuel (c'est-à-dire le niveau 0 à l'est).

Je n'ai remarqué de stratigraphie bien définissable, mais plutôt un enchevêtrement de couches stériles rouges sableuses, de terre noire fertile et de couche grise cendreuse contenant du charbon. Un prélèvement en a été fait à fins de datation. Le sondage a 8té arrêté à l'atteinte de la couche stérile composé de pierrailles.

A la limite ouest de S3', au niveau de la couche de pierrailles, deux trous circulaires symétriques de 28 cm de diamètre, ont été retrouvés. Ils contiennent de la terre très tendre où des tessons de poterie ainsi que quelques laitiers de fer sont inclus. L'existence de ces trous à une si grande profondeur reste inexpliquée.

L'agrandissement du carré S3 vers l'est et vers le sud a permis l'observation de vestiges de métallurgie. En effet, vers le sud (S3'), à 14 cm de profondeur, j'ai découvert de la terre rouge en bloc ressemblant à du pisé. L'épaisseur en est de 12 cm. A l'est de ce pisé, des débris de poterie plantés sur chant ont été aussi observés. Le pisé provient probablement de l'écroulement du mur de fourneau de fusion, car au dégagement, des tessons de poterie et des dents de zébus ont été retrouvés en-dessous. Puis, un fragment de tuyère d'aération _didy_ renversé et accolé à un laitier de fer aplati a été également retrouvé, couché sur une couche stérile rouge sableuse. Une couche cendreuse contenant beaucoup de charbon environne ce _didy_ ainsi que des tessons de poterie. A la base, le fragment de tuyère est brûlé. Cette tuyère n'est pas de même nature que celles observées jusqu'ici; la section en est grande: le diamètre extérieur est de 16 cm, et le trou d'aération proprement dit, situé au milieu, parfaitement circulaire a un diamètre de 2 cm qui s'agrandit à 5 cm vers le haut. Il est taillé dans une pierre tendre mais dont la couleur rougeâtre fait penser à de la brique cuite. L'examen à la loupe binoculaire n'a pas donné d'autres informations, car la surcuisson subie en rend l'identification impossible. Deux interprétations peuvent en être tirées (35). La tuyère est tirée de roches altérées, feldspathiques se transformant en argile. On a alors une matrice d'argile et de quartz relativement facile à travailler. Ces roches présentent un autre avantage, celui de se durcir au feu. Il est aussi possible que la tuyère ait été taillée dans un mélange articiciel, c'est-à-dire du quartz et de l'argile mélangés. Mais ce mélange est irrégulier, ce qui suppose qu'il s'est fait sur place. La tuyère n'a pas été taillée dans de la stéatite. La première possibilité est plus vraisemblable. La tuyère retrouvée à Antsampia est particulièrement massive et plus grande dans son ensemble par rapport à ce que l'on retrouve dans les autres sites à metallurgie.

Au tamisage, un petit objet métallique très rouillé circulaire-peut-être un maillon de chaînette- a été retrouvé. Le diamètre intérieur en est de 1,5 cm. Il est épais de 5 mm avec un diamètre intérieur de 4 mm (Atsp-Mkj/Tnr XI-83-SIII3).

Au cours du décapage, outre les tessons de poterie et les fragments de dents de zébu, j'ai également dégagé une grande quantité de laitiers et de scories de fer. Parfois, les tessons de céramique se tiennent sur chant.

Antsampia

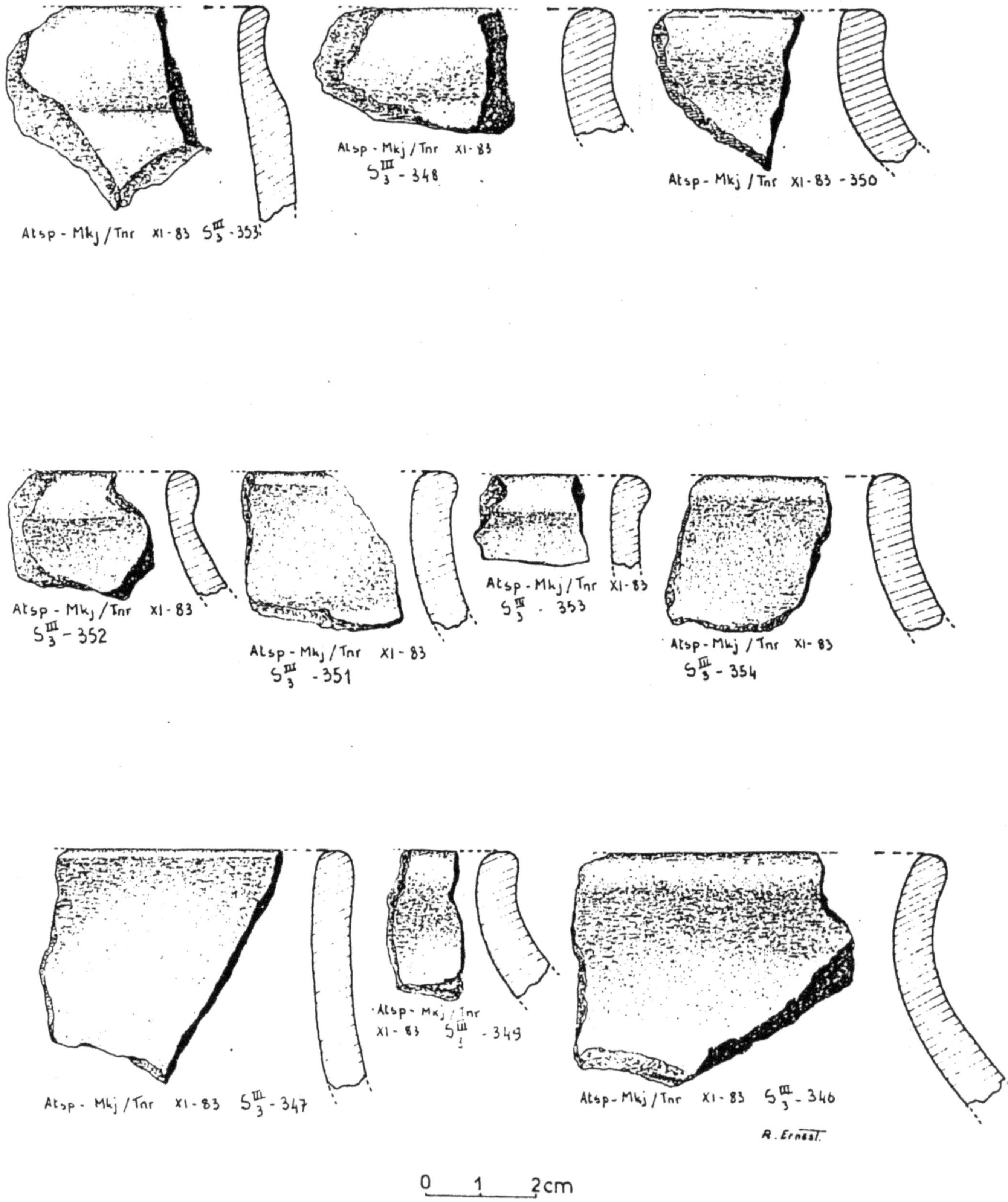
Atsp - Mkj / Tnr XI - 83 S_3^{III} - 353
Atsp - Mkj / Tnr XI - 83 S_3^{III} - 348
Atsp - Mkj / Tnr XI - 83 - 350
Atsp - Mkj / Tnr XI - 83 S_3^{III} - 352
Atsp - Mkj / Tnr XI - 83 S_3^{III} - 351
Atsp - Mkj / Tnr XI - 83 S_3^{III} - 353
Atsp - Mkj / Tnr XI - 83 S_3^{III} - 354
Atsp - Mkj / Tnr XI - 83 S_3^{III} - 347
Atsp - Mkj / Tnr XI - 83 S_3^{III} - 349
Atsp - Mkj / Tnr XI - 83 S_3^{III} - 346
R. Ernest.
0 1 2cm

Antsampia

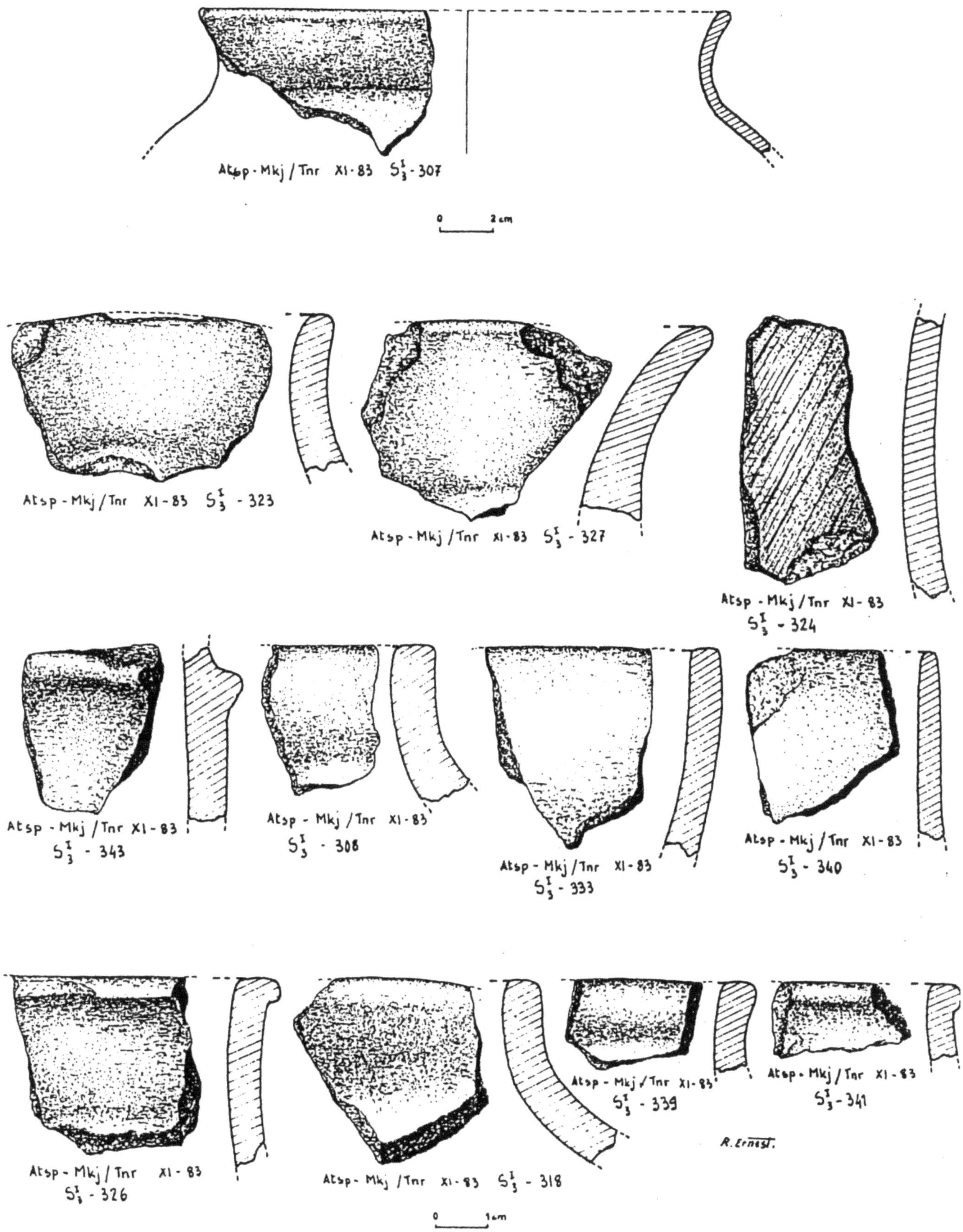
Atsp-Mkj/Tnr XI-83 S^{I}_{3}-307
0 2cm
Atsp-Mkj/Tnr XI-83 S^{I}_{3} - 323
Atsp-Mkj/Tnr XI-83 S^{I}_{3} - 327
Atsp-Mkj/Tnr XI-83 S^{I}_{3} - 324
Atsp-Mkj/Tnr XI-83 S^{I}_{3} - 343
Atsp - Mkj /Tnr XI-83 S^{I}_{3} - 308
Atsp-Mkj/Tnr XI-83 S^{I}_{3} - 333
Atsp-Mkj/Tnr XI-83 S^{I}_{3} - 340
Atsp-Mkj/Tnr XI-83 S^{I}_{3} - 326
Atsp-Mkj/Tnr XI-83 S^{I}_{3} - 318
Atsp-Mkj/Tnr XI-83 S^{I}_{3} - 339
Atsp-Mkj/Tnr XI-83 S^{I}_{3}-341
R. Ernest.
0 1cm

Antsampia

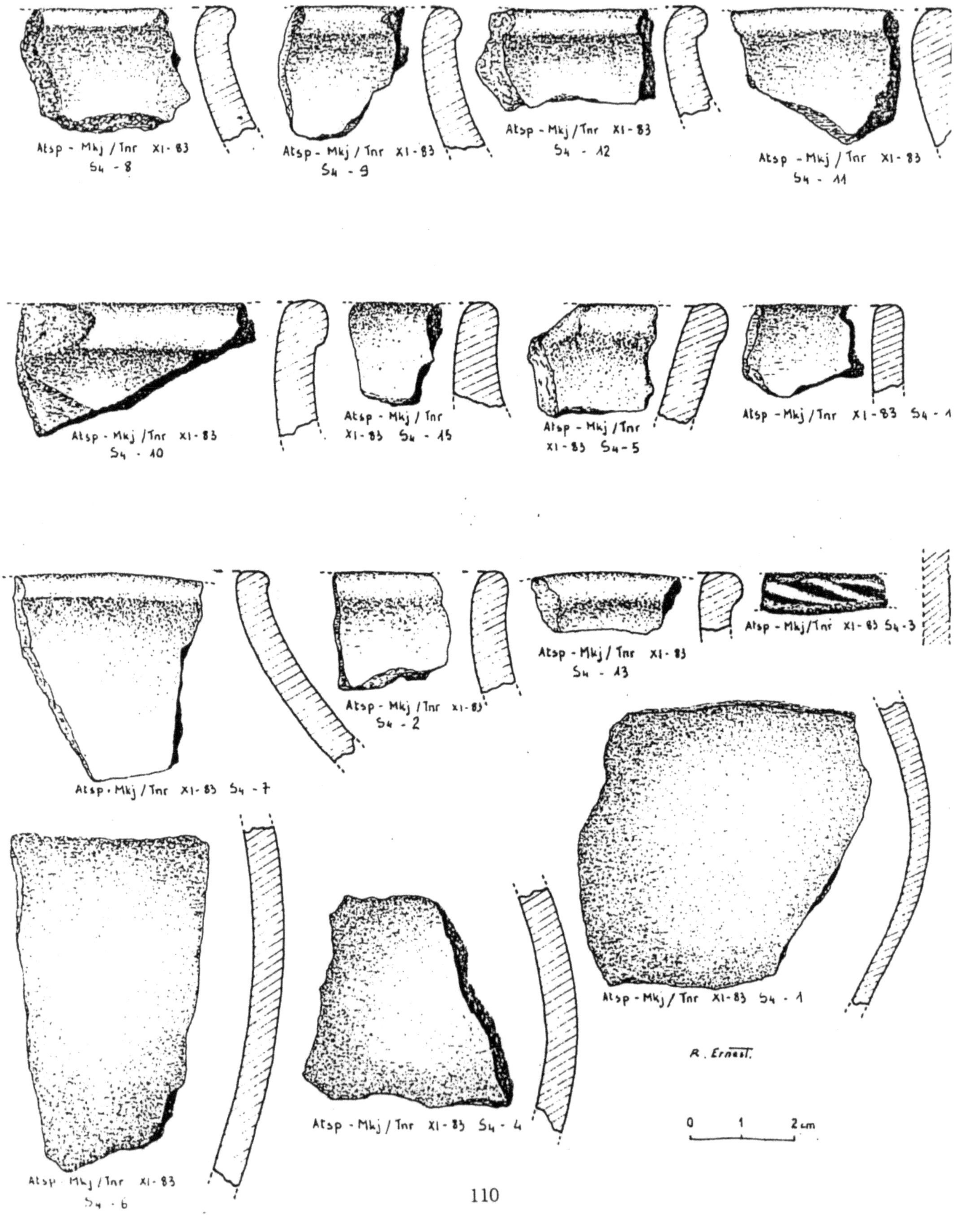
Atsp - Mkj / Tnr XI-83 S4 - 8
Atsp - Mkj / Tnr XI-83 S4 - 9
Atsp - Mkj / Tnr XI-83 S4 - 12
Atsp - Mkj / Tnr XI-83 S4 - 11
Atsp - Mkj / Tnr XI-83 S4 - 10
Atsp - Mkj / Tnr XI-83 S4 - 15
Atsp - Mkj / Tnr XI-83 S4-5
Atsp - Mkj / Tnr XI-83 S4 - 1
Atsp - Mkj / Tnr XI-83 S4 - 13
Atsp - Mkj/Tnr XI-83 S4-3
Atsp - Mkj / Tnr XI-83 S4 - 2
Atsp - Mkj / Tnr XI-83 S4 - 7
Atsp - Mkj / Tnr XI-83 S4 - 1
R. Ernest.
0 1 2 cm
Atsp - Mkj / Tnr XI-83 S4 - 4
Atsp - Mkj / Tnr XI-83 S4 - 6

Antsampia

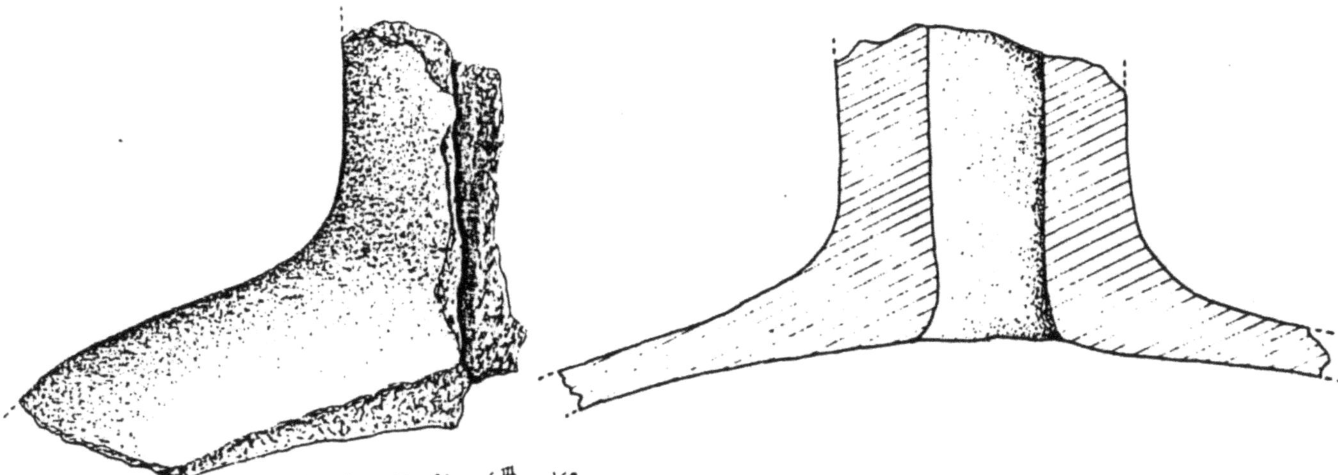

Atsp - Mkj / Tnr XI - 83 S_3^{III} - 362

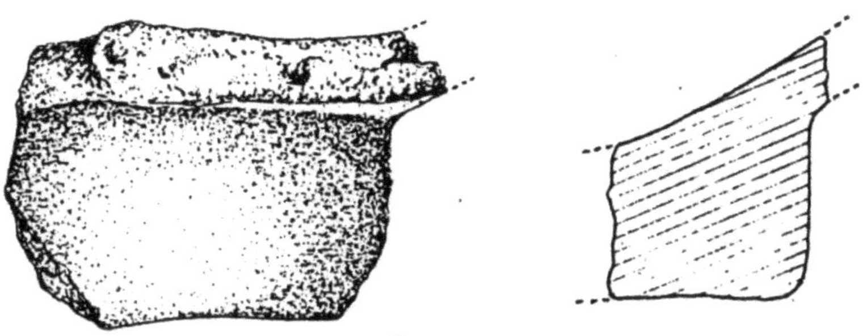

Atsp - Mkj / Tnr XI - 83 S_3^{III} - 365

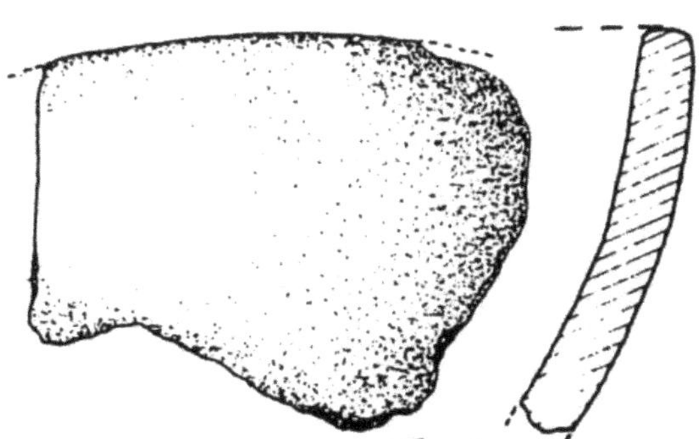

Atsp - Mkj / Tnr XI - 83 S_3^{III} - 368

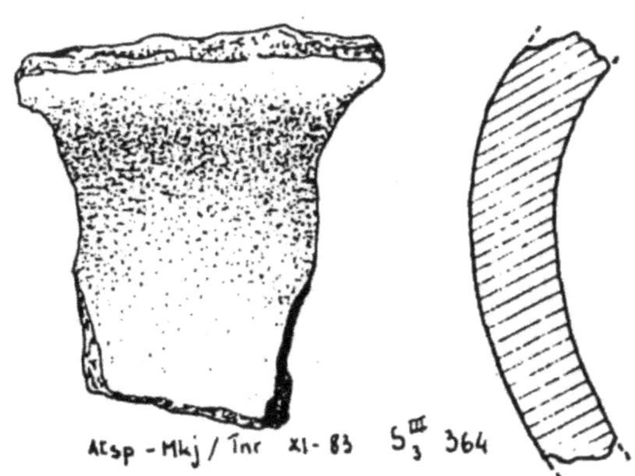

Atsp - Mkj / Tnr XI - 83 S_3^{III} 364

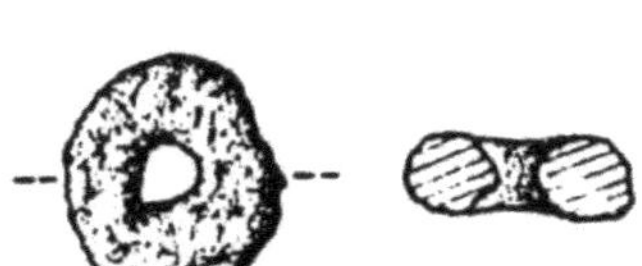

Atsp - Mkj / Tnr XI - 83 S_3^{III}

0 1 2cm

Ernest.

A l'origine, ils sont peut-être tombés ou ont été jetés dans un trou.

3.2.5.2.2 La céramique

Le graphitage intérieur et extérieur caractérise la majorité de la céramique d'Antsampia. La forme des récipients est à peine reconnaissable, et on ne peut dire si les fragments -du moins les bords- proviennent d'assiettes, de marmites ou de bols. Néanmoins, l'observation permet d'obtenir l'inclinaison des bords intérieurs ou extérieurs.

Trois échantillons correspondent à des cols aux bords à inflexion externe (S^{I}3-307, S^{III}3-346) ou à bord droit avec les lèvres arrondies de 5 mm, semble provenir d'une marmite. Son profil largement éversé et le diamètre d'ouverture de 20 cm environ suggèrent en effet la forme de ce récipient. La taille des deux autres échantillons qui sont plus épais (7 mm - 8 mm) ne permet pas toutefois de deviner leur provenance. Parmi les tessons récoltés, j'ai remarqué un fragment de rebord (S2-115) épais de 7 mm et aux lèvres arrondies.

Le bords sont le plus souvent droits avec les lèvres aplaties ou arrondies aux angles, ou encore avec un léger épaississement vers l'extérieur. Ceci provient probablement du fait que la pâte, au cours du modelage, a été ramenée à l'extérieur (S^{I}-308, 333, 339, 340 - S^{III}3-347, S^{III}3-346, 348). Deux autres fragments correspondent à un bord proéminent ou à inflexion externe (s^{I}3-327) et à un bord rentrant (S4-7). A défaut de la provenance des récipients, on peut au moins donner quelques précisions d'épaisseur. Celle-ci varie de 4 mm à 9 mm. L'épaississement des lèvres au bord est parfois très marqué, soit vers l'intérieur (SI-61), soit vers l'extérieur (S^{I}3-326, 341 - S^{III}3-353, 354, S4-7, 13, 8, 11, 12, 5, 10). Mais on a également des échantillons avec des bords nettement amincis (S^{III}3-352 et S^{III}3-353) à l'extérieur.

J'ai observé deux types de fond de récipient à Antsampia. Le premier constitue une base portante continue épaisse de 5 mm et s'amincit vers le corps à 4 mm (SI-7). Le deuxième type est traduit par les deux échantillons G3 et S^{III}3-365 qui consistent en des bases dites discontinues droites, à assise aplatie et fond concave (6 mm - 7 mm). Ces bases présentent des hauteurs différentes. Sur le premier fragment, elle est de 9 mm et sur le deuxième, elle est nettement plus élevée car mesure 2 cm.

Par l'examen de ces différents fragments, on peut penser que les récipients d'Antsampia sont parfois munis de base haute, une panse ronde se resserrant au niveau du col et ont une ouverture étroite (S^{I}3-318) ou encore élargie (S^{I}3-307, 327, etc.) suivant l'usage auquel ils sont destinés.

Exceptionnellement, quelques fragments permettent de deviner leur provenance. Les tessons S^{III}3-362 et S4-C_{I}-4I ont dû faire partie d'une base d'assiette à pied. Ils sont assez effilés et de surcroît graphités. Ces assiettes à pied (loviamanga) correspondent à des différenciations familiales. Les enfants ne pouvaient pas les utiliser. L'échantillon G5, lui aussi, a quelqu'analogie avec un pied d'assiette bien qu'il en diffère par certains points. Il ne présente pas de vide à l'intérieur, et semble avoir été modelé dans de la pâte en boule et façonnée en cylindre.

Parmi les autres objets récoltés aux sondages, j'en ai enfin relevé deux fragments en poterie assez originaux: le premier, demi-circulaire (S4-CH-2)

Antsampia

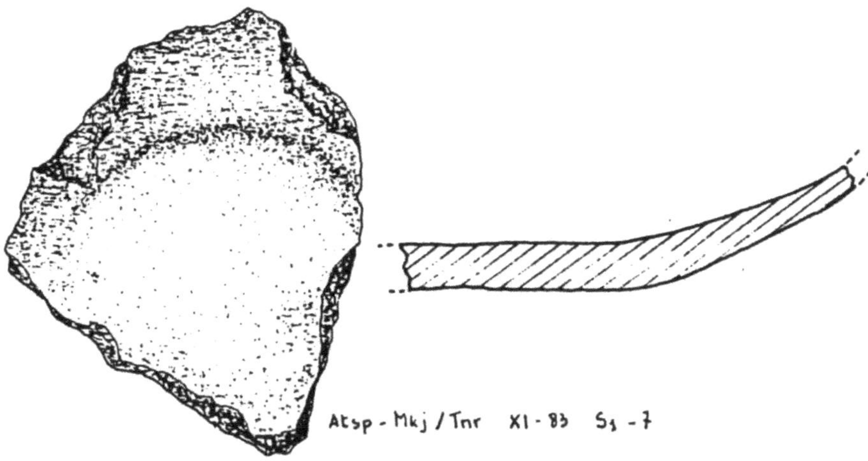

Atsp - Mkj / Tnr XI - 83 S1 - 7

0 2 4 cm

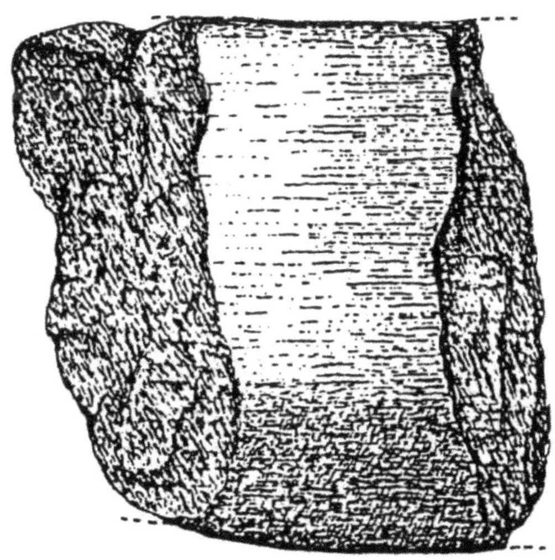

Atsp - Mkj / Tnr XI - 83 S1 - 332

Ernest.

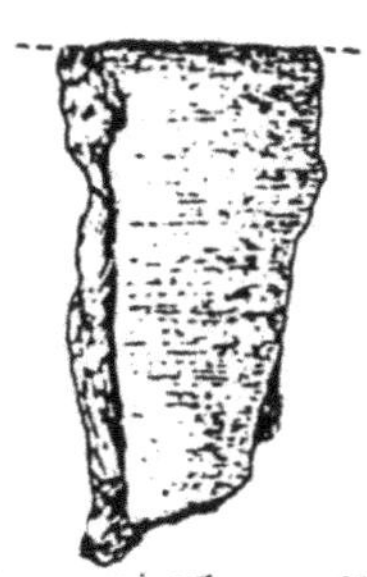

0 1 2 cm

Atsp - Mkj / Tnr XI - 83 S6

Antsampia

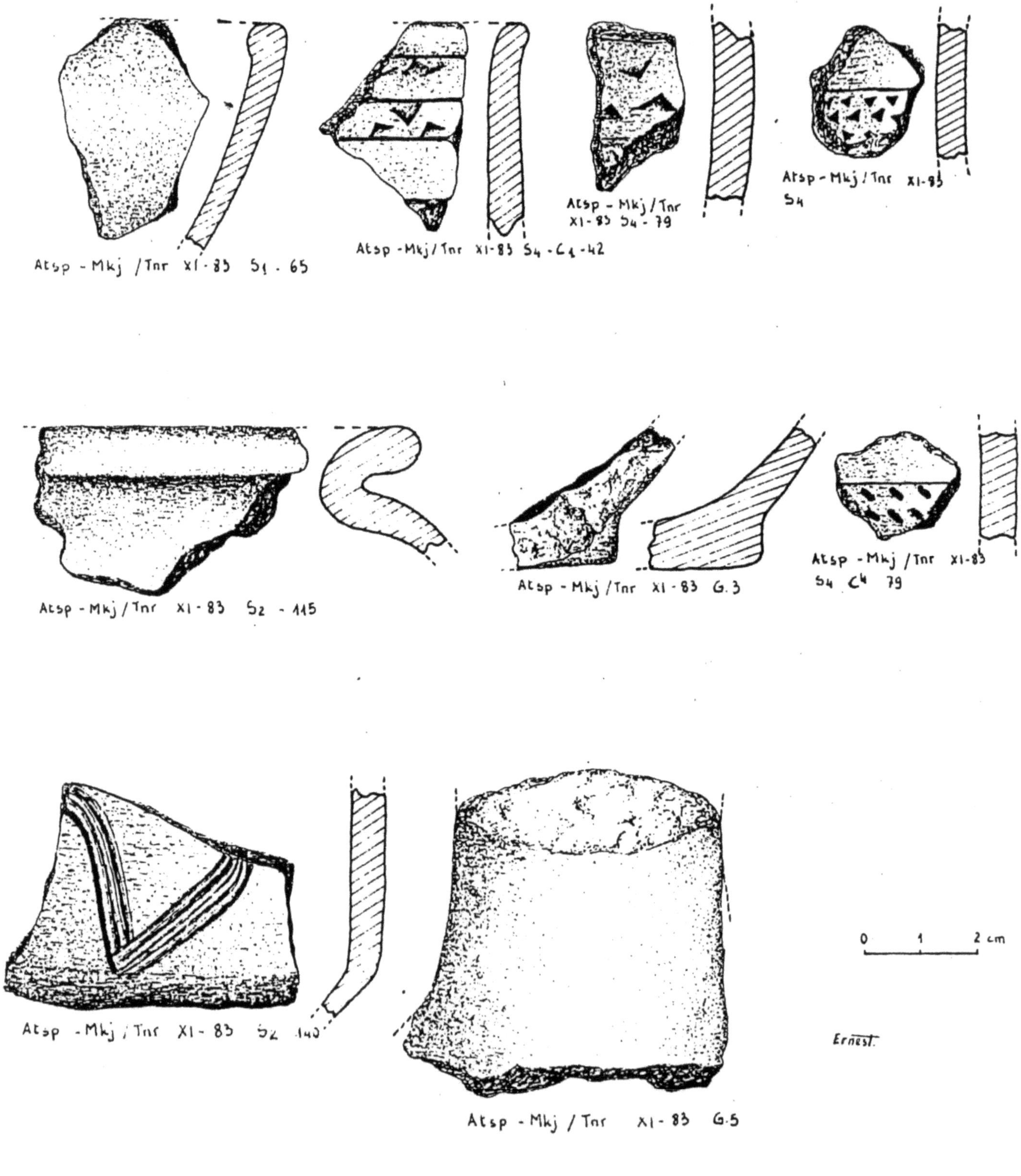
Atsp - Mkj / Tnr X1 - 83 S1 - 65
Atsp - Mkj / Tnr X1-83 S4 - C1 - 42
Atsp - Mkj / Tnr X1-83 S4 - 79
Atsp - Mkj / Tnr X1-83 S4
Atsp - Mkj / Tnr X1 - 83 S2 - 115
Atsp - Mkj / Tnr X1 - 83 G.3
Atsp - Mkj / Tnr X1-83 S4 C4 79
Atsp - Mkj / Tnr X1 - 83 S2 140
Atsp - Mkj / Tnr X1 - 83 G.5
0 1 2 cm
Ernest.

Antsampia

SONDAGE 3 II

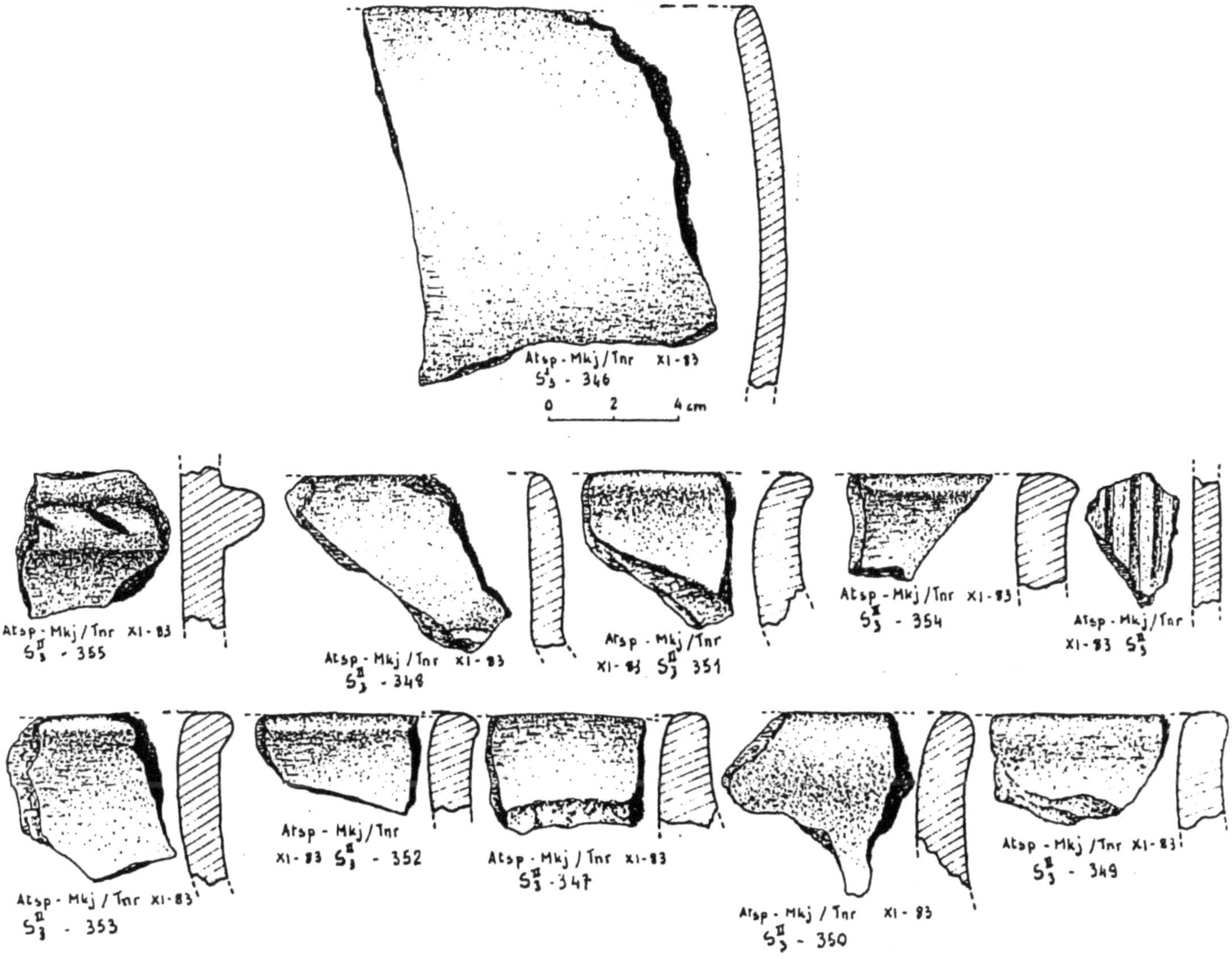

SONDAGE 3 III

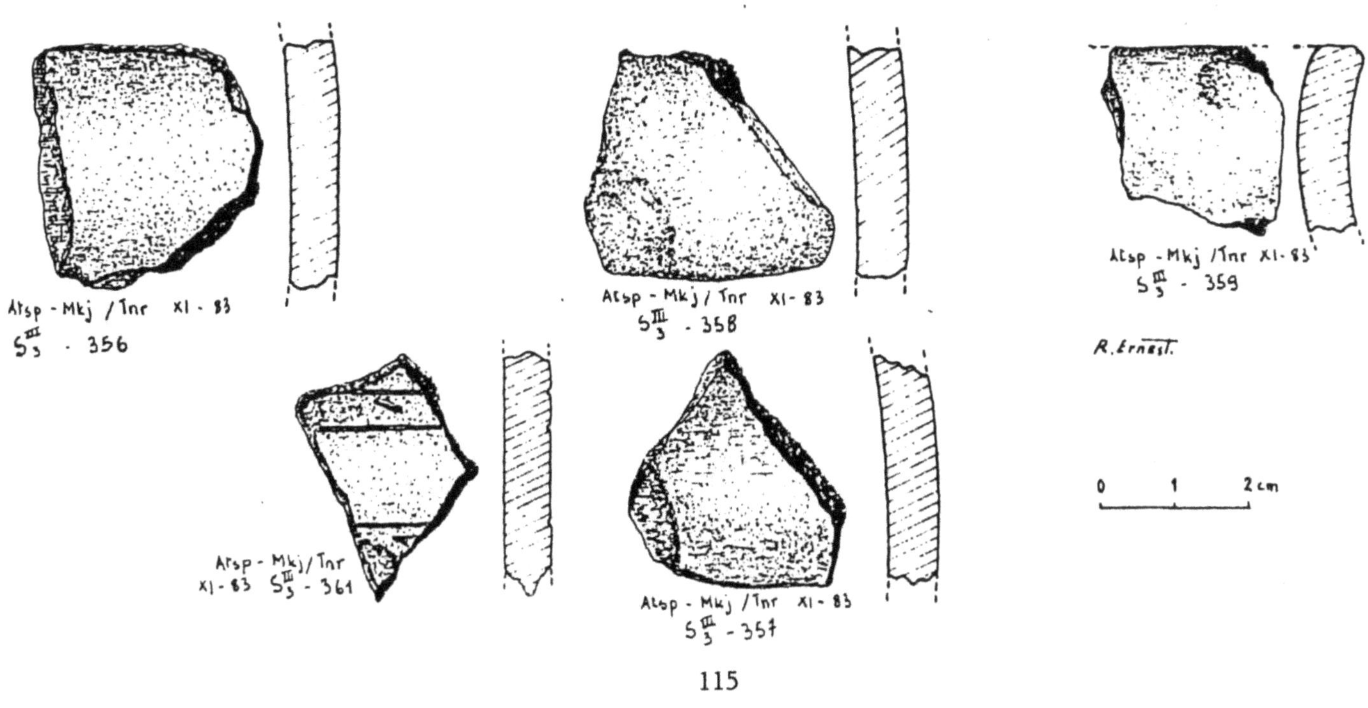

ETUDE STATISTIQUE DES COLLECTES

ATSP/MKJ/TNR

XI-83

Décoré	Non décoré	Décoré + graphité	Décoré non graphité	Graphité 2 parois	Graphité ext.	Graphité int.	Gratté 2 p.	Gratté int.	Gratté ext.	Lissé 2p.	Lissé int.	Lissé ext.
S 1 3 0,32%	907 99,6%	3 0,32%		59 6,48%	95 10,43%	20 2,2%	3 0,32%	111 12%	17 1,9%	541 58,4%	17 1,9%	111 12%
S 2 2 0,8%	258 99,2%		2 0,8%	17 6,5%	17 6,5%	6 2,3%		15 5,7%	2 0,8%	229 88%	2 0,8%	15 5,7%
S 3 1 0,11%	920 89,99%		1 0,11%	49 5,7%	61 6,6%	14 1,5%	11 1,2%	44 4,7%	12 1,2%	738 80%	12 1,2%	44 4,7%
S 4 3 0,73%	406 98,27%	3 0,73%		31 10,5%	19 7%	9 3,29%	3 0,73%	10 3,5%	3 0,73%	288 60%	3 0,73%	10 3,5%
S 5	2 100%									2 100%		
S 6	85 100%			3 3,5%	4 4,7%	4 4,7%	2 2,3%	6 7%	3 3,5%	27 31,7%	3 3,5%	5 7%
GENERAL	91 100%			7 7.7%	15 16,4%			17 18.8%		70 77,7%		17 18,8%

de 3 cm de diamètre constitue sans doute un bouchon de gargoulette ou de calebasse; et le deuxième cylindrique de 8 mm de haut avec 6 mm de diamètre provient probablement de ces petits jouets en céramique représentant des zébus avec lesquels les enfants ont l'habitude de simuler les combats miniatures de taureaux (tolon'omby), jeu très prisé des anciens Malgaches. Cet échantillon est peut-être un fragment d'une des pattes. Ce type de jouet a été noté en grande quantité dans les fouilles d'Isandra au Betsileo (Battistini, Vérin et Chabouis, 1965) (voir pl. p. 118).

Les motifs

Six genres de motifs et décors ornent certains tessons de céramique d'Antsampia. Ce sont des appliques de petits colombins impressionnés de lignes obliques profondes serrées ou non sur tout (S4, S4-3) ou partie (S^{II}3-355) d'une des faces externes du cylindre. J'en ai retrouvé trois fragments soit complètement détachés du corps de la poterie, soit encore appliqués. Ces motifs ornent surtout les céramiques graphitées fines de 5 à 6 mm d'épaisseur. Les restes sont lissés ou parfois peignés sur les deux faces (S^{I}3-324).

A l'intérieur de bandes parallèles incisées profondément (S^{III}3-361) ou légèrement (SI-58, S4-S42, S4), on a parfois des motifs triangulaires (36) disposés en mosaïque (S4-CI-42). La plupart du temps, cet ordre qui n'est pas facile à obtenir, donne une différence de dimensions aux triangles, et on a une disposition plutôt anarchique des impressions (S4-CH-78, S4-79, S4).

Des motifs probablement obtenus par impression de l'ongle (?) - impressions en demi-lune- ornent aussi la partie supérieure suivant le bord des récipients (SI). Comme pour les triangles, le dessin obtenu ne présente pas toujours le même aspect suivant l'angle où la poterie est présentée. Ces impressions en demi-lune sont dessinées sur une rangée ou sur deux selon les cas.

Le quatrième genre de motifs consiste en des impressions punctiformes (37) très fines le long du bord supérieur surmontant des lignes parallèles de fines rayures disposées en zigzag (S4-G-80). Ces mêmes impressions punctiformes, plus grandes, sont aussi disposées régulièrement entre des lignes incisées parallèles de 5 mm de large et plus marquées (SI-58).

Le cinquième genre de motifs remarqué sur les céramiques d'Antsampia se caractérise par des incisions profondes de traits obliques plus ou moins allongés, disposés toujours à l'intérieur de lignes incisées et en simple ou double rangée (SI-S4-CH-79).

Enfin, on a noté encore, sur un bord (S2-140) un ensemble de lignes parallèles profondément incisées. La largeur et le nombre de lignes en sont variables selon l'angle où le (la) potier (ère) a imprimé son instrument de décoration (touffe d'herbe résistante ?).

3.2.5.3 Essai de datation du site d'Antsampia

Pour le moment, les seuls matériaux nous permettant de situer chronologiquement Antsampia dans le temps, sont les traditions recueillies auprès des descendants d'Andrianefitany (38) ainsi que les tessons de

Antsampia

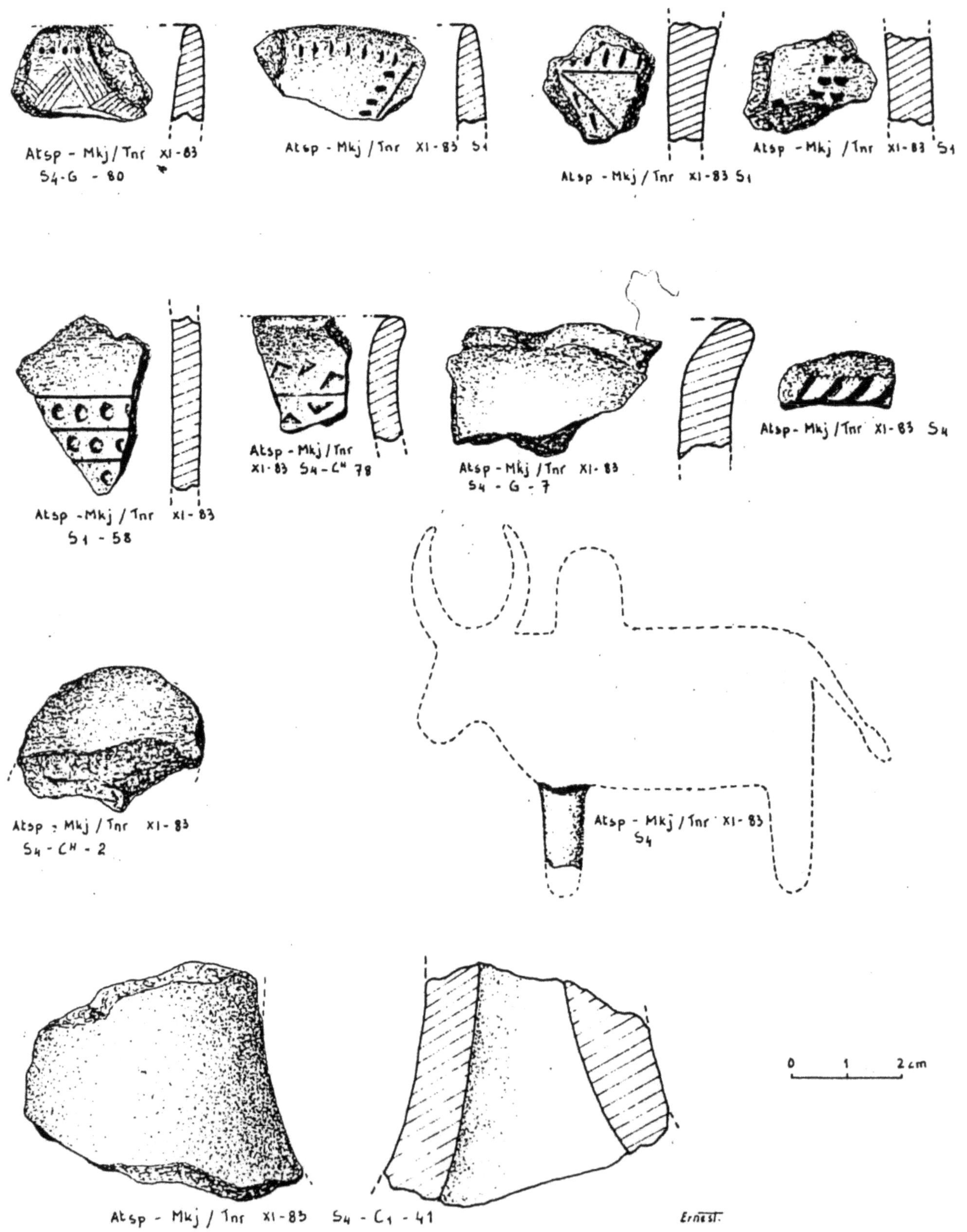
Atsp - Mkj / Tnr XI-83
S4-G - 80
Atsp - Mkj / Tnr XI-83 S1
Atsp - Mkj / Tnr XI-83 S1
Atsp - Mkj / Tnr XI-83 S1
Atsp - Mkj / Tnr XI-83
S1 - 58
Atsp - Mkj / Tnr
XI-83 S4 - CH 78
Atsp - Mkj / Tnr XI-83
S4 - G - 7
Atsp - Mkj / Tnr XI-83 S4
Atsp - Mkj / Tnr XI-83
S4 - CH - 2
Atsp - Mkj / Tnr XI-83
S4
0 1 2cm
Atsp - Mkj / Tnr XI-83 S4 - C1 - 41
Ernest.

céramique.

Nous essaierons de voir comment à partir des différentes versions on peut dater le site d'Antsampia. Si l'on ne s'en tient qu'aux seules traditions, plusieurs dates sont possibles. Ainsi, deux versions différentes ont été recueillies auprès d'un même personnage: le pasteur Ravelnarivo, par Vogel (1975), puis moi-même en 1982 et 1983. Dans la version Vogel (1975), il est dit qu'Andriatiarango, le père d'Andrianefitany est un fils de Rafohy, un (e) noble ayant régné à Alasora. Andriatirango est né un jour d'Alahamady, jour faste, et aurait dû régner mais ses parents d'Ambohimanga et d'Ambohidratrimo ont procédé de façon à ce qu'il ne gouverne que sur la partie méridionale de l'Imerina et ce, à la période où ces deux collines vinrent à être célèbres. Andriatiarango a épousé Ramasina et ils ont engendré Andrianefitany, né un jour d'Asorotany. La succession généalogique octroyée en 1975, dans ses grands traits, fait remonter Andriatiarango au XVIIIe siècle (39). On a la succession suivante: Andriatiarango a engendré Andrianefitany qui, lui, a engendré Ramanitramboniarivo (ou Andriamanitramboniarivo), lui-même ayant engendré Ramanitralahamady (ou Andriamanitralahamady, qui a donné naissance à Ramanitrantoanina. Ensuite viennent Rafanarivo, puis Rafanambony, Andriamboahangy, Ledimy, Rainilaivahatra, puis Rainilaisona (l'âge d'une centaine d'années en 1982), le père de Ravelonarivo, et enfin Ravelonarivo.

En 1982, le pasteur Ravelonarivo tait l'origine d'Andriatiarango d'Alasora (40) et insiste sur le caractère arabe de ce père d'Andrianefitany, lequel est beaucoup plus mis en valeur ainsi que ses descendants, dont le benjamin Andriantsihoarana. Ravelonarivo donne une version des migrations des Merina depuis le nord-est de l'île jusque sur les Hautes Terres, version semblable en certains points des traditions sur les Andriamamilaza de Ramilison Emmanuel (1951).

La succession généalogique qui m'a été donnée en 1982 est aussi amputée de certains noms, ce qui rajeunit énormément la période Andriatiarango. Ce dernier aurait alors vécu au XIXe siècle, au plus tôt dans la deuxième moitié du XVIIIe siècle. Nous avons la succession généalogique suivante: Andriatiarango a engendré Andrianefitany, qui a engendré Andriamanitramboniarivo. A partir de ce dernier, trois autres noms sont cités par ordre chronologique: Andriamboahangy, Ledimy, Rainilaisona. Ce dernier a pour fils Ravelonarivo.

Pourtant, Andriatiarango est désigné comme étant un oncle d'Andriamasinavalona, le souverain qui aurait régné en Imerina de 1675 à 1707. En outre, le petit-fils Andriantsihoarana est également désigné comme contemporain d'Andrianampoinimerina, un autre souverain de l'Imerina qui a régné aux XVIII-XIXe siècles vers les années 1790-1810. Quelle date alors choisir: la plus récente ou la plus ancienne ? Et si l'on tient compte du nom de Rafohy, le(a) souverain(e) qui a, selon Callet et Malzac, vécu à Alasora et y a régné vers les années 1540-1560 (XVIe siècle), on a encore une autre possibilité.

Rabelanonana à Atsakorana, un autre descendant d'Andrianefitany, m'a donné une autre succession généalogique, en rapport avec sa branche (voir pl. p. 120). J'ai complété ses informations avec celles du Dictionnaire encyclopédique malgache Firaketana, et j'ai établi un tableau comparatif (voir tableau sur la généalogie des nobles de l'Amoronkay). Une mise en parallèle des deux généalogies donne une chronologie plus certaine. Rabesandrea qui avait épousé une arrière-petite-fille d'Andrianefitany, est

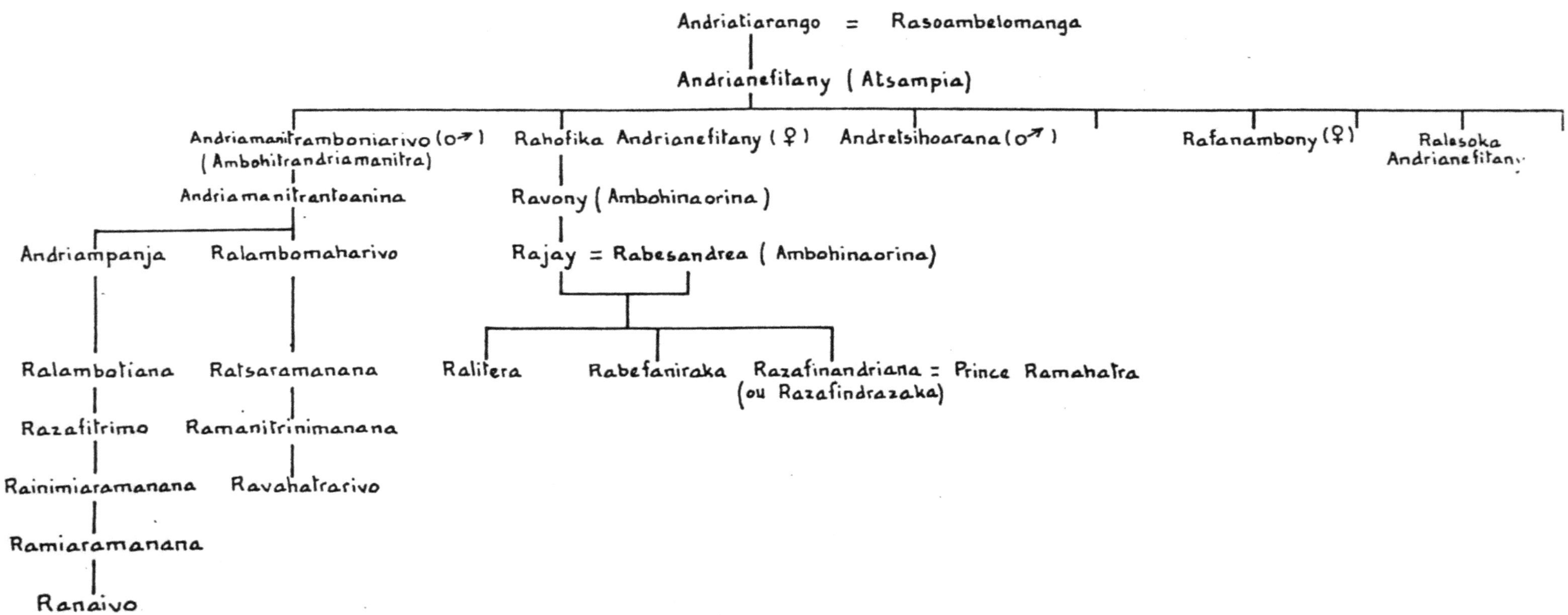

Atsampia

Essai de généalogie

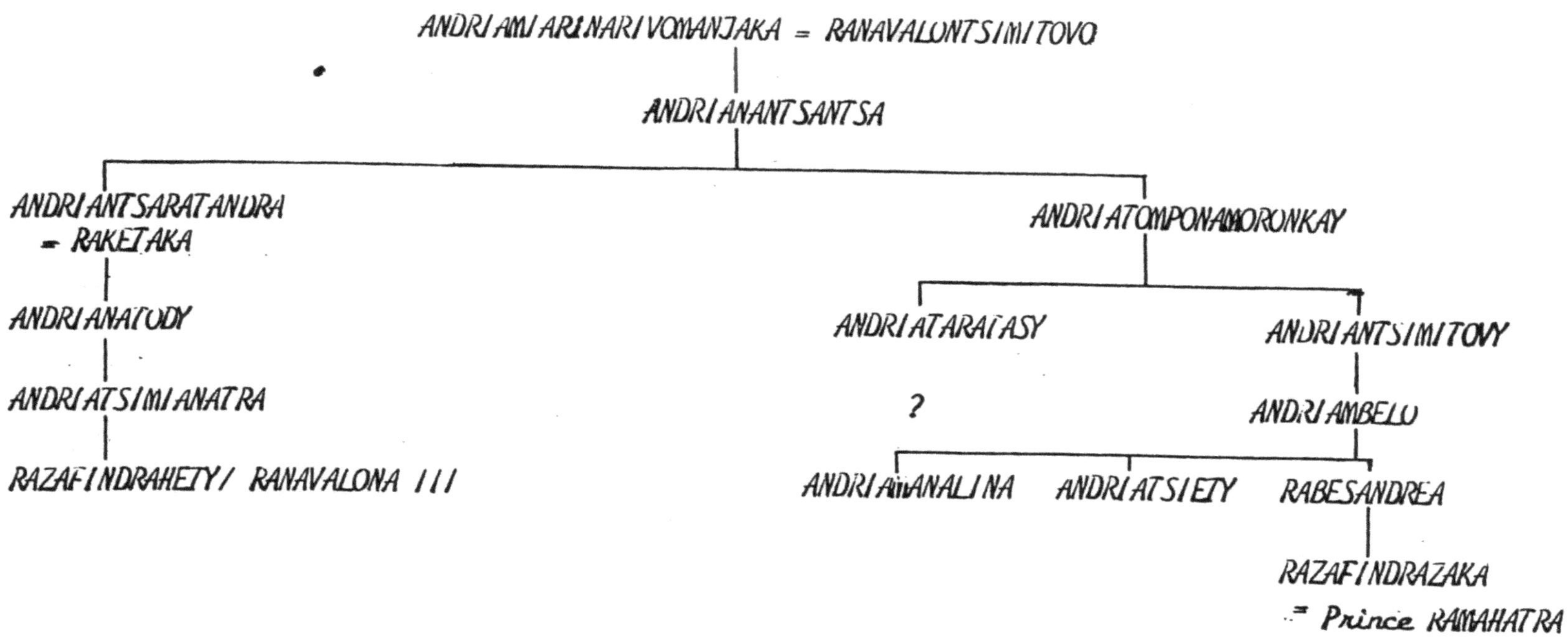

(Andriatomponamoronkay était à Ambohitrandriamanitra ,

et Andriambelo à Ambohinaorina)

Généalogie des « andriana » de l'Amoronkay
selon le FIRAKETANA

le petit-fils du frère d'Andriantsaratandra. On sait que ce dernier fait partie de ces rois qui ont accepté d'être vassalisés par Andrianampoinimerina (TA, I, p. 529), sans mener combat. Et ceci s'était passé au temps où ce souverain a effectué la réunification de l'Imerina (fin XVIIIe s.). Suivant la généalogie de Rabelanonana, Andriantsaratandra et Andrianefitany sont contemporains. Ceci situe donc ce dernier au XVIIIe-début XIXe siècle.

Les traditions désignent Andrianefitany comme étant le "gardien de l'entrée de la forêt à l'Est" (mpiandry vava ala atsinanana). C'est une notion dont l'application ne s'explique pleinement que du temps d'Andrianampoinimerina. An outre, Andrianefitany a reçu son nom à cause de son habileté à mater les révoltes, littéralement c'était le "Prince-qui-a-su-gouverner-la-region" Andriana nahafehy ny tany en abrégé Andrianefitany.

Compte-tenu de ces informations, il est probable que le site d'Antsampia a été occupé au XVIIIe siècle. Mais le type de poterie rencontrée dans ce site présente une forte ressemblance avec ceux de la phase Ankatso tardive dite Ambohidray proposée par Henry Wright (1975 et 1985). Ceci ferait remonter donc l'occupation à partir du XVIIIe siécle. Elle se serait poursuivie jusqu'à l'aube du XIXe siècle.

Une tradition d'ordre métallurgique nous apprend que le roi Radama Ier avait embauché un métallurgiste de la région nommé Rainimahay pour l'accompagner à Marsantsetra (41) à la côte Est et y enseigner la pratique de son art. Sa tombe se trouverait au sud de celle d'Andriantsihoarana sur la même colline voisine d'Ambohimiazona (42). Ses restes auraient été ramenés à la terre ancestrale par ses descendants.

III.3.3 Les sites à métallurgie de l'Androy

La région sélectionnée pour mes investigations est la partie septentrionale de l'Androy, à partir d'Antanimora en allant vers le nord (43), particulièrement autour d'Analamahery, jusqu'à la montagne d'Ankara qui constituait jadis une limite de l'avancée des migrations antandroy (44). Lors de mes enquêtes en 1983, j'ai pu constater que l'importance des sites variait beaucoup. Certains étaient marqués par des tas de scories de petite dimension, d'autres par des tas pouvant aller jusqu'à 5 m de diamètre et 1 m de hauteur (Ivahona et Andebobe), d'autres enfin sont à peine visibles car ils ont été absorbés par le sol ou dispersés par le passage des troupeaux de zébus. Il n'est pas toujours possible de juger de l'ancienneté d'après l'état de dégradation du site.

La plupart des sites métallurgiques sont assez proches des sites de minerai, mais ils peuvent aussi en être éloignés de plusieurs kilomètres; dans ce dernier cas, on comprend mieux la dispersion des ateliers de fusion et la moindre importance des vestiges retrouvés (concentrations de laitiers et de scories de fer).

Dans les lignes qui suivent, je m'efforcerai de présenter les divers sites de la région d'Antanimora et d'Analamahery en commençant par les moins anciens, subactuels en quelque sorte, pour terminer par Andranosoa dont les vestiges remontent au XIIe siècle.

Les vestiges les plus récents sont souvent les mieux conservés, mais il faut, comme nous l'avons vu, se fier davantage à des repères chronologiques

Carte de situation des sites a metallurgie du sud de Madagascar (Androy)

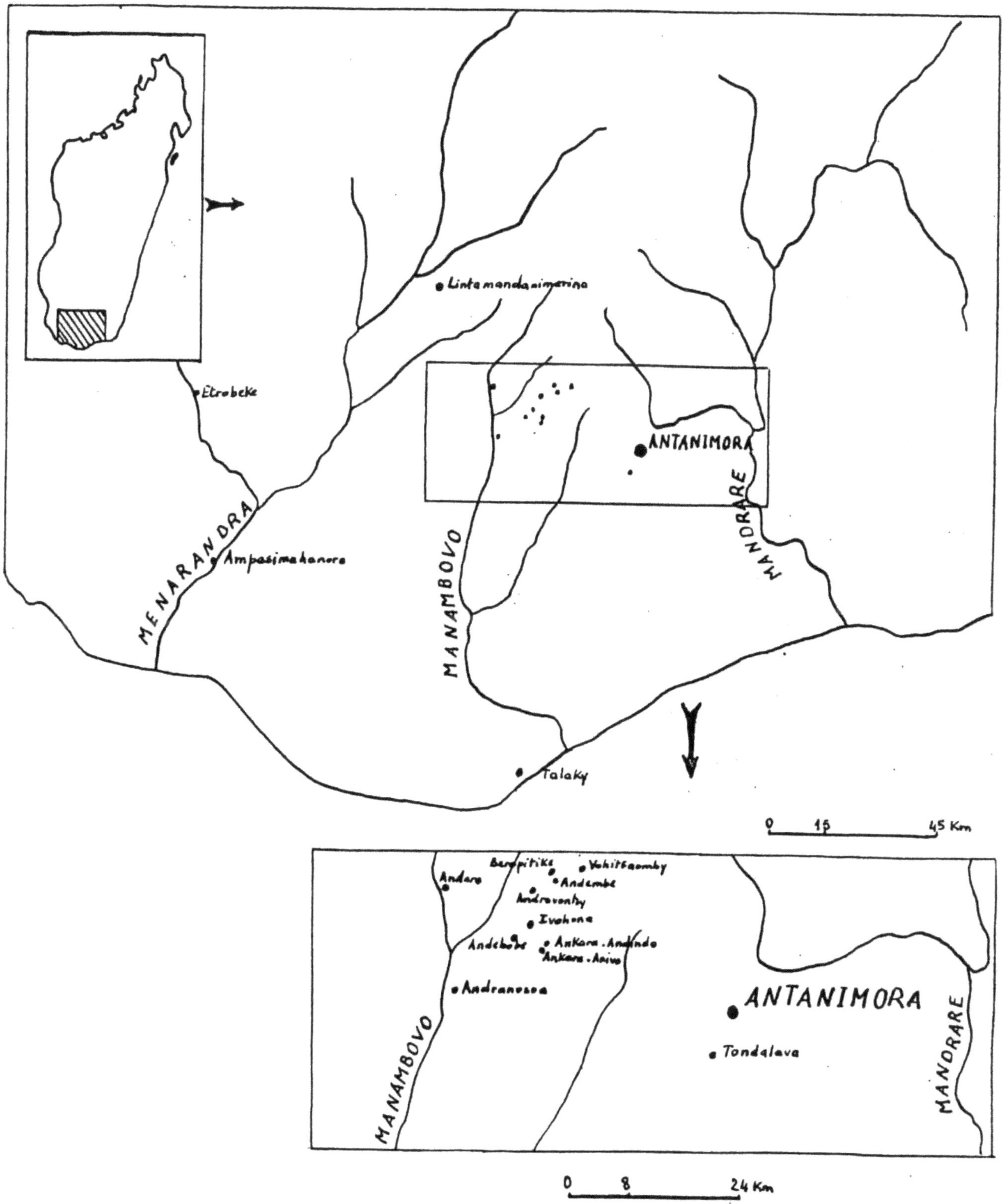

Andembe

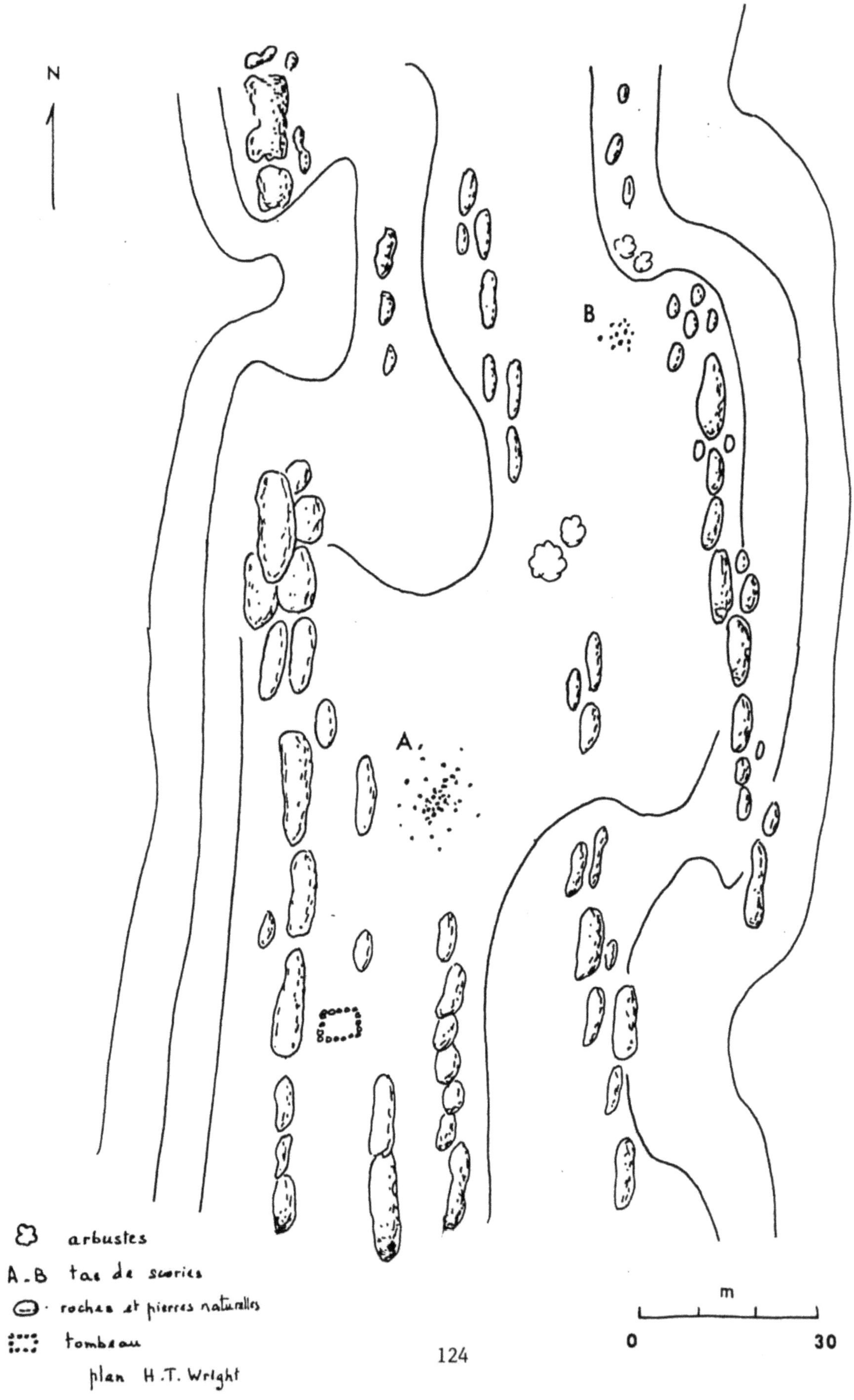
N
B
A
arbustes
A.B tas de scories
roches et pierres naturelles
tombeau
plan H.T. Wright
m
0
30

Andembe 'A'

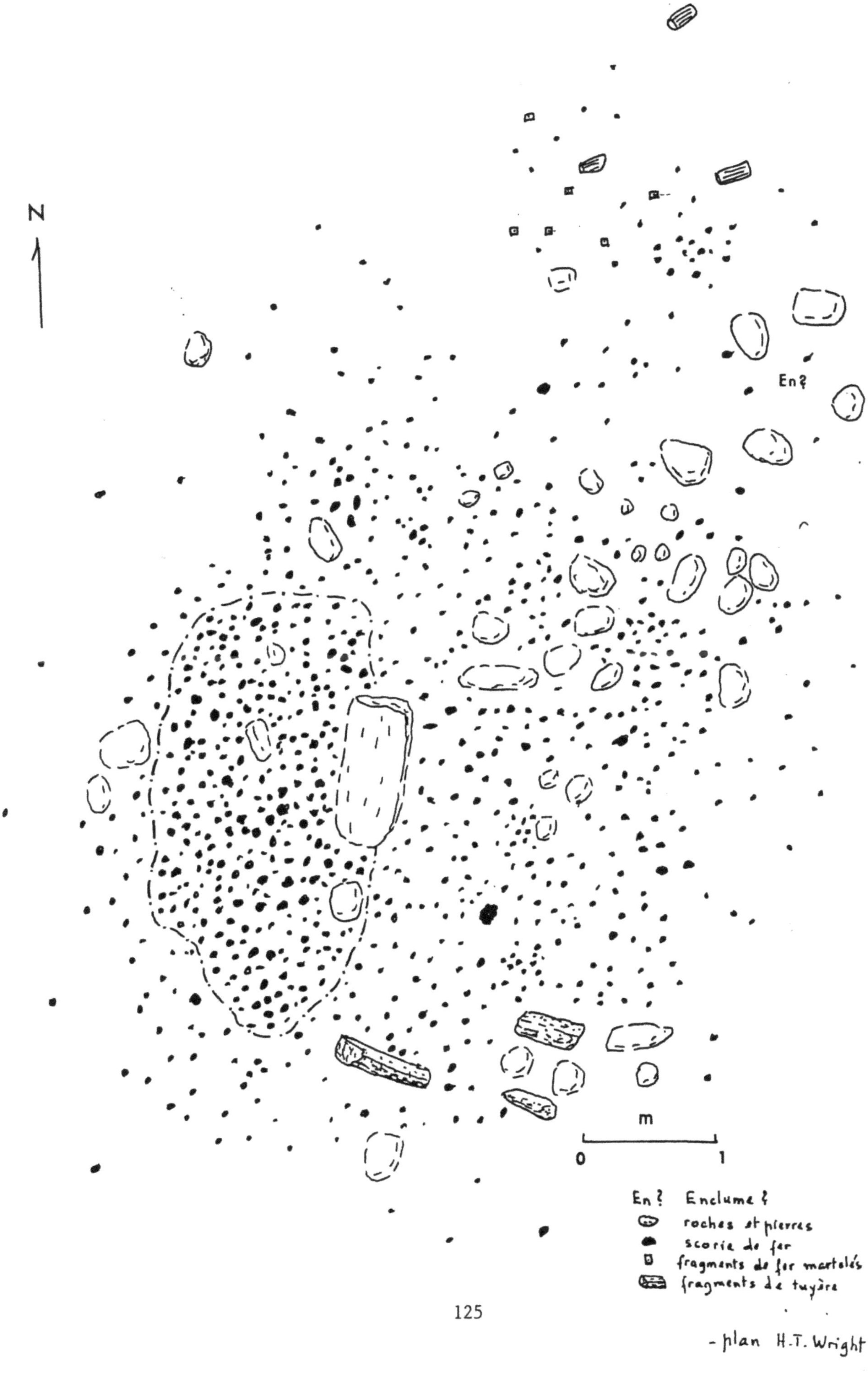
N
En?
m
0
1
En? Enclume?
roches et pierres
scorie de fer
fragments de fer martelés
fragments de tuyère
- plan H.T. Wright

sûrs, ce qui n'est pas toujours possible. Parmi les sites qui font difficulté pour la datation, figurent les petits dépôts de Beteñeñe et Andembe que je vais d'abord décrire.

3.3.1 BETENENE et ANDEMBE CGN X 139 700 Y 315 200
X 159 950 Y 307 000

A Beteñeñe, au sud-ouest de la ville d'Antanimora Sud, un tas de scories de 3,30 m nord-sud et 3,70 m est-ouest se trouve en quelque sorte protégé au nord-est par une roche de 2 m ayant pu servir de parevent mais aussi d'enclume. A 72 m de cette roche, au sud-ouest, se trouvent deux pierres mesurant respectivement 76 cm sur 72 cm, et 68 cm sur 32 cm. Elles sont elles-même séparées par une distance de 72 cm. Elles marquaient peut-être la limite du canal d'aération ou d'évacuation du fourneau. A part ces pierres, je n'ai remarqué aucun autre vestige de structure.

Plus au nord, à Andembe, sur la crête dans le sentier, j'ai noté deux autres tas de scories de fer de 4 m de diamètre (B) et 9 m de diamètre (A) (pl. p. 124). Ces deux tas sont éloignés l'un de l'autre de 75 m et ont une direction générale nord-est/sud-ouest. Dans les environs immédiats, à part un tombeau en pierre récent situé à 30 m au sud-ouest du tas A, on n'a retrouvé aucun autre vestige qui aurait indiqué que les abords du site avaient été habités (base de maison, tessons, etc.).

Les laitiers de fer ont été réduits en de tous petits fragments par suite du passage répété des troupeaux de zébus. Sur le tas A, trois débris de tuyère d'aération didy longs de 24 cm ainsi que de petits morceaux de fer martelés, de l'ordre de 1 cm au plus, ont été observés au nord-est. Au sud-est, deux pierres longues plantées sur chant (48 cm de long), et parallèlement à 40 cm l'une de l'autre indiquent le conduit d'aération ou peut-être le lieu d'évacuation des scories. Un bloc de pierre beaucoup plus long (72 cm), semble prolonger la pierre la plus au sud et indique la direction originelle. Il semble que, sur la plupart des sites à métallurgie du sud, ces pierres plates sur chant se retrouvent toujours, ainsi que le rocher à proximité sur lequel on a probablement martelé le fer.

Selon G. Heurtebize, ces laitiers et scories de fer sont attribués par la population locale aux premiers Antandroy (45). L'émigration antandroy est chronologiquement assez récente puisque dans son histoire des Afomarolahy, G. Heurtebize montre son cheminement à partir du XVIIe siècle. Le voisinage entre des sites à poterie bien datés et des dépôts de surface, ne prouve pas forcément leur association. A Androvontsy (X: 156 520 Y: 304 500) ou à Beropitike-Anjahampito (X: 161 200 Y: 305 750) ou encore à Andranosoa (X: 144 500 Y: 290 500), les lieux d'habitats sont datés du XIe au XIIIe siècle et semblent associés à des sites métallurgiques. Ce n'est pas le cas ici. Une difficulté supplémentaire provient du fait que les Antandroy ou plutôt les Antanosy installés parmi eux pratiquaient la métallurgie selon les mêmes techniques que ceux qui les ont précédés.

3.3.2. IVAHONA CGN X 152 300 Y 301 300

Cet ancien lieu de travail du fer a été découvert dès 1977. Il est situé dans la forêt d'Analamahery. Sa découverte avait incité G. Heurtebize et moi-même à rechercher dans cette forêt d'autres sites marqués par des gros tas de scories comme Andebobe.

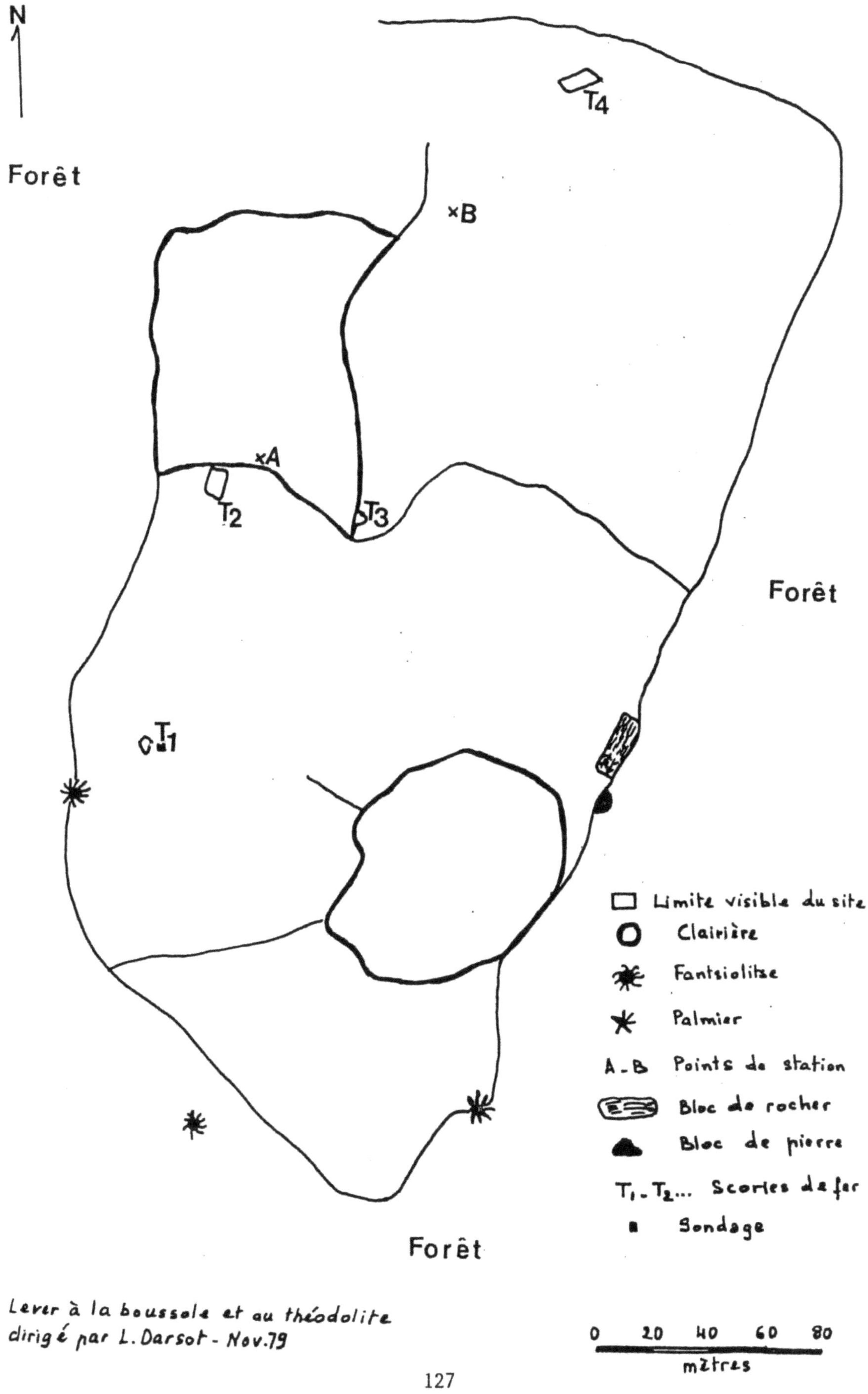
N
Forêt
×B
T4
×A
T2
T3
T1
Forêt
Forêt
Limite visible du site
Clairière
Fantsiolitse
Palmier
A - B Points de station
Bloc de rocher
Bloc de pierre
T1 - T2... Scories de fer
Sondage
Lever à la boussole et au théodolite
dirigé par L. Darsot - Nov. 79
0 20 40 60 80
mètres

La localisation est facilitée par les clairières faites par les habitants pour leur culture (hatsake) et visibles sur des photos aériennes.

Le fait que la végétation a recouvert partiellement les tas de scories laissait penser que ces sites avaient été abandonnés depuis un certain temps.

Après avoir fait le levé du site et effectué des récoltes de surface, j'ai procédé à des sondages pour localiser l'emplacement des fourneaux d'où proviennent les amas de scories.

En 1978, j'ai constaté que le site était inscrit dans une forme ovale, ce qui diffère de sa forme originelle lors de son abandon; le levé a été fait dans le souci de situer avec précision les amas de scories les uns par rapport aux autres. Ces derniers - quatre en tout - sont plus ou moins importants et ont une direction générale nord-est/sud-ouest (lever fig. p. 127).

Ces quatre tas sont eux-mêmes compris dans un espace plus grand qui constituait le véritable site d'Ivahona (46). C'était un espace défriché de 40 m de large sur 150 m de long environ. Les habitants de la région ont souvenir de l'existence de ce village de forgerons dont ils connaissent même le nom du chef de village, un nommé Tsifaria. Ces habitants étaient des Tebekitro, métallurgistes réputés, qui ont depuis émigré au nord à Bekitro.

Mais le souvenir de leur occupation demeure vivace, au point que les informateurs d'Ankilimandroho (situé non loin) sont capables de donner la délimitation exacte du site. Le village fut établi sur un défrichement en pleine forêt, dans un terrain de calcaire à rocailles de silex.

A la limite sud du village, sur 10 m d'est en ouest, des pierres vestiges d'un mur écroulé de 50 cm à 1 m de haut, ont été retrouvées.

Ça et là, des scories de fer parsèment l'emplacement de l'ancien village. Mais les plus gros tas (fig. p. 127) sont localisés à l'ouest. Ce site est encore caractérisé par l'emplacement d'anciens parcs à boeufs contenant une matière poudreuse provenant des restes de bouses de vache sèches. On note surtout de grosses pierres disposées en carré, sans doute des fondations de maisons. Au voisinage, des tessons de poterie ont été retrouvés.

Les deux sondages effectués dans ce site d'Ivahona ne m'ont pas permis de retrouver le bord des fourneaux, mais les renseignements obtenus ne sont pas dépourvus d'intérêt.

Ainsi le sondage 1, effectué à l'est du tas n° 1 révèle une importante surface cendreuse située entre trois blocs de pierre. De plus, des traces de charbon ont été retrouvées (cf. fig. p. 129).

Au dégagement, il est apparu que la couche cendreuse observée en surface était épaisse de 6 cm.

Puis un deuxième niveau de 17,5 cm d'épaisseur a encore été dégagé. Ce deuxième niveau contenait également de la cendre et avait une couleur noire. La troisième couche consiste en un sol pierreux de couleur rosâtre. Le tamisage nous a fourni quelques débris d'oeufs d'aepyornis dans la première couche. Ces débris n'ont rien à voir avec le problème

Ivahona (Sondage du tas n° 3)
Coupe du carré B_2

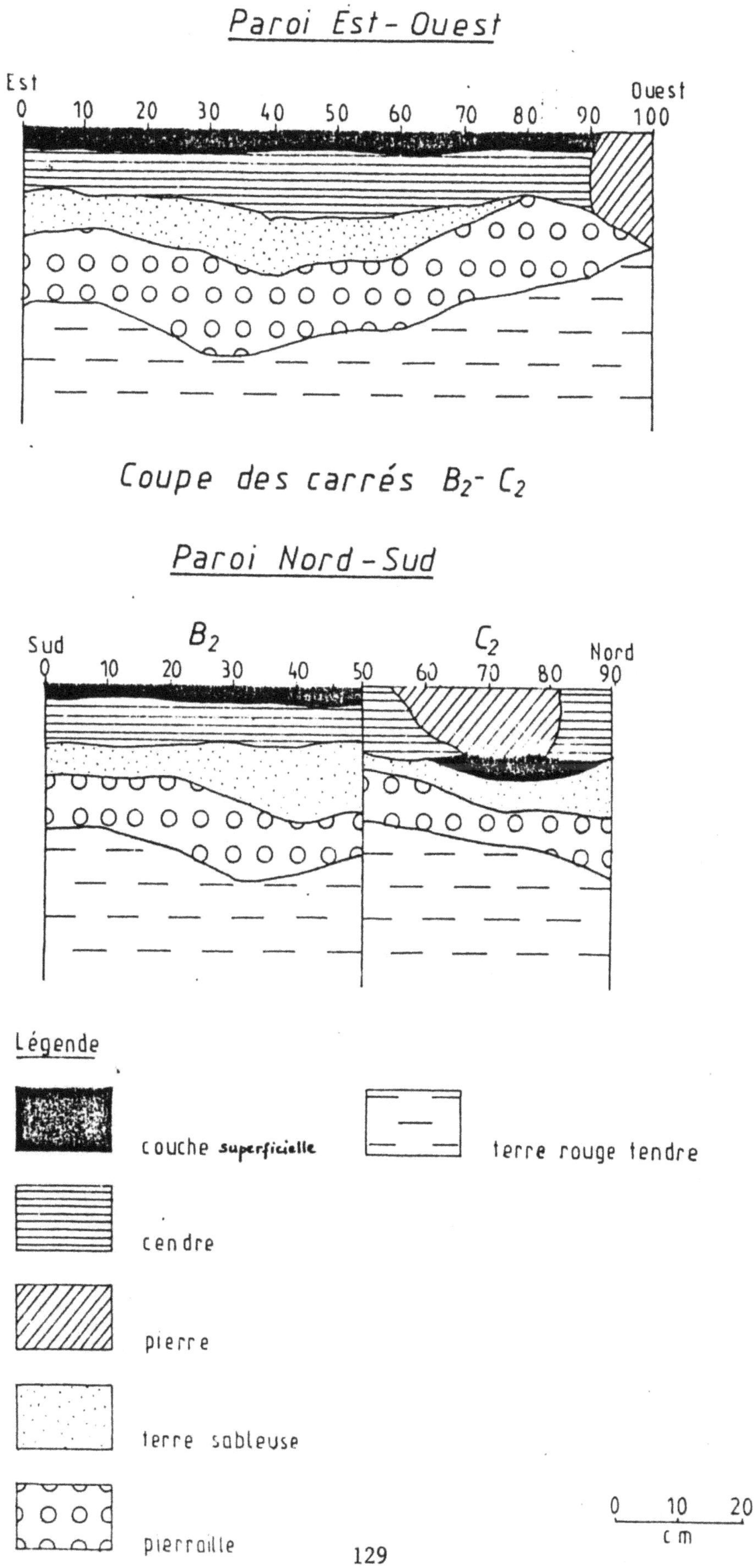

Ivahona

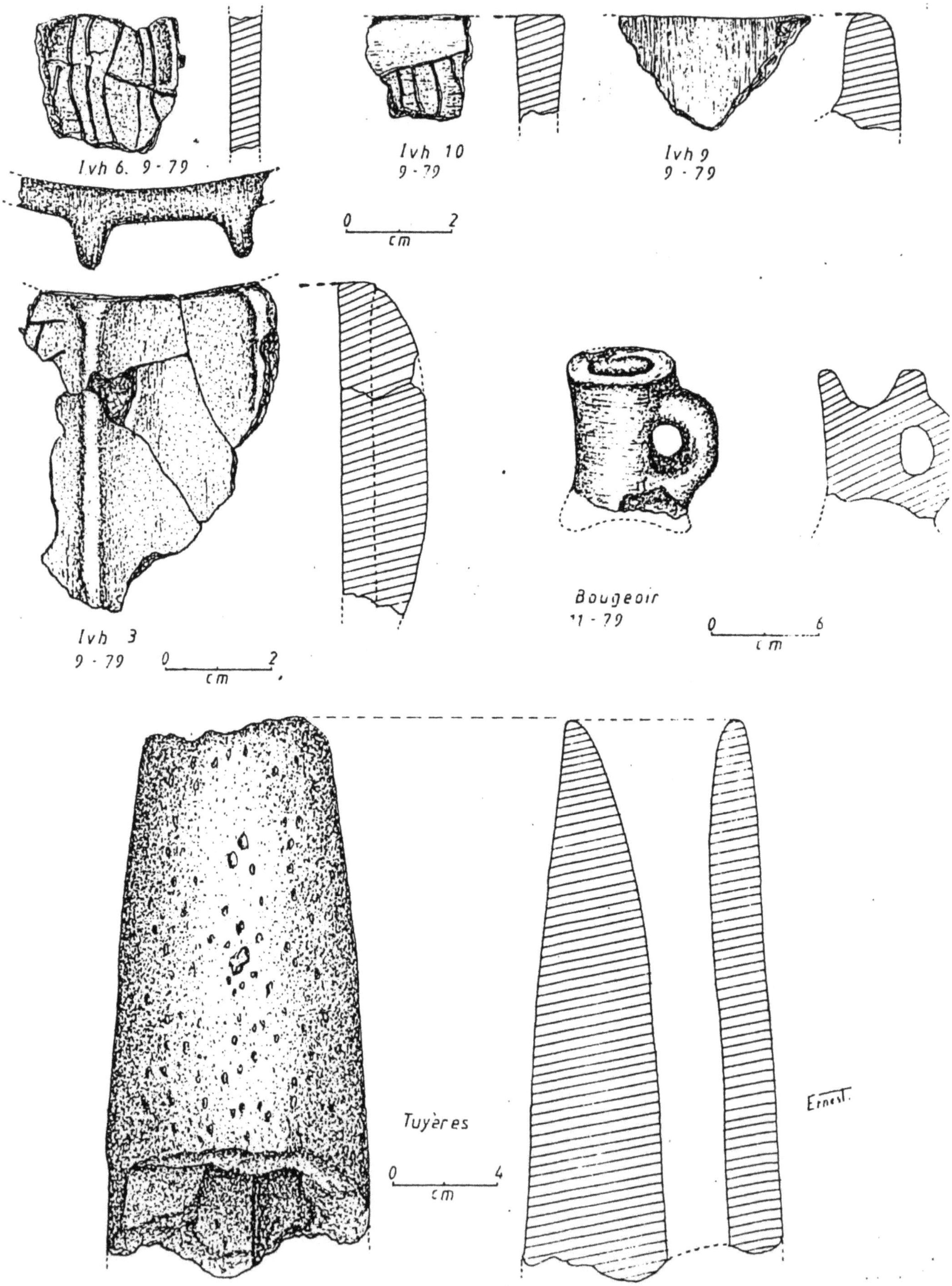
Ivh 6. 9 - 79
Ivh 10
9 - 79
Ivh 9
9 - 79
0 2
cm
Ivh 3
9 - 79
0 2
cm
Bougeoir
11 - 79
0 6
cm
Tuyères
0 4
cm
Ernest.

métallurgique et sont venus par la suite.

Le sondage 1 a atteint une profondeur de 52 cm. Le second sondage lui, a été effectué à l'est du premier, près de l'amas n° 3 grand de 3 m de diamètre.

Comme pour le cas précédent, le sondage a été choisi entre deux points importants. Car une couche cendreuse située entre une grosse pierre - peut-être une enclume - et le tas de laitiers a été mise en évidence. Le sondage de 50 cm de profondeur a dégagé trois niveaux bien distincts à part la couche superficielle:

- un premier niveau de 5 à 10 cm d'épaisseur constitué par de la cendre.

- puis un niveau de terre sableuse de 8 à 10 cm de profondeur, niveau qui repose sur une couche de pierraille épaisse de 10 à 15 cm.

- la couche stérile constituée par de la terre rouge tendre qui se rencontre à partir de 35 cm de profondeur.

L'observation du profil de la couche stratigraphique suggère une forme imperceptible en cuvette. Serait-ce la base du fourneau de fusion ou plutôt celle du fourneau de forge? L'interprétation nous en est assez difficile. On peut croire que le site a constitué à la fois un lieu de fusion du minerai et un atelier pour la forge. Le foyer et le système de soufflerie devaient être installés près des amas de laitiers (taim-by).

Malgré ma préoccupation d'ordre essentiellement métallurgique, je ne peux négliger les autres vestiges recueillis dans le site du village. Ces vestiges, en effet, vont confirmer ce que les traditions nous laissaient soupçonner, à savoir l'aspect récent d'Ivahona.

Parmi les tessons de poterie locale peu nombreux recueillis notons une sorte de lampe haute de 8,3 cm, encore en bon état, bien que cassée à la base (cf. fig. p. 130). Sur les tessons, on remarque des ébauches de motifs et décors de récipients: des rainures profondes de 1 mm, des moulures épaisses de 6 mm (Ivh 3 et Ivh 6). Ces dernières appliquées ou modelées à partir de la pâte du corps sont perpendiculaires au bord droit. Celui-ci est marqué selon les poteries par des lèvres anguleuses (Ivh 10) ou arrondies (Ivh 9). La poterie a une épaisseur moyenne de 9 mm.

Ces tessons de poterie montrent une identité de motifs avec ceux du site de Tondalava plus au sud. Dans mon travail sur l'archéologie de l'Androy (Radimilahy, 1980), j'assigne ce style à la période tardive.

Les fragments de tuyères d'aération taillées dans du didy (sotre de schiste) sont nombreux. Elles semblent résulter d'un travail à la gouge. Ces tuyères sont, pour la plupart, cassées dans le sens longitudinal et les ouvertures obstruées par du fer liquefié durci.

L'attribution par la tradition de l'occupation du site aux anciens occupants Tebekitro immigrés dans cette région avec les Tandroy, ainsi que le style des poteries fait remonter l'occupation d'Ivahona au XVIII-XIXe siècle. Toutefois, plus au sud, des vestiges semblables ont été récoltés à Tondalava où la présence d'un fragment de céladon, retrouvé à même le tas de scories, pose un problème sur l'âge du site (cf. infra).

ANDEBOBE

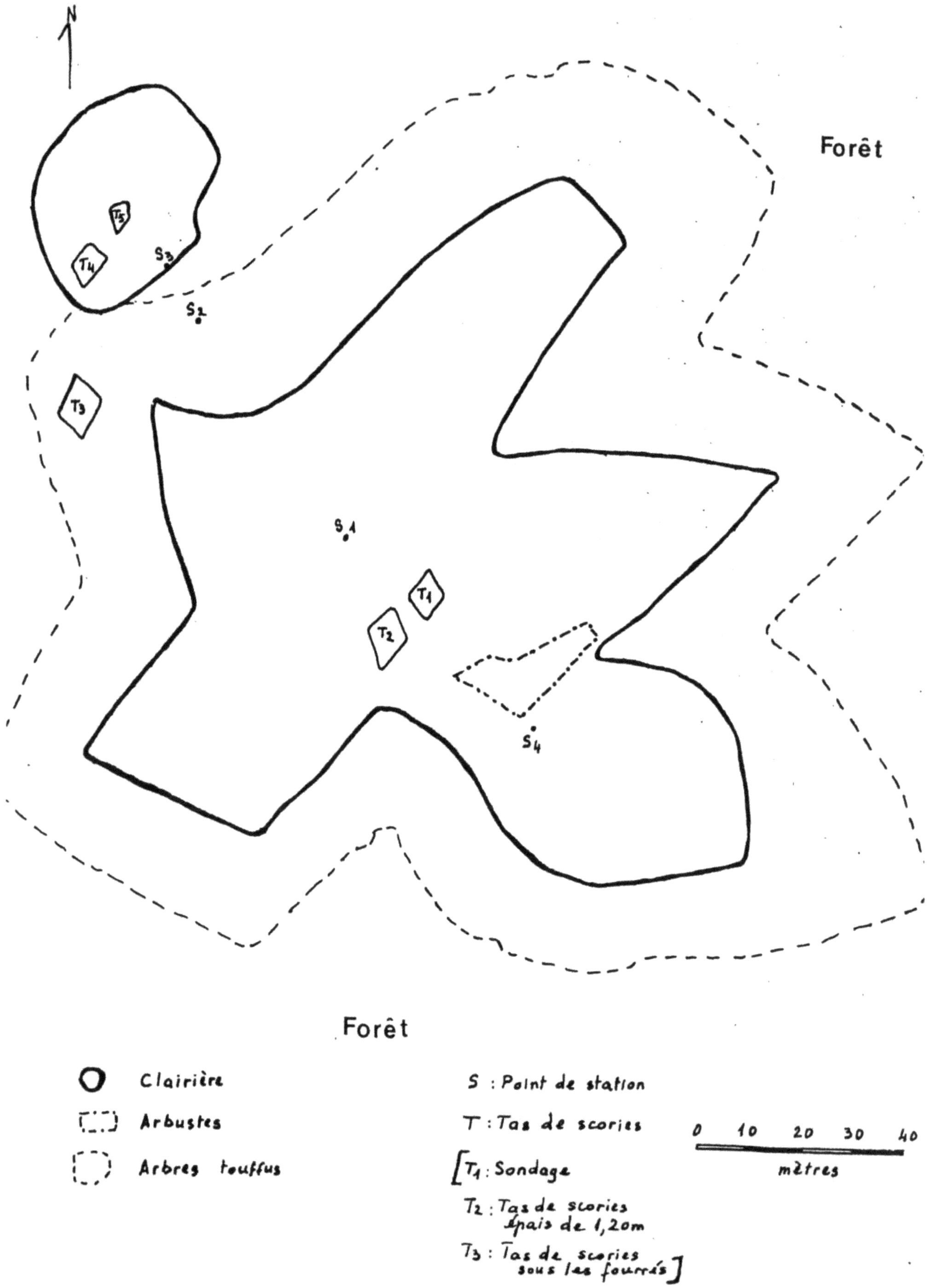

Lever au théodolite dirigé par L. Darsot Nov. 79

3.3.3. ANDEBOBE CGN X 151 750 Y 300 500

Localisé à 3 km au sud-ouest d'Ivahona, ce site se trouve aussi dans la forêt d'Analamahery. L'existence en a été connue lors d'une prospection archéologique le long de la Manambovo en septembre 1978.

Situé à proximité du village d'Ankilimandroho, Andebobe forme une clairière défrichée (hatsake) pour l'aménagement de terrains de culture après le défrichement.

Comme pour Ivahona, le leveé a eu pour but de localiser les tas de scories les uns par rapport aux autres (47). Au nombre de cinq (cf. fig. p. 132) ils sont assez importants et l'un d'eux atteint même une hauteur de 1,26 m.

Le tas n° 1 épais de 59 cm a fait l'objet d'un sondage et d'un tamisage. Le sondage effectué à partir du sommet est un triangle de 2,70m de côté avec la base comprise entre deux pierres espacées de 1,10m au sud.

Les scories de fer ont été dégagées sur 14 cm d'épaisser. Puis, à 35 cm de profondeur, une couche de charbon ainsi que des fragments de tuyères d'aération en didy ont été mis au jour. Puis, à 40,5 cm de profondeur, des pierres morcelées et rougies par le feu ont été découvertes. On peut penser qu'il s'agissait des fragments du mur de fourneau de fusion. La couche stérile commence à partir de 54 cm de profondeur.

Au nord de ce tas n° 1, se trouve une grosse pierre longue de 1,05m et large de 81 cm. Cette pierre correspond probablement à l'endroit où l'on a martelé le fer.

Comme à Ivahona, les fragments de tuyères d'aération sont très nombreux, brisés pour la plupart dans le sens longitudinal et avec les ouvertures bouchées par du laitier.

Les tessons de poterie sont rares. Ils proviennent d'une poterie grossière, peignée et de même texture que la poterie d'Ivahona. Les traces de peignage s'observent surtout sur la face interne; l'épaisseur des fragments de poterie varie de 8 mm à 10 mm. Ces traces de peignage assez grossier sont aménagées à partir du bord en stries obliques ou représentent encore des sillons irréguliers parallèles au bord. Les bords sont, soit droits avec des lèvres légèrement éversées, soit droits avec les extrémités anguleuses et biseautées vers l'extérieur.

L'importance des tas de laitiers de fer à Andebobe ne laisse pas de doute sur la nature de ce site: c'est un lieu de fusion. En outre, le minerai n'en est pas très éloigné, les concrétions ferrugineuses se localisant aux abords immédiats et un peu partout dans la forêt. Néanmoins, j'espérais que le sondage permettrait d'obtenir une représentation détaillée. Ce qui n'a pas été le cas.

Andebobe comme Ivahona faisait partie des toby (centres de travail du fer) du nommé Tsifaria auquel la population actuelle attribue l'origine de ces sites. Les habitants actuels de Bekitro le mentionnent encore dans leurs traditions Tsifaria comme étant celui qui forgeait les sagaies (lefo), les haches (famaky) ou encore des "balles" pour les fusils.

Heurtebize a recueilli des informations plus précises à propos de cette fabrication des projectiles de guerre. A Ambondrombe, à l'est de la rivière Solimoro, il a observé de nombreux tessons de poterie associés à des témoins de travail des balles. Sur ce site, "un gros bloc (de 10 dm2 environ) parallélépipédique, en granite sain très dur avec les deux faces parallèles lisses" a été retrouvé. Les deux "faces sont creusées de cupules de différents diamètres (autour de 5 cm), il existe aussi une cupule isolée sur une face latérale". L'informateur d'Heurtebize a estimé qu'il s'agissait de moules.

Si les concentrations de laitiers de fer sont nombreuses dans la forêt d'Analamahery, elles se rencontrent aussi dans la forêt d'Ankara un peu plus au sud. Une comparaison des données des sites de ces deux forêts aidera à compléter notre documentation sur la métallurgie tandroy.

3.3.4. ANKARA ANDINDO et ANKARA ANIVO
CGN X 149 900 Y 304 500

Le site est situé dans la forêt d'Ankara à 10 km à l'est de la rivière Manambovo et à 80 km environ de la côte Sud à vol d'oiseau.

C'est un site de taille importante de 200 m de diamètre, par lequel on arrive de la direction nord en passant par la rivière Bekolà.

Il s'agit manifestement d'un ancien village d'artisans fabricant du fer et beaucoup d'autres objets: outils en fer, poterie, pierres à fusil, pipes. Les productions sont facilitées par l'existence de matières premières dans le site même. J'y ai localisé un gisement de jaspe mais surtout un gisement de minerai de fer avec les vatovy.

Quatre concentrations de scories de fer de 5 m de diamètre y ont été retrouvées. Elles ont une direction générale nord-sud. Le tas le plus au nord est recouvert par la végétation. A même ces tas, des fragments de tuyère en didy ont été observés. De même une grosse pierre servant d'enclume avec un talon de sagaie (kitro) (Akr-Add GA). Une coquille d'oeuf d'aepyornis a été notée à l'ouest du troisième tas (cf. Plan p. 135).

Le gisement de minerai se trouve au sud-est tandis que la source du jaspe se localise au nord-ouest.

Au sud, le tas de scories C recèle encore une pierre plantée sur chant et suggère l'emplacement sud-ouest du conduit d'aération ou d'évacuation des taim-by (résidues du fer).

Le tas de scories B' dont le relevé détaillé a été fait (pl. p. 136) est très représentatif du genre de concentration de vestiges du travail du fer que l'on rencontre à Ankara Andindo. C'est un tas de 4 m de diamètre où les fragments de tuyère en didy forment un arc de cercle dans la partie ouest, comme s'ils ont été déversés de ce côté. Les laitiers sont réduits en de petits morceaux, dans leur majorité et les blocs de pierre qui environnent le tas proviennent probablement du mur du fourneau écroulé.

Dans les zones centrale et ouest du site, des concentrations de débitage du jaspe, ont été rencontrées aux environs immédiats du gisement ainsi que des restes de pipes confectionnées dans une pierre tendre. L'artisan façonnait d'abord l'extérieur du fourneau (A' Nord 1 et A' Nord

ANKARA ANDINDO

A.B.C.D. : Tas de scories

Eclats de silex

Tessons de poterie locale

Arbustes

Scories de fer

En Enclume

Oxyde de fer

p Fragments de pipe

Surface bien définie

Aire passablement délimitée

Roches et pierres

– plan H.T. Wright

Ankara Adindo 'B'

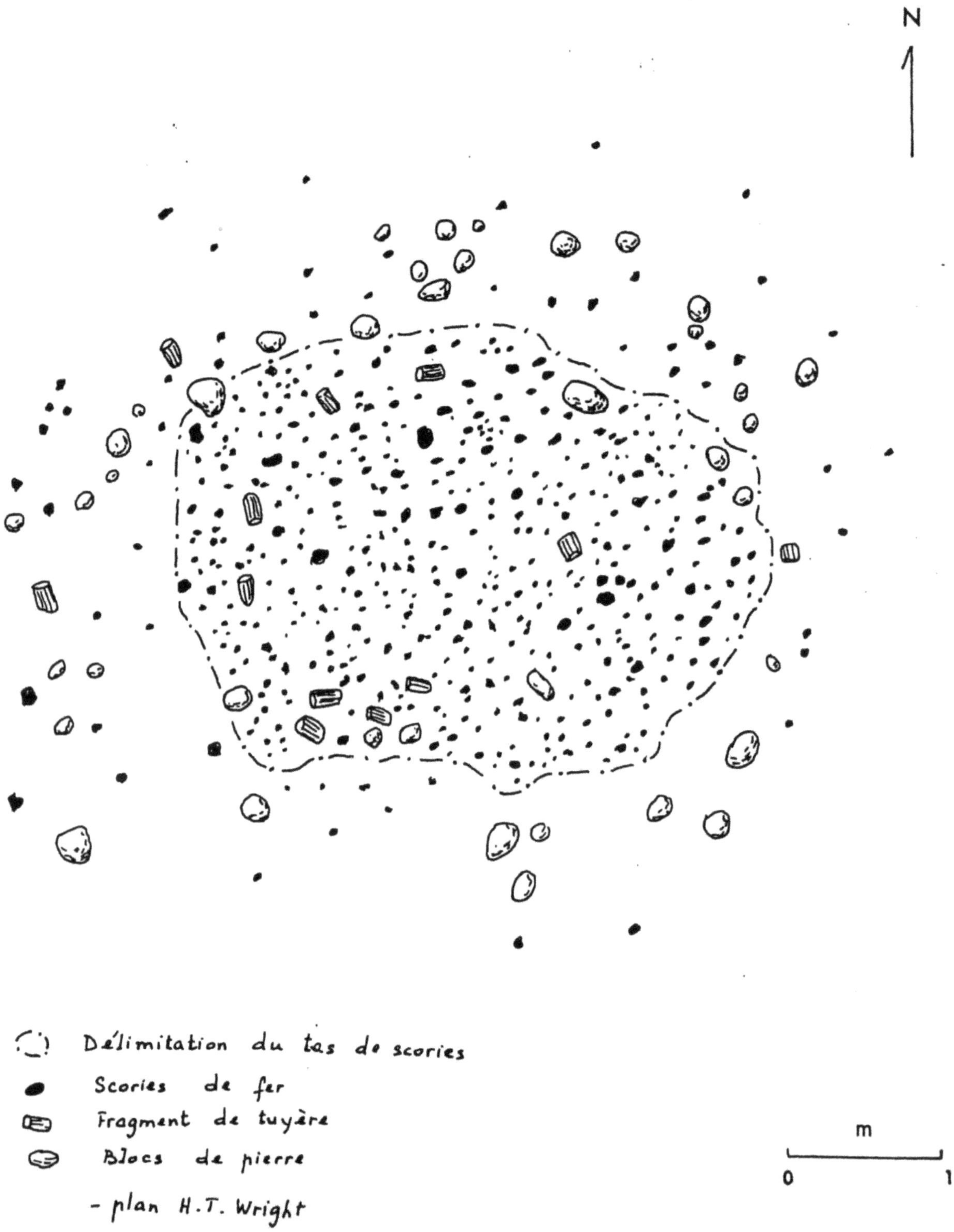

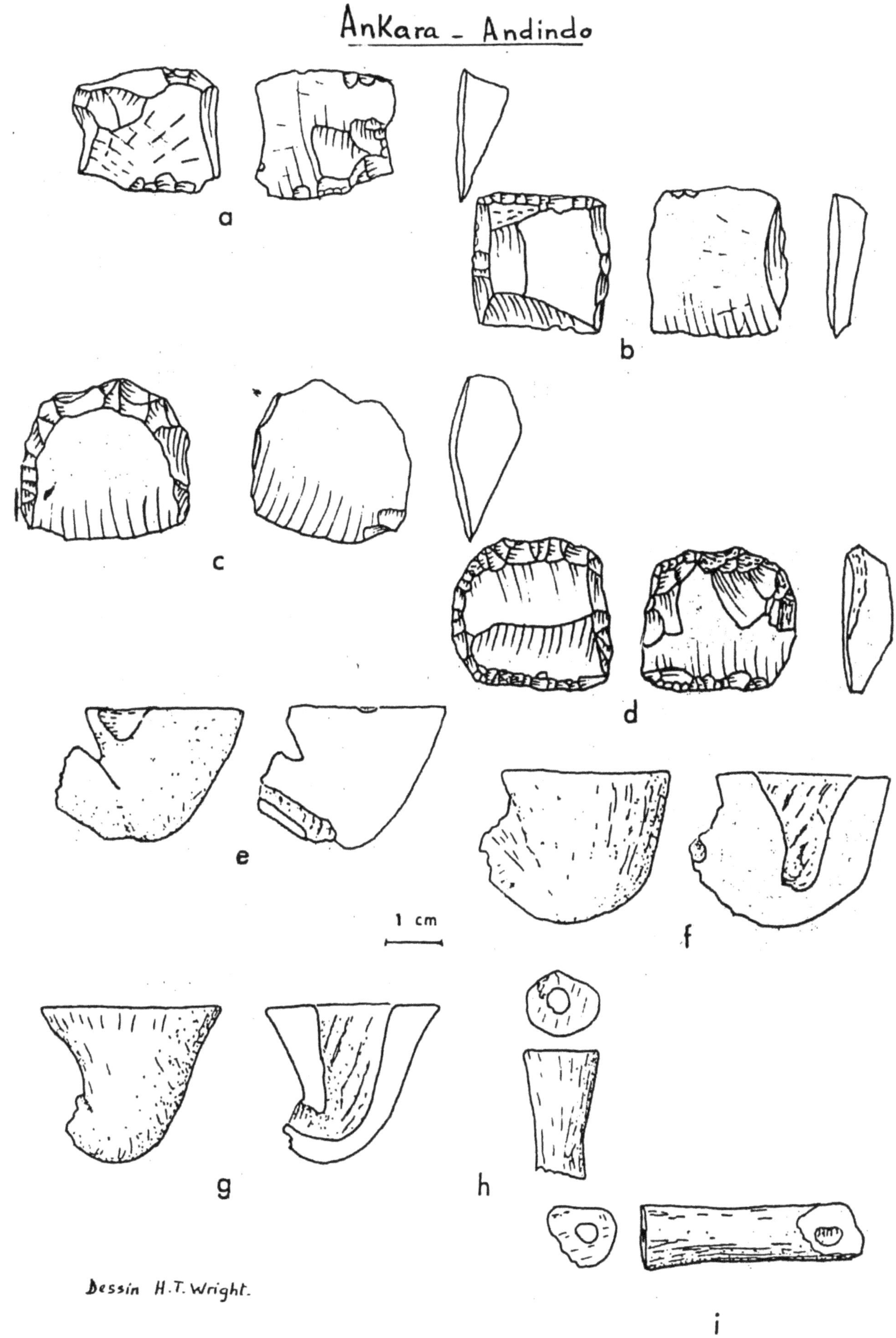
AnKara - Andindo
a
b
c
d
e
f
1 cm
g
h
i
Dessin H.T. Wright.

Ankara - Andindo

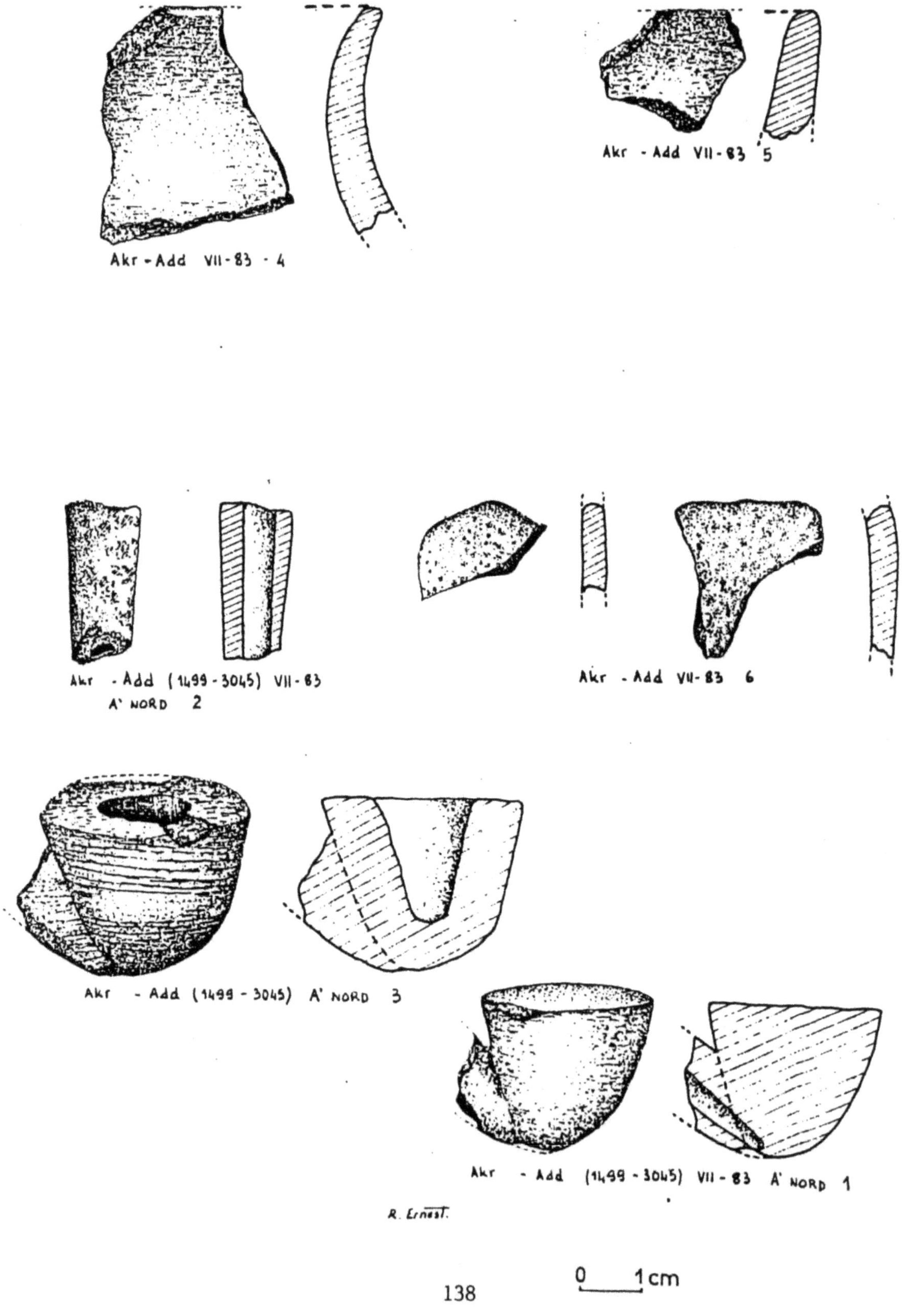

Ankara - Andindo

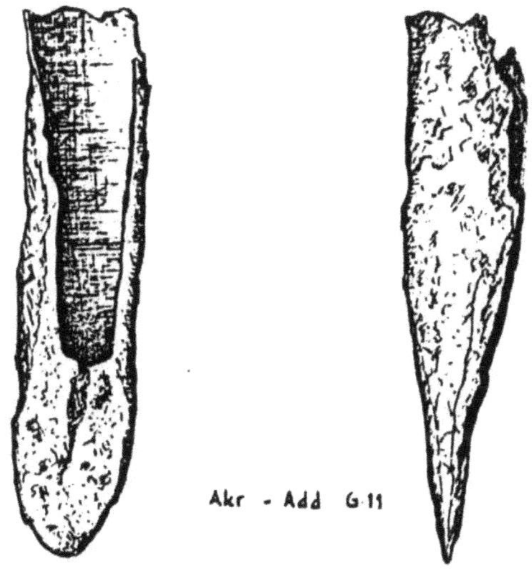

Akr - Add G 11

VUE DE FACE   VUE DE PROFIL

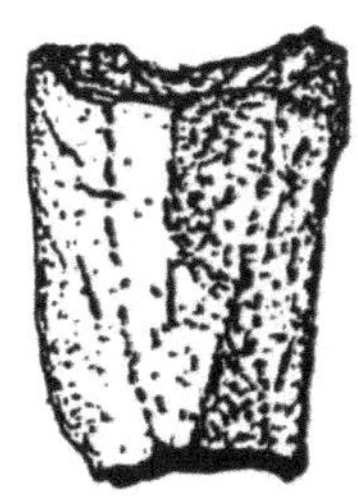

Akr - Add G 10

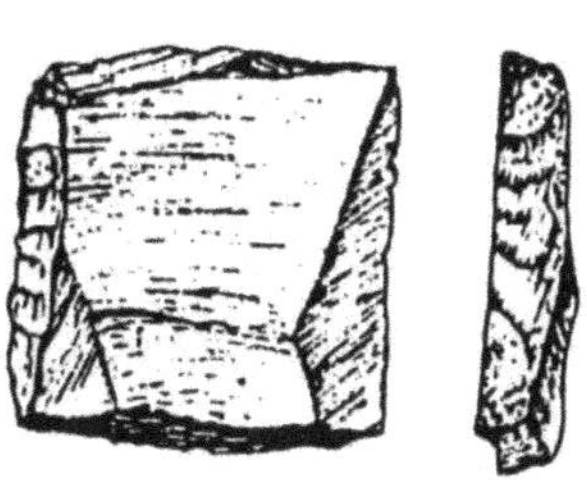

FACE   PROFIL

Akr - Add G 7

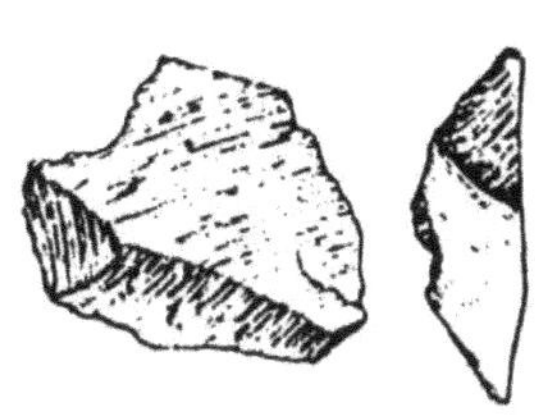

FACE   PROFIL

Akr - Add G 9

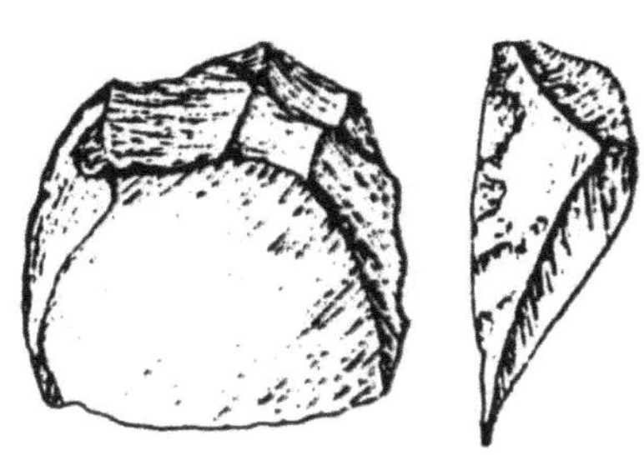

FACE   PROFIL

Akr - Add G 8

R. Ernest.

0 1cm

3), puis perçait le trou du tuyau avant d'évider le fourneau lui-même. Lorsque ces différentes opérations s'étaient déroulées sans aucun accident (les ébauches témoignent qu'ils étaient fréquents), l'artisan pouvait alors procéder à un soigneux polissage (H.T. Wright et C. Radimilahy, 1984).

J'ai retrouvé douze pierres taillées dans du jaspe brun ou rouge; elles proviennent de silex à fusil ou d'ébauches. La forme initiale des éclats est plus ou moins rectangulaire et certains ont été retouchés de façon à avoir une forme presque carrée (a - b). Mais tous les autres sont semi-circulaires (c - d) (pl. p. 137). Un exemplaire de cette fabrication locale était prêt à l'usage; un autre était déjà usé et un troisième échantillon non fini était sûrement une ébauche abandonnée en cours de travail.

Les sites contenant des pierres à fusil sont très abondants à Madagascar depuis le XVIIe siècle. Lavondès (1961) a décrit celui de Marodoka; Vérin (1975) en note à Nosy Mangabe et Andoka.

Les autres vestiges récoltés consistent en des fragments de pierres à affûter (Akr - Add 6) et des débris de tessons de poteries dont deux échantillons montrent des formes du col et du bord reconnaissables.

Akr - Add 4 provient d'une poterie épaisse de 6 mm, amincie vers le bord à 3 mm. C'est un bord éversé. Akr - Add 5, lui provient d'un récipient de 6 mm d'épaisseur et est constitué par un bord droit, aux lèvres arrondies.

Enfin, quelques tessons de verre clair provenant de bouteilles carrées, du type bouteilles de genièvre, ont été retrouvés dans le site. Ces bouteilles ont été probablement introduites dans l'Androy dans la deuxième moitié du XVIIIe siècle.

Cette chronologie semble confirmée par les traditions orales. De fait, la population locale affirme que vers 1880, lors du passage de leurs ancêtres dans la région (où était leur kialo (48) à l'époque), celle-ci était occupée par des forgerons Tebekitro qui ont migré par la suite plus à l'ouest. Ce sont ces forgerons qui ont laissé de nombreux témoins de leur passage et de leur technique dans les forêts d'Ankara, et aussi d'Analamahery, comme nous l'avons déjà noté.

Dans la forêt d'Ankara, d'autres sites à métallurgie, sans doute de la même période des Tebekitro, ont été localisés. On les reconnaît aux amas de scories de fer. Le site d'Ankara Anivo (CGN: X 148 600 et Y: 303 400) en est un exemple.

Deux tas de direction nord-est/sud-ouest et espacés de 45 m environ y ont été reconnus. Lors de notre passage ce site était couvert par une épaisse végétation.

De nombreux fragments de tuyères en didy avoisinent les scories ainsi que des débris de fer et de silex brûlé.

Près du tas du nord, une grosse pierre d'enclume a servi pour le martelage du fer.

La récolte en surface a donné aussi quelques tessons de poterie dont quelques-uns sont décorés de stries et de points comme à Ivahona. Des

Tondalava

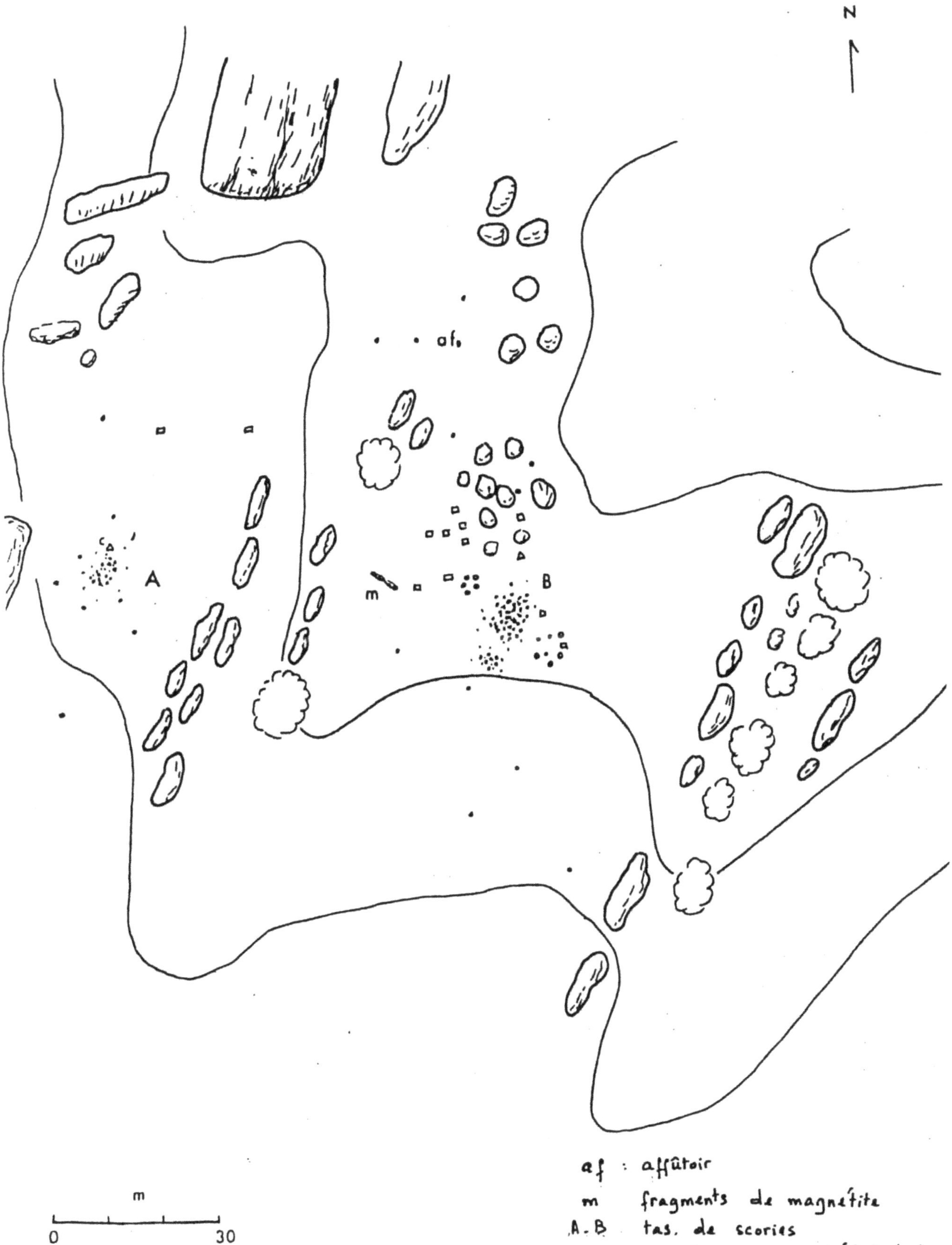
N
af
A
B
m
c
m
0
30
af : affûtoir
m fragments de magnétite
A.B tas. de scories
c tessons de poterie importeé (céladon)
tessons de poterie locale
roches et pierres
plan H.T. Wright

Tondalava

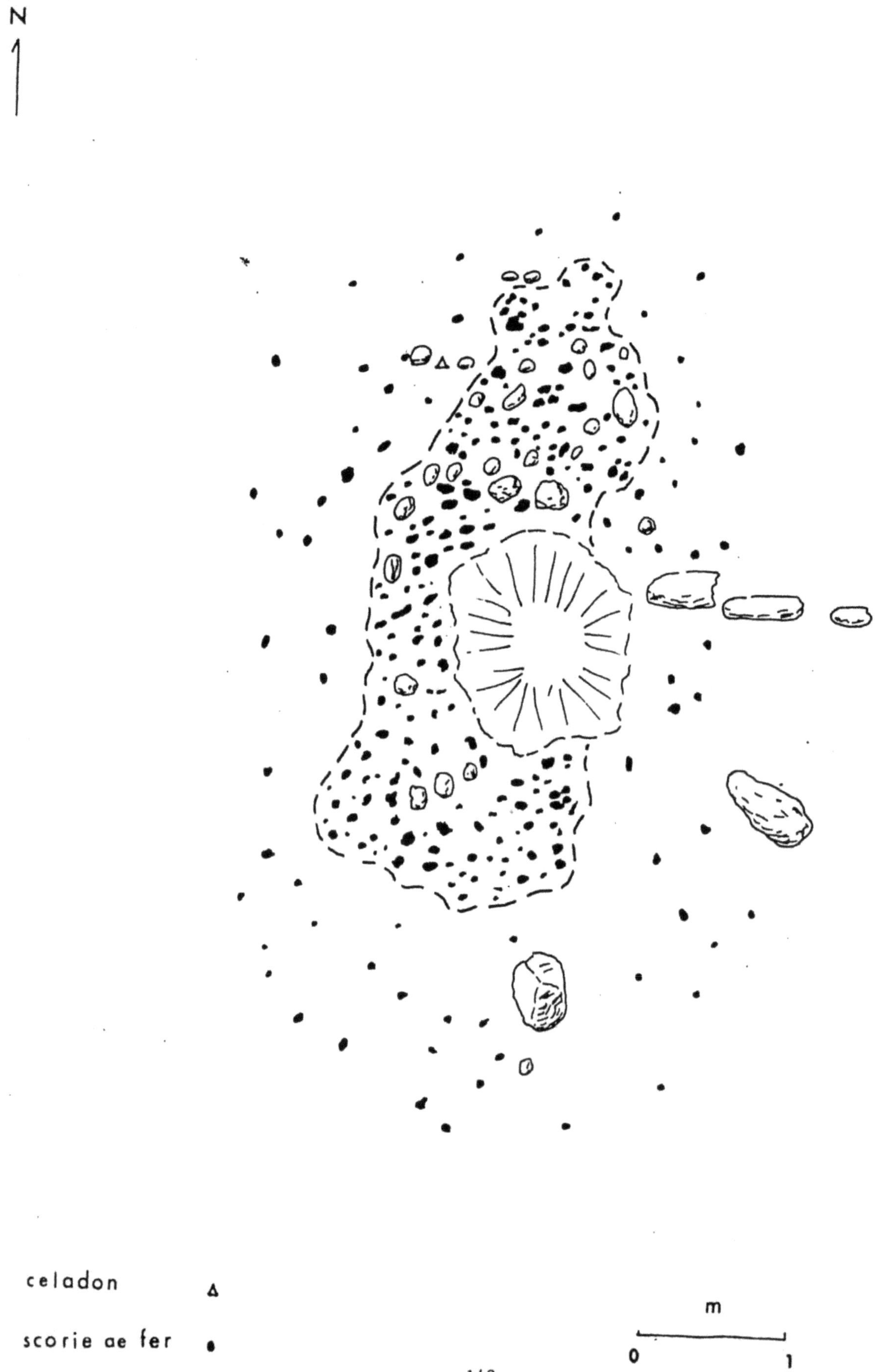

fragments de pipes cassées sont éparpillés dans ce site d'Ankara Anivo.

3.3.5. TONDALAVA CGN X 140 600 Y 315 900

Tondalava est situé au sud-est du village de Beteñeñe, lui-même à 5 km au sud-ouest de la ville d'Antanimora Sud.

C'est un ancien village situé en hauteur (an-tampon-kavoana) et localisé dans les champs d'où le toponyme de Tondalava (champs allongés). Trois aires distinctes caractérisent ce site. Elles ont été occupées différemment dans le temps.

1 - La première la plus à l'est habitée par le groupe des Tantsaha au début du XXe siècle garde encore les traces des emplacements des maisons. La population locale se rappelle même le nom du prêtre de lignage mpitan-kazomanga appelé Rengiry.

J'y ai récolté en surface des tessons de poterie locale et aussi des tessons (3) de poterie européenne du début du XXe siècle.

2 - La deuxième aire plus rapprochée du site métallurgique est entourée de murettes de pierres en voie d'écroulement. A certains endroits, celles-ci sont encore hautes de 30 - 40 cm environ. Ce manda (49) aurait été construit par un certain Ialy du village d'Analamahery situé plus au nord pour lui servir de kialo. Les mouvements de migration de ce groupe peuvent encore être retracés avec précision dans la mémoire des traditionnistes.

Le manda est limité par une végétation de roy et l'accès en est difficile. A l'intérieur, se trouve un pied de fantsiolotse qui y a été probablement planté car il n'en existe pas alentour.

3 - La troisième aire, qui nous intéresse directement, se caractérise par trois grands tas de scories de fer répartis sur 100 m environ et espacés respectivement de 10 à 70 m. Ces tas suivent une direction Est/Ouest. Dans le site lui-même, en surface, des fragments de magnétite ont été localisés deci-delà (cf. plan p. 141).

Les scories de fer (taim-by: résidus) sont réduits en petits débris, probablement usées par le temps, mais surtout, par suite des passages fréquents des troupeaux de zébus. On se rappellera que l'Androy est un pays d'éleveurs.

Des pierres plantées sur chant espacées de 50 cm à 1 m quelquefois du côté Est, semblent indiquer l'emplacement du canal d'amenée d'air ou d'évacuation des laitiers (cf. fig. p. 142). Des blocs de pierres suggèrent la forme du fourneau de 1,50 m à 1,80 m de diamètre. A part les tessons de poterie locale en très petite quantité, nous avons aussi recueilli un morceau de céladon chinois localisé à même le tas de scories A (cf. fig. p. 142).

Les tessons de poterie locale retrouvés sont des débris provenant de panses et de bords. La pâte a été obtenue à partir d'argile rouge dégraissée avec de gros grains de sable. La poterie épaisse de 8 à 9 mm a été travaillée à partir du fond. Les traces de peignage montrent, en effet, le sens du travail de la pâte tirée du bas vers le haut, et qui a ensuite été reprise, c'est-à-dire lissée pour l'uniformisation.

Poterie de Tondalava

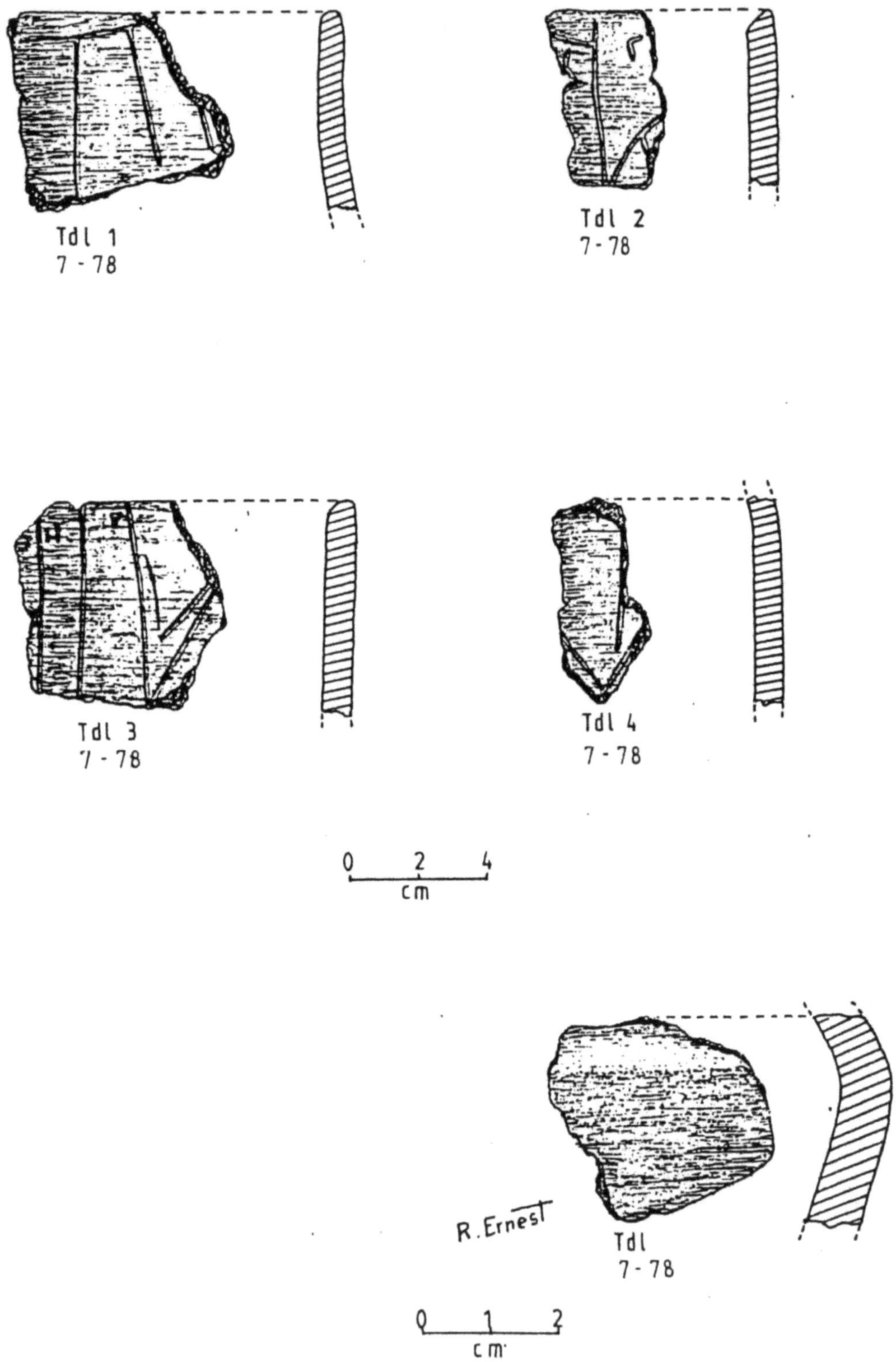

Les mêmes traces de peignage se retrouvent sur la face externe.

Le bord présente deux aspects distincts bien qu'il ne fasse pas de doute que les différents tessons recueillis proviennent d'une même et unique poterie. Le bord droit peut présenter selon les fragments des angles bien nets (cf. fig. p. 144). La différence notée dans le modelage du bord découle probablement du fait que l'artisan se contente de rentrer la pâte à l'intérieur, pâte qu'il peut ou non remodeler. La lèvre proprement dite légèrement incurvée vers l'intérieur, est biseautée.

Un autre fragment de poterie, haut de 27 mm et large de 25 mm (Tdl 6-7-78), incurvé vers l'intérieur et dont le bord supérieur provient nettement de la cassure du récipient suivant une ligne incisée, fait penser à un début de corps. La forme de la partie supérieure du récipient peut aisément être reconstituée à partir de ce fragment.

Les motifs consistent en de lignes profondément incisées (1 mm - 2 mm) si bien que le récipient en se brisant, a suivi leur tracé. Ils ornent le bord sur 5 cm de hauteur. Le potier a d'abord légèrement dessiné les traits pour ensuite les marquer plus précisément. Ces sillons correspondent à un dessin géométrique en lignes plus ou moins bien exécuté: la première ligne suivant le bord peut se trouver, soit à 5 mm, soit à 9 mm. En outre, l'hésitation ou au contraire la dextérité du potier se manifeste dans le dessin des lignes verticales qui sont espacées de 17 mm à 20 mm. Une observation minutieuse montre effectivement que les dessins sont, soit repris, soit refaits. Et les erreurs ne sont pas effacées.

Essai de datation de Tondalava

Le décor en lignes incisées qui se retrouve sur des tessons provenant de sites comme Ivahona, permettrait de dater Tondalava du XIXe siècle. Toutefois, le fragment de céladon retrouvé in situ en suggère une occupation remontant à des temps plus anciens, au moins pour la troisième aire, c'est-à-dire celle du site à métallurgie. On imagine mal comment ce fragment de céladon est arrivé là par accident. On rencontre du céladon à Andaro, à 40 km à vol d'oiseau vers le nord, dans un site du XVe siècle. Il y a donc discordance à Tondalava mais la présence de céladon chinois n'est pas extraordinaire en Androy pas plus d'ailleurs que le sgraffiato retrouvé à Andranosoa.

3.3.6. ANDRANOSOA - MANDAN-DREFILAHATRA (50)
CGN X 144 500 Y 290 500

Ce site de l'Androy très vaste (environ 30 ha) a fait l'objet de fouilles sur différents secteurs en 1978-1979; on a alors mis au jour des vestiges métalliques (scories de fer et objets en fer). Il est délimité à l'ouest par le fleuve Manambovo, à l'est par la rivière Andranosoa et au nord par une rangée double de murailles écroulées, le site d'Andranosoa s'étend sur une longueur de 1 km environ sur 300 à 400 m de largeur, pour se terminer en pointe vers le sud au confluent du fleuve et de la rivière (plan p. 146).

En 1980, lors d'un passage dans le site, Heurtebize (51) avait remarqué sur la paroi longeant le fleuve Manambovo des affleurements à tessons avec des fragments de scories de fer très impures incluant des inclusions de grains de sable.

Site d'Andranosoa
Mandan dRefilahatra

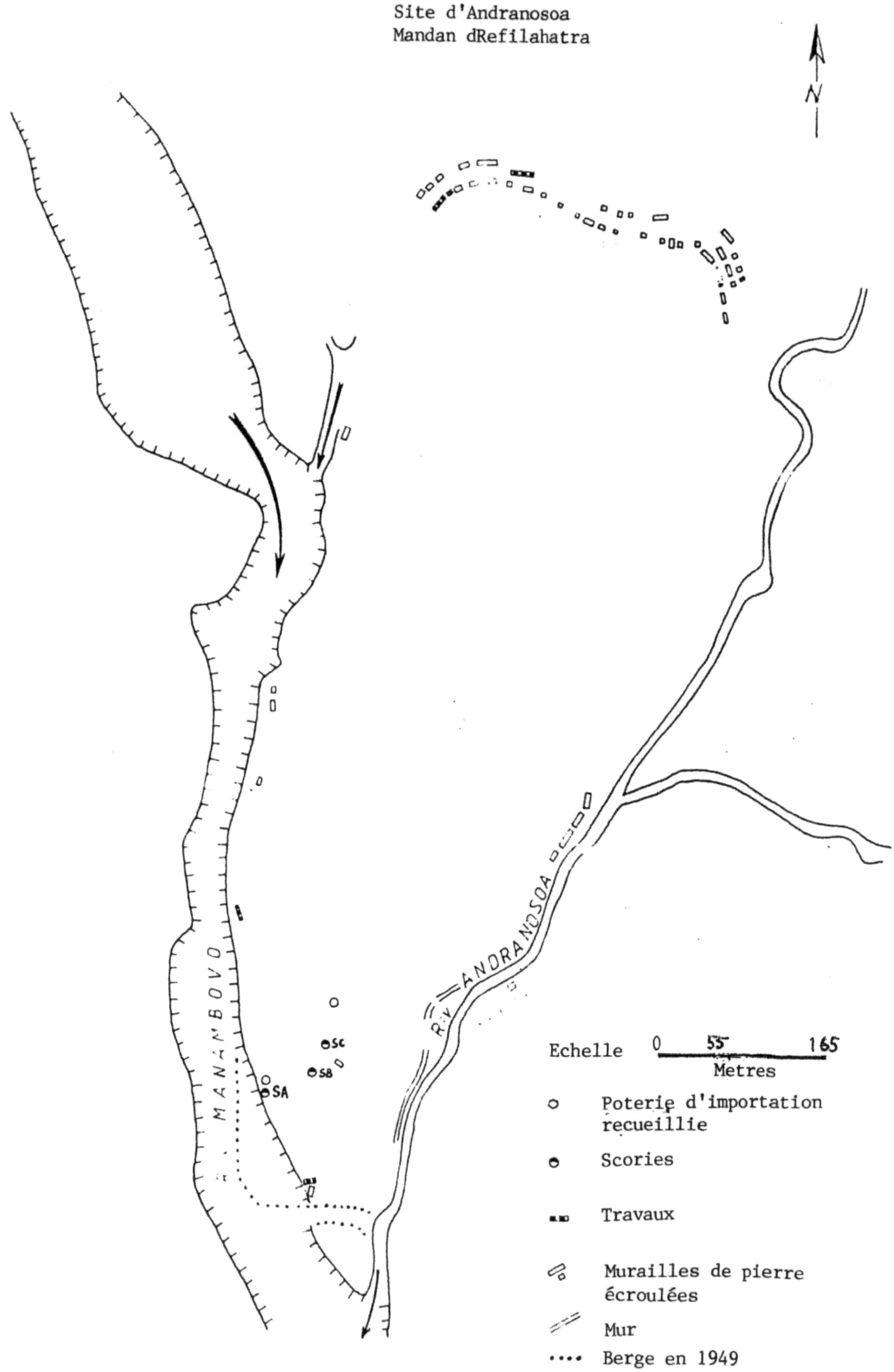

D'après photo aérienne 295/250 Feuille J 62 au 1/100.000

Andranosoa - Ampangidraoke
(Mandan-dRefilahatra)

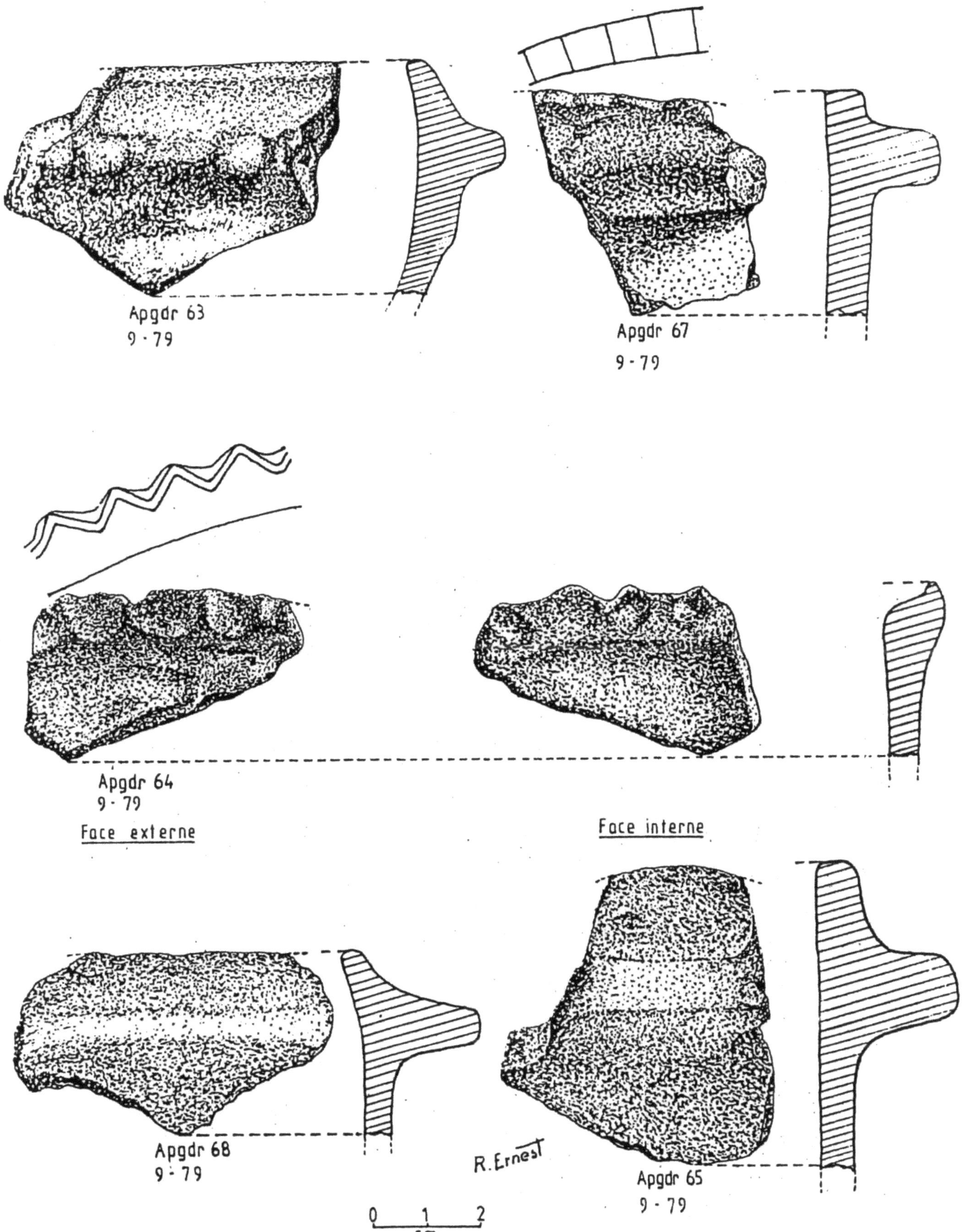

Bords de poterie locale

Andranosoa - Ampangidraoke
(Mandan - dRefilahatra)

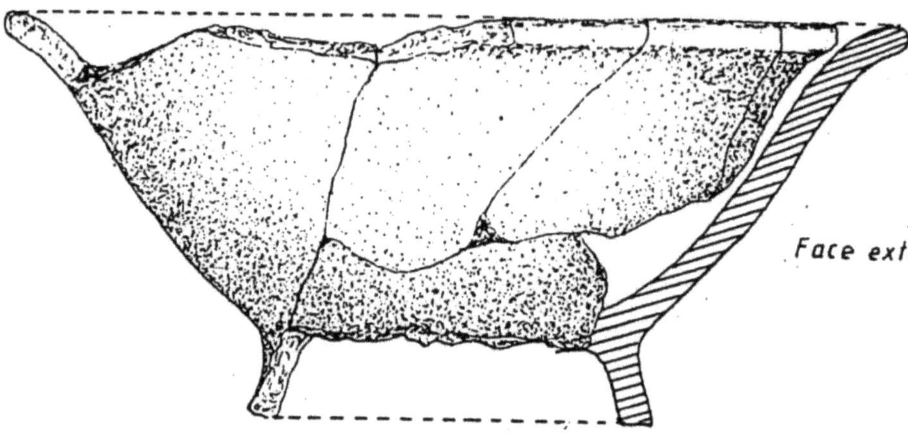

Face externe

Adsoa G_2 1
11 - 78

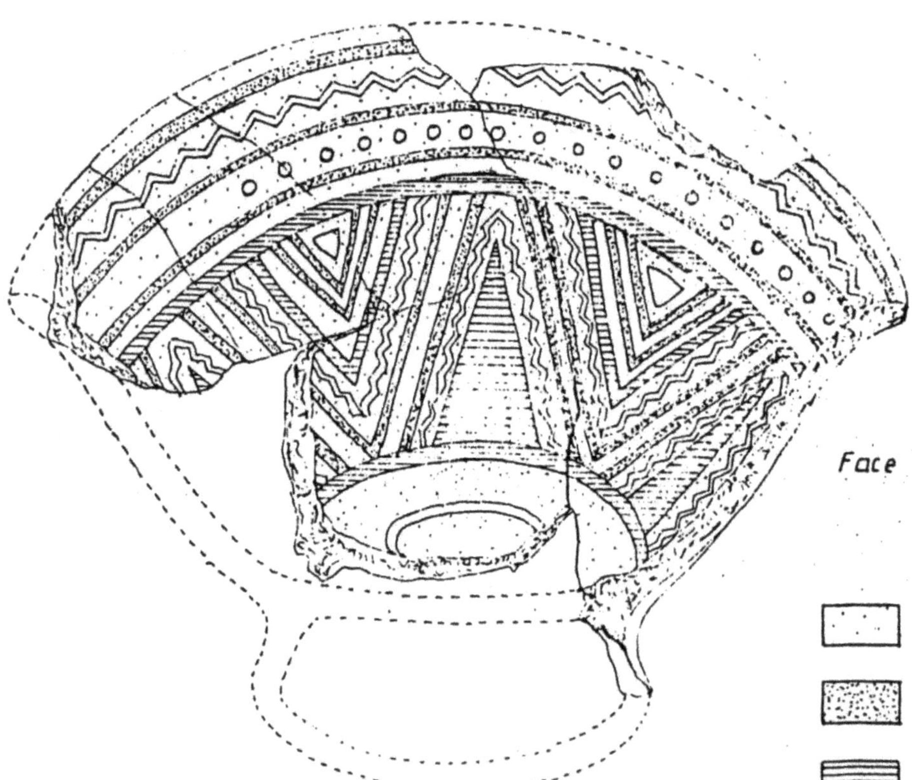

Face interne

Adsoa
11 - 76

Legend
Ocre rouge foncé
Ocre rouge clair
Graphité
Blanc

0 2 6
cm

Andranosoa - Ampangidraoke

Bord de poterie locale

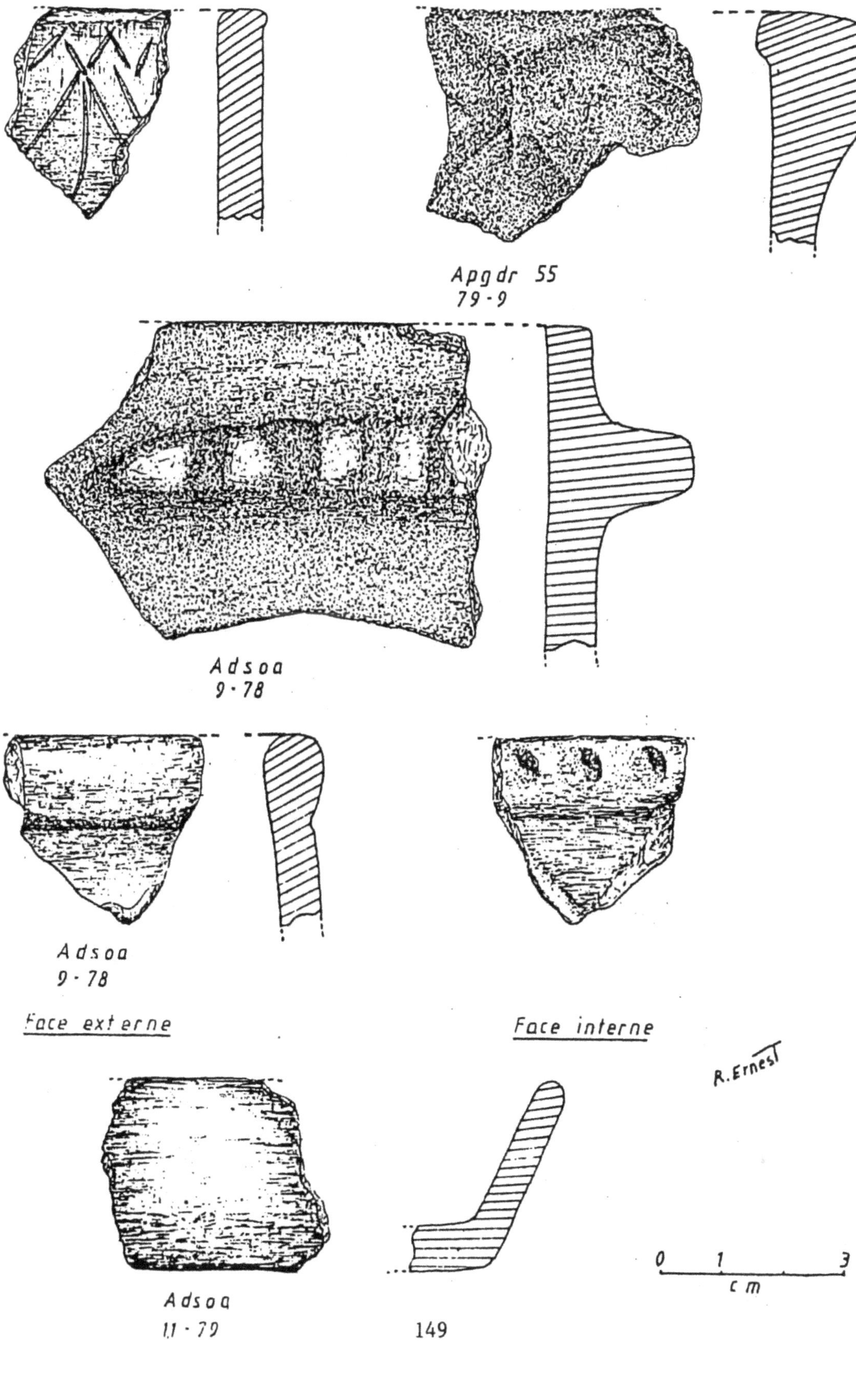

Andranosoa

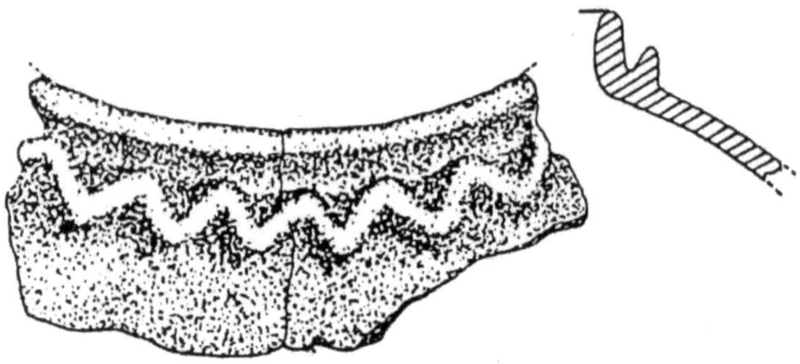

Adsoa III · CF 6₂ et III CF 6₁
11 · 79

0 2 6
cm

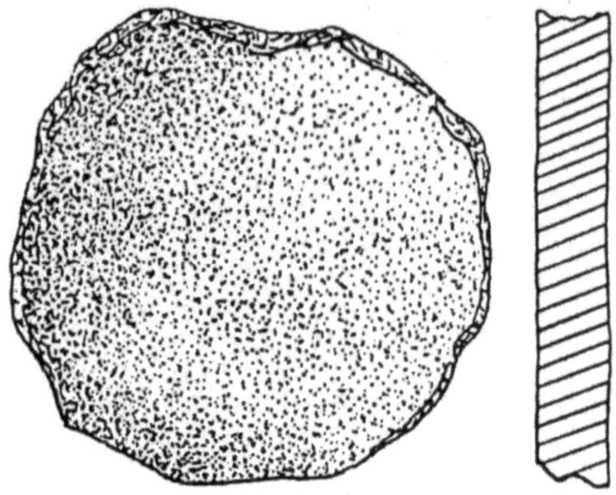

Adsoa U 11 · 79
III CF 7

0 1 3
cm

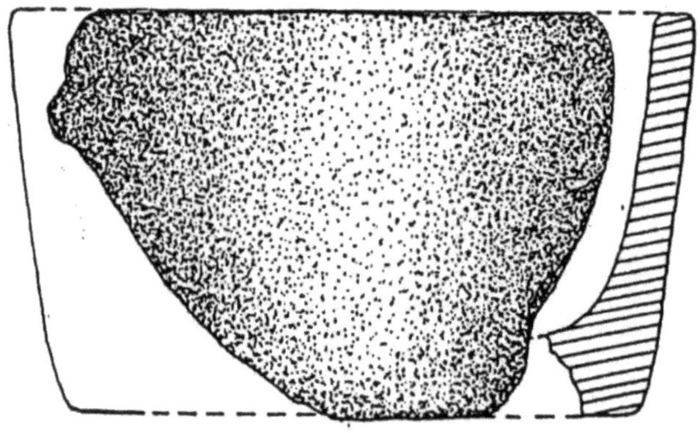

Adsoa U 11 · 79
III CF 5

0 1 3
cm

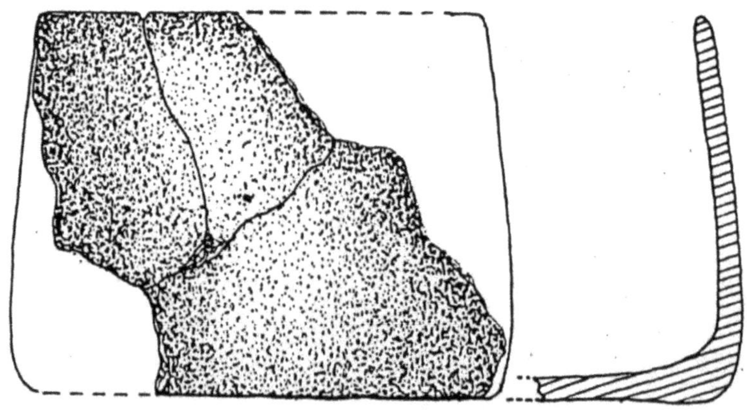

Adsoa U 11 · 79
III CF 4₃ · III CF 4₂ - III CF 4₁

0 2 6
cm

R. Ernest.

Andranosoa - Ampangidraoke
(Mandan - dRefilahatra)

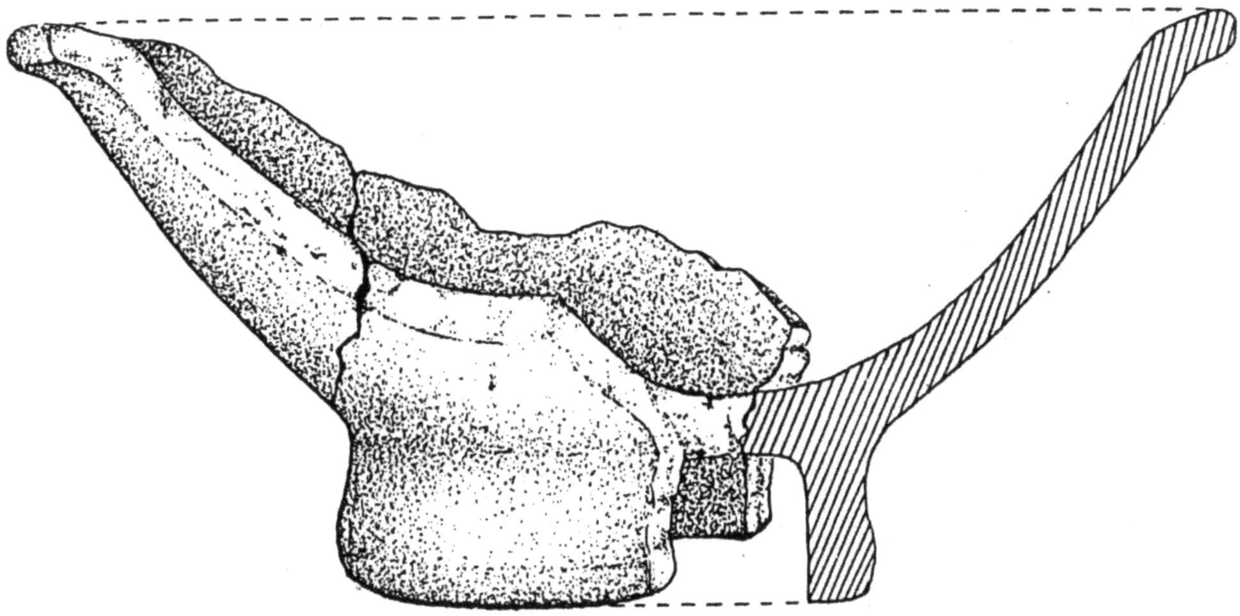

G_2 F_1 C_2 - 8
11 - 79

0 1
cm

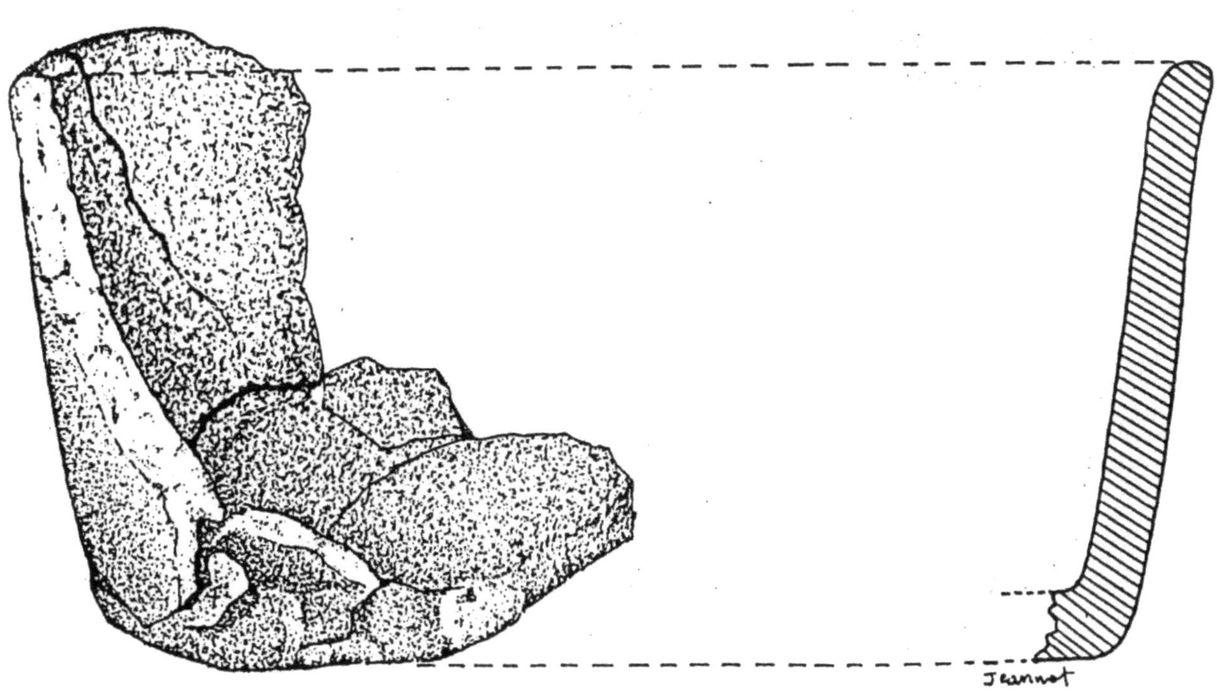

G_4 S
11 - 79

0 1
cm

Andranosoa - Ampangiaraoke

(Objets de parure)

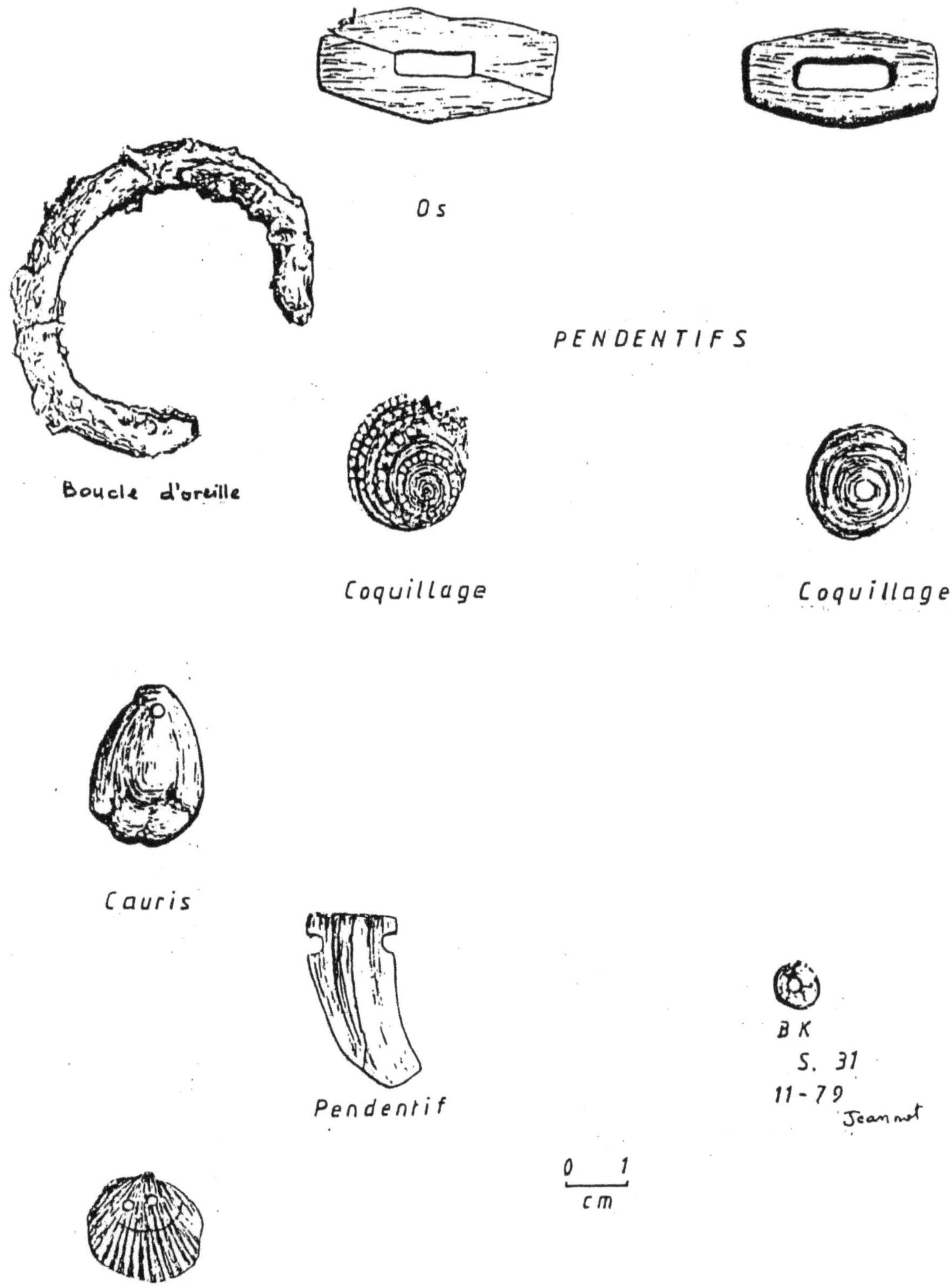

Et en 1983, une autre reconnaissance (52) effectuée dans le même site a permis de faire un sondage sur un tas de scories (SA) (plan p. 154) de fer et de retrouver des vestiges de métallurgie.

Les résultats des fouilles de 1979 ont permis de mettre au jour un certain nombre de vestiges caractéristiques de la haute époque de cette région méridionale de l'île. Les deux datations au Carbone 14 effectuées par le Laboratoire de Gif-sur-Yvette ont donné des dates situant la plus ancienne occupation de ce site au XI-XIIe siècle (920±90 ans. Gif4571 et 730±90 ans. Gif4570).

Les vestiges caractéristiques de cette période consistent en de grands récipients en céramique confectionnés avec du sable grossier, semblables aux poteries exhumées dans les sites de Beropitike-Anjahampito (X 161 200 Y 305 700) et d'Androvontsy (X 156 700 Y 304 500) situés respectivement à 20 km et à 18 km au nord-est.

Les vestiges retrouvés ont montré qu'Andranosoa a continué à être occupé jusqu'au XVI-XVIIe siècle. Cette période plus tardive se distingue par des poteries plus fines quelquefois graphitées avec des motifs en moulures (Apgdr 55-63-64-67, Adsoa 9-78); en lignes incisées sur le bord externe ou encore en des points de 6 mm de diamètre suivant le bord intérieur (Adsoa 9-78). Les pots à base continue avec une assise plate (Adsoa U-III CF5, III CF4 3, III CF4 2, III CF4 1, G4S) sont de différentes tailles (4,5 cm à 7,5 cm). On remarque aussi des bols à pied graphités (Adsoa G2 1 - G2F1C2 - 8) ou décorés de dessins géométriques sur la face interne avec du graphite, de l'ocre rouge et de la chaux (Adsoa 11 - 78). En outre, des objets en os (3) ainsi que des coquillages munis de trous de suspension - probablement des objets de parure - et des tessons de sgraffiato (53), ont été ramenés à la suite de ces fouilles de 1978 et 1979.

On a noté à Andranosoa l'utilisation et la possession d'objets métalliques; des affûtoirs en pierre; des scories de fer, et une boucle d'oreille en fer ont également été récoltées. Des traces de découpage à l'aide d'objets tranchants accompagnent les vestiges osseux (Rasamuel, 1984).

Les découvertes faites en 1983 à Andranosoa consistent en d'autres tessons de sgraffiato très endommagés et en un fragment de verre bleu (54). Par ailleurs, j'ai aussi prélevé un fragment d'objet métallique repéré dans une fosse (voir coupe) située à 7,5 m au sud-ouest du tas de scories (SA) où le sondage a été fait. Ce fragment d'objet très rouillé est constitué par une superposition laminaire de feuilles métalliques (voir supra p. 62) martelées, évoquant la technique déjà décrite pour l'Amoronkay. La forme suggère une lame de sagaie avec un rétrécissement vers la pointe (2,5 cm à 1,5 cm).

La fosse en forme de grande cuvette évasée à fond plat (planche p. 155) se localise sur la paroi le long de la rive du Manambovo (côté occidental du site). Elle est profonde de 85 cm et la longueur nord-sud est de 2,75 m environ. Une coupe franche sur la paroi a montré trois couches plus ou moins distinctes en dessous de la couche superficielle de couleur gris-clair et épaisse aux extrémités nord et sud de 10 cm et 6 cm et s'agrandissant à 22 cm vers l'intérieur. Vient ensuite une couche gris-brun clair (3) avec des affleurements de tessons et de pierre. Epaisse de 20 cm au nord, elle s'élargit à 42 cm vers le sud et suivant un pendage vers le sud.

Andranosoa

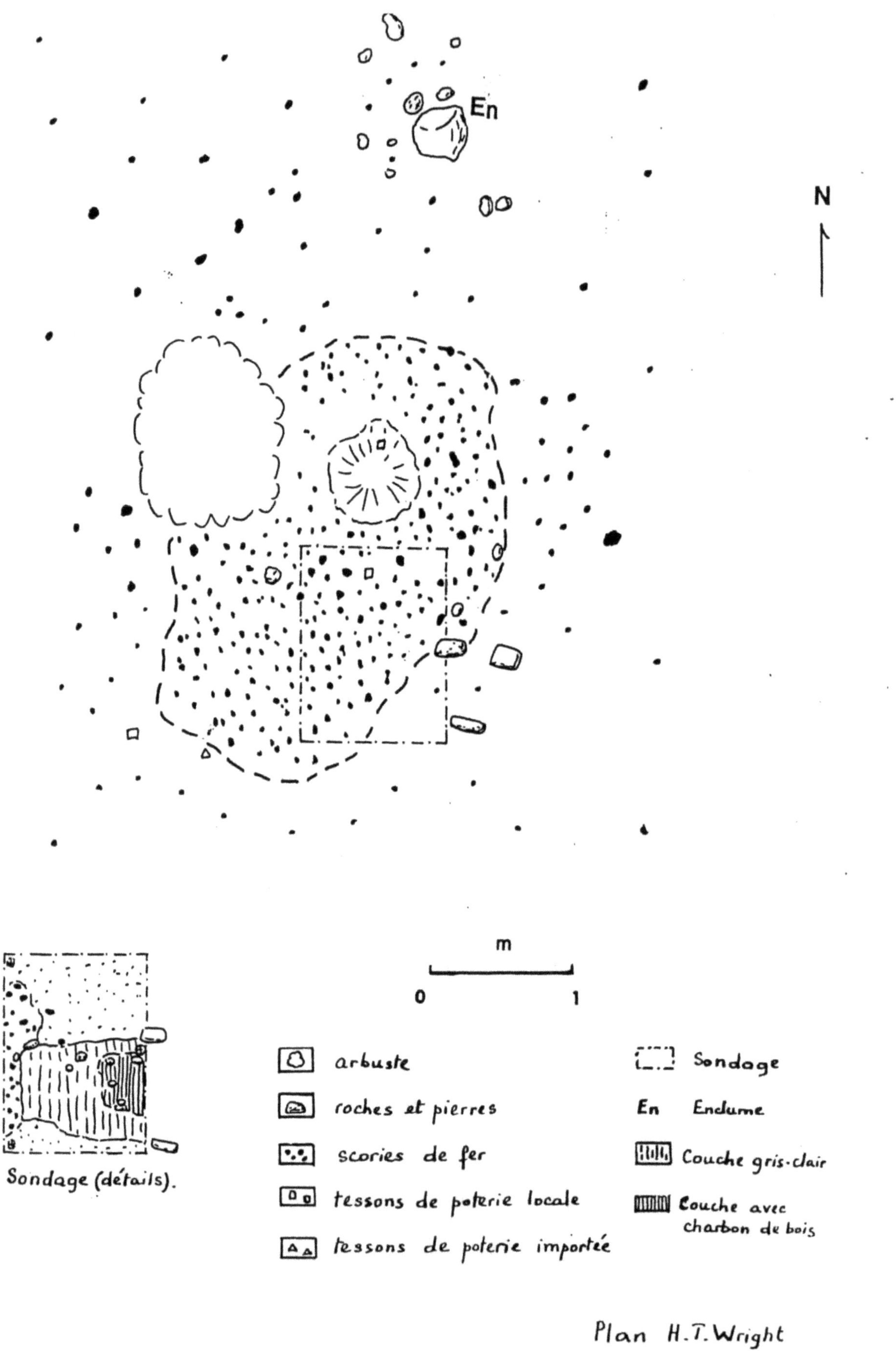
En
N
Sondage (détails).
m
0
1
arbuste
roches et pierres
scories de fer
tessons de poterie locale
tessons de poterie importée
Sondage
En Endume
Couche gris-clair
Couche avec charbon de bois
Plan H.T.Wright

Andranosoa
(Coupe sur la paroi de la rive du Manambovo)

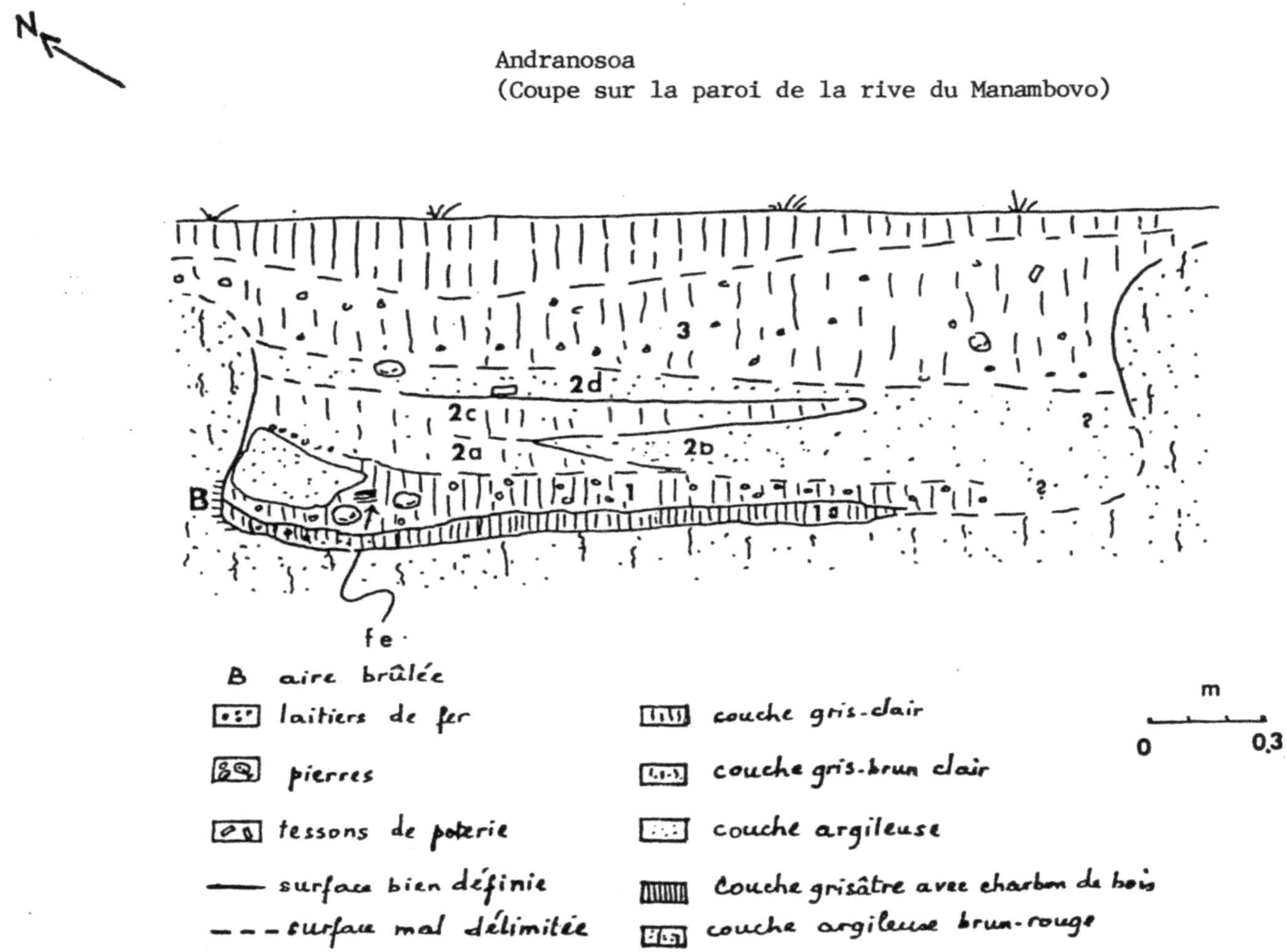

A la base, une mince couche de 5 à 7 cm (1 a) est caractérisée par une couleur grisâtre tirant vers le noir et contenant du charbon ainsi que des scories de fer du côté nord; cette couche disparaît au sud. Elle est surmontée de deux autres couches s'emboîtant et définies par leur couleur (de l'argile gris-clair et gris-noir), contenant, elles aussi, des tessons de poteries, quelques blocs de pierre dont un grand de 20 cm de large sur 30 cm de long, au nord de la lame de sagaie. La couche 1 b où sont les blocs de pierre, est épaisse de 26 cm au nord et s'amincit à 14 cm au sud où la limite est mal définie. Le gros bloc de pierre semble reposer sur un aire brûlée (B).

Les vestiges observés sur la paroi suggèrent un lieu de forge. Une fouille minutieuse de cette fosse donnera sûrement des indications plus précises et complémentaires sur ce qui est observé en coupe. Et il faut espérer que les crues de Manambovo n'emporteront pas cette fosse déjà très érodée.

A Andranosoa, j'ai également fait un sondage sur le tas de scories de fer (SA) au sud-ouest de la pointe. Il a été choisi en raison de la situation des scories plus étalées et moins denses que sur les deux autres tas (SB et SC) (voir plan). En outre, les deux pierres plantées sur chant du côté sud-est ont aidé à la délimitation du carré de sondage. Dans la plupart des sites à métallurgie reconnus, on a toujours observé ces pierres qui délimitent, soit le canal d'amenée d'air, soit le canal d'évacuation des laitiers. Comme nous connaissons encore mal la morphologie des fourneaux de fusion dans le sud, on peut penser à l'une ou l'autre de ces deux possibilités.

Le sondage a été effectué à l'ouest des pierre parallèles à même le tas, sur un carré de 1,30 m nord-sud et 1 m est-ouest. Au décapage, du côté nord du sondage, les scories étaient très minces. Elles se trouvaient sur à peine 5 cm d'épaisseur et en dessous, trois tessons de poterie informes ont été retrouvés en place. Du côté sud-est, juste devant les deux pierres, un tas de cendre de couleur noirâtre a été observé ainsi qu'une trace fugace de pisé brûlé. Des débris de charbon ont été prélevés aux fins de datation. Quelques scories de fer y ont été aussi retrouvées en place, mais elles sont fragmentées en de tous petits morceaux. Les débris de charbon de bois ont été prélevés à 10 cm de profondeur à partir de la couche superficielle et à 5 cm des scories de fer et du pisé qui, probablement, constitue la substructure du fourneau.

Après le dégagement de la partie cendreuse, un emplacement en forme de cuvette sur 15 cm de profondeur et 30 cm de diamètre à la surface a été mis au jour. On peut penser que c'est le fond du fourneau de fusion où était déposé le culot. A l'ouest, le tas de scories apparaît comme une terre de remblai juste sous la surface. Vers le sud, deux blocs de pisé brûlé semblent être retombés dans cette direction. Ils proviennent probablement du mur de fourneau nord écroulé. Il en est de même des pierres elles aussi brûlées.

Les quelques vestiges retrouvés lors de ce sondage montrent des similarités avec les sites d'atelier de fusion observés sur les Hautes-Terres: confection d'un fourneau de fusion circulaire aérien, fond de fourneau en cuvette à faible profondeur, évacuation des laitiers de fer par un canal délimité par deux pierres parallèles.

Au sujet de la datation, le Laboratoire "Beta Analytic Laboratories" à

Miami a donné la date suivante: Beta 8094-220 b.p±70.

Après correction par la dendrochronologie, cette datation assigne le travail du fer à Andranosoa au milieu du XVIIe siècle (AD 1640), au moins pour le tas de scories SA. Cette date n'exclut pas évidemment le fait que la métallurgie du fer ait pu être pratiquée bien avant cette période à Andranosoa, comme les scories de fer et les objets métalliques contemporains du sgraffiato nous le laissent supposer.

3.3.7. BILAN DU TRAVAIL SUR LES SITES A METALLURGIE DE L'ANDROY

La reconnaissance archéologique effectuée dans le Sud a permis donc, non seulement d'étudier des sites de très haute époque, mais aussi de localiser un certain nombre de sites à métallurgie plus récents. Ces sites essaiment dans la région d'autant plus que les pierres ferrugineuses (oxyde de fer, quelquefois de la magnétite) affleurent en surface. Les tas de laitiers de fer, témoins du travail de ce métal, sont presque toujours circulaires quand ils sont petits. On a aussi pu relever l'existence de grands centres où des tonnes de scories de fer démontrent l'importance de cette activité. C'est le cas à Ivahona et à Andebobe. La technologie utilisée est pressentie par les analogies avec d'autres sites mais aussi l'observation des vestiges de surface et les sondages. Le soufflet à double piston a été probablement utilisé et le fourneau était semi-aérien avec un fond circulaire. Ce dernier confectionné dans du pisé était démoli après la fusion du minerai et à la base il ne restait que le fond de culot. Le fourneau semble avoir été entouré de pierres, ce qui explique leur existence dans le sondage, notamment à Andranosoa; on y a retrouvé des pierres brûlées ainsi que des scories de fer ayant dû se situer près du feu. Ces pierres gardent une couleur rouge. Dans la même aire que ce fond de coulée circulaire, on observe également une couche cendreuse contenant des fragments de charbon. Et les croûtes de scories de fer sont visibles à l'extérieur de ce cercle cendreux.

Deux périodes principales ont été reconnues pour la pratique de la métallurgie du fer dans cette région de l'Androy. Toutefois, on se demande s'il est bien utile d'établir une coupure totale entre ces deux périodes. Il est probable qu'il n'y a eu aucune interruption dans le temps et que des forgerons ont fonctionné même si les ethnies ont changé. Peut-on conclure à un développement de la technique au fur et à mesure que l'on avance dans le temps? Rien ne permet de l'affirmer et nous ne disposons pas comme sur les Hautes-Terres de survivances ethnographiques.

A propos de la périodisation, en fonction des données dont nous disposons, on peut distinguer une période assez récente, du XVIIe siècle au XIXe avec une apogée dûe aux Tebekitro qui ont surtout travaillé dans la forêt (voir Analamahery, Ankara); puis une période très ancienne remarquée dans les sites du même type qu'Andranosoa et Tondalava (XIIe-XVe siècle avec le sgraffiato et le céladon).

Malgré les incertitudes, les observations du point de vue technologique aussi incomplètes soient-elles montrent quand même une grande similitude avec ce qu'on connaît sur les Hautes-Terres Centrales.

1. Je désigne par sites à métallurgie tout site où j'ai remarqué la présence de laitiers et scories (résidus) du travail fer.

2. Selon Georges Heurtebize, le gisement de Bekisopa contient plusieurs millions de tonnes de minerai à très haute teneur (magnétite presque pure) et une quantité encore plus considérable de minerai à moindre teneur (Communication personnelle). Il n'en a pas pour autant fait l'objet d'une exploitation ancienne intensive.

3. C'est moi qui précise.

4. Voir aussi supra p. 29.

5. Les analyses chimiques ont été faites (en mai 1985) grâcieusement par le Laboratoire de Céramologie de Lyon, dirigé par Monsieur Maurice Picon. Je l'en remercie vivement ici. Les analyses de minerai ont été réalisées par la méthode de fluorescence X. Les analyses de scories dont je ferai état plus loin, ont été également réalisées par cette méthode dans ce même laboratoire.

6. Ces couches de sable sont les arènes de décomposition.

7. Lyall en a aperçu vers Antelomita au Sud d'Anjeva: "C'est une mine à ciel ouvert surmontée de granit en décomposition montrant entre ses couches des veines d'oxyde de fer impur..." (Chapus et Mondain, 1954, p. 144).

8. En outre, la déforestation accélère l'érosion (lavakisation) et l'appauvrissement des sols.

9. Pourtant, c'est le genre de fourneau que les Anglais ont observé en Imerina au XIXe siècle (voir Ellis, 1838, p.307).

10. "Avec le silicium qui a un pouvoir réducteur, l'acier est plus homogène à la coulée. Mais les aciers avec un taux de 0,3% de SI sont difficilement soudables.

Le manganèse, quant à lui, augmente la dureté et la trempabilité.

L'acier est qualifié comme hétérogène quand le phosphore est présent en trop grande quantité et la fragilité augmente.

La présence du soufre nuisible diminue la forgeabilité de l'acier et en empêche l'homogénéité. De même, l'oxygène est gênant au forgeage.

Les inclusions, quant à elles, diminuent les qualités mécaniques de l'acier. Elles consistent en silicates, sulfures, oxydes de fer et de Mn - Manganèse entraînés par les scories d'affinage ainsi que les débris réfractaires arrachés au garnissage des fours" (Rambloarison, 1982).

11. La cémentite est un carbure de fer de formule Fe3C, constituant essentiel des fontes, et des aciers hyper-eutectoïdes. C'est un composé cristallin contenant 6,67% de carbone.

12. 13. Communications personnelles de Henry T. Wright et Pierre Vérin.

14. Le site devrait plutôt s'appeler Andakanimonina qu'Andakamonina. Le ni marquant le passé (nimonina: litt. qui était resté) a disparu par la suite, au cours des temps.

15. Ambohibazaha aurait appartenu à Clément Laborde (et au début du XXe siècle) le petit-fils de Jean Laborde. Le toponyme signifie la colline de l'étranger. Malgré cette dénomination la technique y restait traditionnellement malgache.

16. Chez les Malgaches le voisinage prolongé crée en quelque sorte la parenté.

17. Les Malgaches disent "sosohana", c'est-à-dire "ourlé" comme un tissu qu'on replie.

18. Toujours, selon le langage imagé, on dit que les accès se "répondent" (mifamaly).

19. Les reboisements d'eucalyptus développés depuis le début du XXe siècle ne fournissent pas le combustible pour la métallurgie du fer. Les métallurgistes, comme nous l'avons vu (p. 33) se montrent en effet particulièrement exigeants sur les espèces végétales choisies.

20. Sur ce sujet, voir la contribution de Suzanne Raharijaona sur les pierres levées (1962).

21. Sans doute "bouddhiste"; le bouddhisme n'est pas une religion malgache, mais le regretté Razafintsalma dit Dama-Ntsoha avait popularisé vers 1940 cette théorie que les Malgaches étaient des bouddhistes qui s'ignoraient (Dama-Ntsoha, 1938). Solange Thierry (1959) a démontré que le malgache ne contient que très peu de mots sanscrits venus sans doute par l'indonésien. Les idées ont été adoptées par certains habitants et il y a là une confusion dans les mémoires avec ce qui est arrivé du temps des rois.

22. Traditionnellement, le découpage chronologique se fait suivant les grandes périodes: faha-Gola: du temps de Gola, ou faha-Vazimba: du temps des Vazimba; faga-tany Gasy: du temps des Malgaches; faha-fanjakana hova: au temps des royaumes; faha-vazaha: au temps de la colonisation.

23. C'est un médicament qui était réputé il y a quelques années, notamment pour guérir les maux de tête. On s'en enduit le front. L'odeur piquante a la vertu d'éloigner la douleur.

24. Ce sont des médicaments composés par les guérisseurs avec un mélange de plantes et d'autres ingrédients. Ce mélange est destiné soit à guérir, soit à jeter un maléfice.

25. Le site se situe dans la région où le vent d'alizé, soufflant la plupart du temps du sud-est est quasi-permanent toute l'année.

26. Espèe de souchet - Cyperus oequalis (Malzac 1970).

27. Ahibano: "herbe dont on tire la paille à chapeaux". Dans le sud, les femmes utilisent ce végétal à section circulaire qu'elles aplatissent

avec un petit couteau, mettent à sécher avant d'en confectionner des nattes.

28. Ce type de silo est courant sur les Hautes-Terres, et se retrouve depuis au moins trois siècles. Des silos de ce type ont été décrits par Pierre Vérin à Fiadanana (1966) et par Mille et Vérin à Angavokely (1967). On peut aussi conserver le riz dans les grandes nattes (sompitra), mais il est alors accessible aux rats. En Betsileo et à la côte orientale, des greniers sur pilotis sont courants. Des disques de bois empêchent sur chaque piquet les rats d'accéder au grenier.

29. Selon les croyances traditionnelles en Imerina, le chiffre "douze" semble être un chiffre bénéfique consacré pour symboliser ce qui a rapport aux ancêtres, au souverain, à la chance. Le souverain a eu douze femmes officielles. Le pouvoir a désigné les douze collines sacrées. En astrologie (fanandroana) on a douze tonon'andro ou vintana (destins, chances), etc.

30. Défrichement - Abattage des arbres, mise à feu des souches et mise en culture.

31. C'est la principale raison à l'origine de l'interdit (fady) du tabac aux descendants d'Andrianefitany. Ce dernier a en effet édicté cet interdit car sa fille a perdu la vie à cause de ce produit. A l'heure actuelle, les descendants ne respectent plus beaucoup ce fady, sauf quand ils vont sur le site d'Antsampia.

32. Il est tout à fait possible que la maison d'Andrianefitany ait été établie à l'endroit où est son tombeau actuellement. Il est de tradition, effectivement pour les grands nobles d'autrefois d'araser la maison et d'installer la dernière demeure à la place.

33. Dans les sites à fossés, et en Imerina central, depuis Andriamanelo (au XVIe siècle ?), l'emplacement des tombeaux à l'intérieur ou à l'extérieur de l'enceinte, est fonction du statut social. Les princes et les nobles sont enterrés à l'intérieur du village, et à l'extérieur tous ceux qui ne sont pas d'ascendance noble. En principe donc, la tombe de Ramaherivola, le mpanompo ne devrait pas se trouver à l'intérieur du fossé, d'autant plus que les enfants, sauf Ralambomaharivo, eux, sont à l'extérieur. C'est le cas de Ralesoka et d'Andriamanitrantoanina. La ligne de pierres reliant Andrianefitany à Ramaherivola doit symboliser une alliance particulière entre ces deux personnages.

34. L'emplacement spatial des tombeaux des descendants, Ralambomaharivo, Ralesoka, Andriantsihoarana, vers le nord correspond à un autre symbolisme. Cette disposition se réfère à une pensée très ancienne concernant l'importance de l'axe sud-nord pour les nobles, princes régnant ou non. Suivant ce principe, "le tombeau du fondateur se trouve toujours au sud par rapport à ceux de ses successeurs disposés au nord" (Vincent Belrose, 1983, pp. 125-151).

35. Communication personnelle de Maurice Picon, Laboratoire de Céramologie, CNRS, Lyon II, Mai 1985.

36. Ces motifs triangulaires ont dû être obtenus par l'utilisation du zozoro (voir Ambohitrimasina, p. 93).

37. Pour les impressions punctiformes, voir aussi Ambohitrimasina p. 93.

38. Ces traditions ne sont pas limitées à Antsampia même. L'autre fils d'Andrianefitany, Andriantsihoarana, a son tombeau sur une colline située à 1,5 km à vol d'oiseau au nord d'Antsampia. Cette colline est moins élevée qu'Antsampia et elle est aussi légèrement décalée vers l'ouest par rapport au site d'Andrianefitany. Un choix qui, en orientation et en altitude, n'est pas dû au hasard.

Selon le pasteur Ravelonarivo, Andriantsihoarana (Le Prince - qu'on-ne-dépasse-pas) est le deuxième fils et le benjamin d'Andrianefitany. Il n'a pas eu de descendance directe, et par suite a reçu la bénédiction de ses parents pour assurer sa protection sur tous les descendants d'Antsampia. Le tombeau d'Andriantsihoarana constitue alors un doany (un lieu de culte) pour ces derniers qui reviennent dans la région à chaque nouvelle lune d'Alakaosy (tsinambolana Alakaosy) effectuer le rite de demande de bénédiction. Son tombeau, établi à Ambohimihazona, est surmonté de la petite maison froide (trano manara) réservée aux seuls grands nobles. Une enceinte en pierres limite également l'emplacement du tombeau dominé par une pierre ronde provenant d'Irango (?) plus à l'est - la région d'origine de son grand-père Andriantiarango. Des pierres rondes du même genre sont aussi déposées à la source Andranotsiritra (à-l'eau-qui-ne-tarit-pas) située en bas de pente. Des offrandes -bonbons, alcool, etc.- sont souvent déposées sur ces pierres. Au sud du tombeau, quelques pierres levées basses sont alignées et les noms des descendants d'Andrianefitany y sont gravés.

39. Moyenne de vingt ans entre deux générations.

40. La tradition la plus admise est celle faisant venir Andrianefitany d'Alasora. Il y serait né, puis ses parents l'ont fait fuir loin à l'est, l'emportant dans une nasse pour le soustraire aux velléités d'assassinat du souverain régnant à Antananarivo.

41. Pasteur Ravelonarivo Merikanjaka.

42. Le pasteur Ravelonarivo m'a relatée une grande cérémonie qui s'est tenue en 1928, lors de son enfance - cérémonie relative à l'ouverture du tombeau d'Andriantsihoarana. La description qu'il a faite sur la sépulture, d'après ce qu'il a pu alors en voir, est intéressante. Il m'a dit notamment: "Le corps qu'on nous a désigné comme étant celui d'Andriantsihoarana était couché sur le côté (mihorirana). Il avait une marmite (vilany tany) graphitée à sa tête. Un sabre se trouvait le long de son corps. Il y avait aussi une cafétière (?). Et sur sa poitrine se trouvait une chose blanche (?)..." Sur certains détails, cette disposition ferait penser aux morts inhumés dans les tombes de Vohémar (Vernier 1942, Vérin 1975). Précisément, les poteries utilisées par Andrianefitany et immergés dans les lacs (dobo) à Atsorindrana, à l'est d'Antsampia dans la vallée (un lac pour les femmes au nord - un lac pour les hommes au sud) provenaient d'Antalaha et la gargoulette en argile (?) (tavoara tanimanga) d'Alasora aurait été un leg de "Rafohy". Ravelonarivo ajoute à propos de ces contacts avec la côte orientale qu'Andriantiarango serait "venu d'Iharana près d'Antalaha". Un autre petit-fils d'Andrianefitany surnommé Andrianandrofito, de son vrai nom Ranjaka aurait été un très bon

astrologue (mpanandro mahay) et se serait établi à Ambohitsara, au nord-ouest d'Antsampia (voir carte p. 73).

43. J'ai bénéficié là de la connaissance profonde du pays de Georges Heurtebize et des bons contacts qu'il entretient avec les habitants sensibilisés par l'enquête. G. Heurtebize et H. Wright m'ont accompagnée dans les diverses reconnaissances et contribué aux levers.

44. Cette limite est bien dépassée aujourd'hui puisque les Antandroy ccupent les terroirs et les pâturages en direction de Beraketa.

45. Ce terme doit être compris de façon très large puisque selon les traditions, il s'agit plutôt d'Antanosy vivant auprès d'Antandroy (voir paragraphe sur la mythologie). Pour compliquer, ces Antanosy Tebekitro se disent eux-mêmes Antandroy!

46. Communication de Georges Heurtebize.

47. A défaut de pouvoir reconstituer l'aire du village comme je l'avais fait à Ivahona.

48. Zone qui sert de lieu de pâturage privilégié à un groupe.

49. Manda: fortification, mur de rempart.

50. Radimilahy Chantal, 1981, Archéologie de l'Androy in Recherche, Pédagogie et Culture, IX (55), Paris, AUDECAM.

51. Communication personnelle.

52. Reconnaissance effectuée avec Heurtebize et Henry T. Wright.

53. Les fragments de sgraffiato sont du type à pâte rose de type du Golfe Persique. On retrouve ce type de sgraffiato à Mahilaka, Bemanevika, aux Comores et en Afrique orientale.

54. Le verre bleu semble être du même type que celui fabriqué en Egypte depuis le VII-IXe siècle. On le rencontre fréquemment avec le sgraffiato dans l'océan Indien, notamment aux Iles Comores (Communication personnelle de Henry T. Wright).

CHAPITRE IV

Fer et Société

IV. 1 - Mythes et traditions

L'analyse historique des documents dont nous disposons et les témoignages archéologiques multiples ne nous laissent aucun doute sur l'ancienneté des pratiques métallurgiques des anciens Malgaches. C'est dire à quel point paraît contestable l'interprétation que l'on a faite sur l'introduction des armes en fer par Andriamanelo.

L'existence d'un corpus de matériaux de traditions orales pour la région de Tananarive (Tantara ny Andriana nanjaka teto Imerina) a créé chez les érudits de la capitale un complexe "mérinocentrique" qui veut interpréter toute l'histoire de Madagascar avec les récits recueillis sur les bords de l'Ikopa et de la Sisaony (1).

En effet, la mythologie officielle a imposé le fait qu'Andriamanelo, un souverain merina du XVIe siècle aurait introduit la technique du fer sur les Hautes-Terres. Il aurait appris à ses sujets à forger les "sagaies volantes" (lefona manidina) et la possession de ces dernières leur permit de gagner les combats entrepris contre les Vazimba, premiere occupants. Ces Vazimba furent repoussés vers l'ouest, car leurs "sagaies à points d'argile" (lefona tanimanga) étaient peu efficaces (2).

Ce passage a été, à mon avis, abusivement exploité, car les premiers occupants possédaient déjà des outils en fer (couteaux, bêches) obtenus par échange (3). Peut-être sous Andriamanelo, les processus d'obtention et de transformation du métal à partir du minerai ont-ils été mieux maîtrisés.

Hébert (1975) a convenablement réinterprété cet épisode des "sagaies volantes". Les Vazimba ont bien possédé des armes en fer, des sagaies ou ces dardilles (cf. chap. II.1) tant décrites par les explorateurs. La supériorité d'Andriamanelo réside dans le fait qu'il a multiplié la production des armes et a amélioré sa technique de combat par d'autres outils plus efficients, peut-être déjà des fusils. Hébert écrit:

> "D'autre part la traduction "à pointe d'argile", n'est pas satisfaisante comme l'ont reconnu tous les commentateurs. Il faudrait écrire tan' i Manga, et traduire "provenant d'Arabie". C'est Andriamanelo qui disposait de cette arme nouvelle, qui ne saurait donc être, d'après le doublet lefona manidina (sagaies volantes) que l'arbalète, qui lançait des carreaux meurtriers à grande distance. La tradition a réinterprété l'histoire en opérant une confusion sur la véritable nature des sagaies "tan' i Manga" qu'elle a attribuées à tort aux Vazimba réputés habiles potiers".

Ranitovo complète la conclusion d'Hébert en apportant d'autres précisions (pp. 221 et 259).

> "Andriamanelo a baptisé sa capitale Imerikanjaka (Imerina tsy maintsy manjaka: Imerina doit régner) depuis la découverte du fer pour la production d'armes.... Les "fers volants" (vy manidina) consistent en des balles de fusil tandis que les "fers qui piquent" (vy manindrona) désignent les sagaies (lefona)".

Cette introduction des mystérieuses sagaies volantes a occulté nos connaissances, et on a été jusqu'à attribuer aux Arabes la responsabilité de cette innovation. Alfred Grandidier l'a écrit explicitement et le Père Callet, pourtant si soucieux de sources de première main, a emboîté le pas. Dans les _Tantara_ (Ed. 1983, I, p. 63), Callet écrit:

> "Récemment, les Indiens et les Arabes ont débarqué sur la côte orientale de Madagascar; ils ont introduit des croyances religieuses erronées ches les populations locales. Ce sont eux qui apprirent aux Malgaches à forger le fer et à le travailler ....Les Arabes et les Indiens furent les premiers à enseigner la sagesse à Madagascar...". (4)

Rainitovo (1932, pp. 219-220) semble avoir été très impressionné à son tour par ce postulat posé par Grandidier et Callet, qui, comme la célèbre dent d'or de Fontenelle, se démontre par répétition (5).

Le mythe arabe de l'introduction du fer vient, à mon point du vue, de l'interprétation du terme _Zafimbazaha_, littéralement "les petits-fils des étrangers", une population de l'Est de l'Imerina que les traditionnistes considèrent comme les responsables de l'introduction de la métallurgie. Ravelonarivo est très explicite sur ce point (6).

Il n'est pas impossible que ces Zafimbazaha aient effectivement une origine islamisée, ne serait-ce que pour quelques-uns de leurs ascendants. Mais on ne saurait remplacer l'histoire des faits par une idéologie mythique.

Dans mes enquêtes, j'ai essayé de recueillir les contes mythiques sur l'introduction du fer et de la métallurgie. Celle-ci est attribuée à ces _vazaha_, peut-être ancêtres des Zafimbazaha ou à des êtres extraordinaires assez mal définis. Renel (1907) a collecté chez les Betsimisaraka un conte relatant l'origine divine des minéraux sur la terre. On y relate la venue sur terre du fils de Dieu avec des baguettes en argent, en cuivre, en fer, et en or. Parti à la poursuite d'animaux sauvages, il a laissé ces baguettes sur le sol qui les a absorbées; à son retour, le fils de Dieu ne les a plus retrouvées.

Chez les Betsileo d'Antarambiby, Randriamarolaza (1983, p. 204) narre la participation divine (_tolo-Janahary_) dans le don des matériels de forge aux hommes (p. 204): le _tantañana_ gros marteau, la _reandreaña_ enclume, le _fampohaza_ marteau de martinet et les _tafoforana_ soufflets. Ces matériels ont été jetés de là où habite Zañahary et les hommes se les ont arrachés. Par la suite, les propriétaires de ces outils pris séparément ont été obligés de se regrouper pour une utilisation efficace et profitable. _Zanahary_ appartient au panthéon des ancêtres divinisés dont on ne sait plus le nom. On ne sait pas d'ailleurs s'il est singulier ou pluriel. Ce don de _Zanahary_ aux hommes se retrouve un peu partout et à travers les contes _angano_, la technologie du fer est toujours associée aux hauts faits des "héros civilisateurs". Le conte d'_Iboniamasiboniamanoro_ (Dahle, 1962) en est une illustration (7). Aussi, pour Ibonia, les parties les plus importantes du corps sont alors assimilées aux différents matériels du fondeur et du forgeron (fig. p. 166).

> "Ny feny an'ila fanasan-tsarika, ny feny an'ila vatoasana, ny lohany riandriana fanasam-by, ny tanany tantanana, ny rantsany tandra, ny laferany fatana, ny kibon-dranjony tafoforana, ny sandrin-tanany tsofalahy fanofam-by".

> Litt. "Sa cuisse constitue la pierre plate servant à laver le linge, l'autre cuisse est une pierre à affûter, sa tête est l'enclume, ses mains les marteaux, ses doigts les tenailles, la partie derrière le genou le foyer, ses jambes les soufflets de forge et ses bras liment à la trempe".

J'ai tenté de représenter cette "anatomie technologique" d'Ibonia sur la planche (voir p. 166).

Le rôle de groupes migrants dans la diffusion des techniques métallurgiques s'impose à l'esprit, lorsque Ravelonarivo mentionne l'arrivée de la métallurgie à Merikanjaka ou quand Randriamarolaza évoque l'introduction du travail du fer chez les Betsileo depuis l'Imerina. Plus concrètement, on verra que dans l'Androy les sites métallurgiques les plus récents (XVIII-XIXe siècle) sont attribués à des gens d'origine tanosy (cf. infra p. 166). En pays mahafaly, dans le sud-ouest, les traditions orales attribuent l'origine de la métallurgie à des immigrés.

Les forgerons mahafaly dénommés "Faloañombe mahandro vato" littéralement "ceux qui font cuire la pierre" seraient des gens venus à Madagascar depuis des temps immémoriaux qui auraient apporté avec eux une nouvelle technologie non encore maîtrisée par les populations locales. Selon l'informateur Manankara:

> "Des Noirs américains (?) venus depuis très longtemps, ont apporté l'art du fer aux Malgaches (lors de la période des guerres intestines). Ils ont créé la forge, cuit les pierres, changé les lingots en sagaies, en bêches, ce que nous, les Malgaches, ne savions pas. Mais ces gens sont venus de l'étranger depuis longtemps" (8).

Le lieu de ces exploits métallurgiques (9) aurait été Ampasimahanoro (10) qui fut au XVIIIe siècle la capitale royale de la dynastie Maroserañana.

Les origines mythiques précédemment soulevées, ont insisté sur la participation "divine" ou plus précisément sur la participation des étrangers dans l'introduction et les origines des minéraux et du travail du fer. On peut penser que cette conception traduit une certaine psychologie, à savoir que les étrangers sont presque toujours auréolés d'un certain mystère. La plupart du temps aussi, comme ils possèdent une supériorité technologique, on leur octroie aisément les changements introduits dans la société. La maîtrise technologique du travail du fer leur a favorisé par exemple, une expansion territoriale. Et c'est ainsi que se sont établies les différentes versions légitimant les menées et les actes des anciens souverains; ceci est flagrant pour Andriamanelo en Imerina.

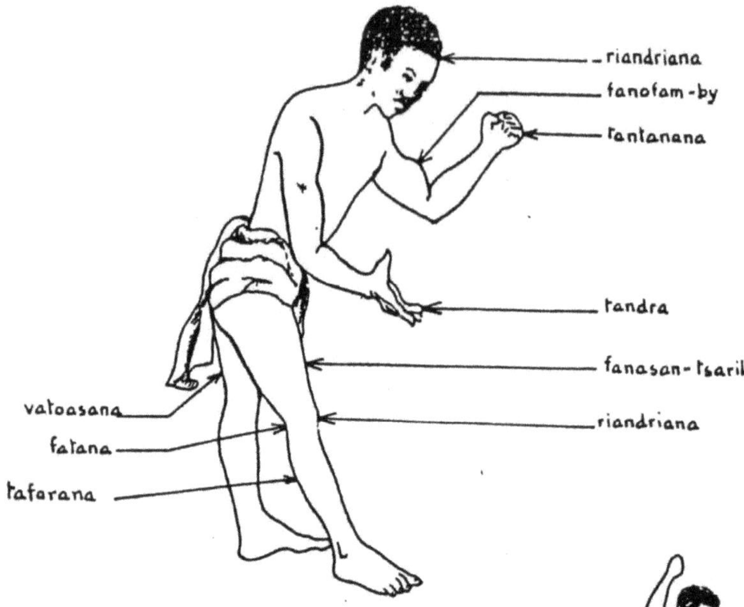

Fusion

Atelier de forge

IV.2 - Rites et interdits

Tout ce qui a rapport à la métallurgie du fer, et à plus forte raison, le matériel obtenu à partir du métal fer est frappé de nombreux interdits (fady) nécessitant leur respect.

Ces interdits sont observés durant les différentes étapes de transformation du métal, depuis sa recherche jusqu'à la conception finale dans l'atelier de forge. La signification profonde de ces rites et interdits se rattache aux différentes images qui y sont liées.

Tout un complexe de la nature, en général, est à l'origine de ces coutumes. Ces conceptions relèvent parfois de l'universel, même si à Madagascar elles présentent leur propre originalité.

2.1 Les Malgaches, la nature, le fer

Le fer, en tant que minerai, est tiré du ventre de la terre (ny tany la matrice). Celle-ci, par ailleurs, peut tout donner et tout offrir - l'alimentation, les arbres, les minéraux, etc. -, mais elle peut aussi récupérer - par la mort - toute chose ou tout être, comme bon lui semble.

De ce fait, la Terre et ses dérivés sont dotés d'une puissance surnaturelle à laquelle se rattachent certaines vertus, certains pouvoirs le hasina, comparable au mana océanien. Et ce sont les Zavatra (sortes d'esprits mais littéralement "choses") ou angatra qui focalisent ces vertus et pouvoirs dans les êtres aussi bien animal que végétal ou minéral.

Ces zavatra et angatra animent tout ce qui se trouve sur la terre et dans la terre. Ils doivent être pris en considération et leurs fady (interdits) de comportements, de culture, etc. sont à respecter sous peine de sanction.

D'après Bloch (1983, p. 280):

> "Le hasina est lié au pouvoir mystique de la nature, plus particulièrement au pouvoir de reproduction, aussi bien dans son aspect humain que dans son aspect agricole"

et j'ajouterai dans son aspect minéral. Avant l'extraction du minerai destiné à être transformé, le remerciement sao-tany (11) aux "esprits de la terre" est nécessaire, voire obligatoire si on veut que la terre concède de ses propriétés. Sinon, le fer se cache aux yeux de ceux qu'il n'aime pas. De même, lors de l'extraction, ce même fer localisé en filon peut disparaître dans le cas où les mineurs ou l'assistance en général sont animés de mauvaises intentions ou encore font montre d'attitudes équivoques.

Pour les mineurs, le fer est un zavatra (zavarina: possédé par un esprit) tout comme l'or qui ne se montre qu'à certaines personnes. Mes informateurs (12, 13) m'ont bien expliqué que l'esprit du fer (angajavatra), plus précisément le minerai, est très puissant et même sacré (masina angatra ny vy).

On procède aux remerciements par des sacrifices et offrandes obligatoirement accompagnées de prières (voir II.2 et IV.3). Aujourd'hui les mineurs et les forestiers offrent du toaka gasy (alcool local) aux esprits de la terre, de la forêt ou des eaux. En réalité, ils versent une petite quantité sur le sol et se partagent le reste. Autrefois, il était plus courant de faire un sacrifice de coq ayant déjà chanté, de mouton et plus rarement de zébu. En revanche, le sacrifice d'un bouc ou d'une chèvre est interdit, car c'est un animal muet (14). Le sacrifice d'animal est encore parfois pratiqué, mais la pratique d'aspersion d'alcool semble plus fréquente (15).

A propos précisément du sacrifice du coq, que la plupart de mes informateurs m'ont cité, je relève cette précision dans l'étude de Bakoly Domenichini-Ramiaramanana sur les "Ohabolana et Hainteny" (1983, note 34, p. 458):

> "Outre ce que dit Drury de la vénération des Vazimba de son temps pour les coqs (16) (et pour ces autres animaux solaires que sont les lézards), on trouve la trace de ces premiers sacrifices propitiatoires de coqs: dans ceux qui sont offerts, sur les tombes et les lieux dits vazimba, par des personnes qui en ignorent certes l'origine, mais qui se rappellent encore que c'était là le véritable sacrifice Vazimba. Et aujourd'hui encore, celui qui consulte un "Mpanandro" lui apporte un coq... ".

On se rappelle que le souverain Andriamanelo auquel la mythologie octroie le début de la maîtrise de la technologie du fer est considéré comme descendant de vazimba.

En outre, dans la conception malgache du monde et de l'homme, les mêmes termes sont utilisés indistinctement pour le monde animal, ainsi que pour les univers végétal et minéral. De fait, dans la conception des métallurgistes, le fer, assimilé à un être vivant, mâle de préférence (vy lahy) (17), possède des attributs et des réactions humains. A l'image de l'homme, l'arbre, le minerai surtout est doté d'yeux (maso), de tronc (vatana) et aussi de membres: bras (tanana), doigts (rantsana). Il peut évoluer et grandir (maniry), fuir (mandositra), ou encore disparaître et se cacher selon ses caprices pour ne réapparaître qu'après des jours, voire des années, le plus souvent après sept ans (18). Il peut aussi mourir (maty).

Un autre point important caractérise la conception de la nature par les Malgaches: la suprématie de l'Eau par rapport à la Terre.

A ce propos, Molet (1979, T. 1, p. 109) avait écrit:

> "S'il fallait établir une hiérarchie de dignité ou de préséance entre la terre et l'eau, il semble qu'aussi sainte que soit la terre, l'eau l'emporte sur elle".

En fait, la hiérarchisation des forces vitales se trouve résumée dans le conte d'Ibotity - le Tout-Petit- qui s'est cassé le fémur en tombant d'un arbre. Ibotity a voulu savoir qui détient la force suprême et a remonté la chaîne des valeurs. Le dernier paragraphe du conte présente alors le chaih^ne suivante:

> "C'est Seigneur-Dieu qui détient la force, dit Ibotity, puisque Seigneur-Dieu a vaincu le tanguin, le tanguin a tué le sorcier, le sorcier a fait mourir l'homme, l'homme a fendu le rocher, le rocher a brisé la barque, la barque a fendu l'eau, l'eau a éteint

le feu, le feu a fondu le couteau, le couteau a coupé la corde, la corde a lié le chat, le chat a tué le rat, le rat a creusé la colline, la colline s'est opposée au vent, le vent a abattu l'arbre, l'arbre a cassé le fémur du Tout-Petit" (Domenichini- Ramiaramanana, 1974, p. 40).

Cette suite établit la hiérarchie entre la force divine, les forces du mal, l'homme, l'animal et les éléments de la nature ainsi que les objets travaillés et les produits humains. On comprendra ainsi la signification de la métaphore suivante: raha voizim-pangady, Ikopa tsy ambanam-by "si on utilise une bêche comme pagaie, il est interdit de menacer l'Ikopa par du fer". La bêche, comme le couteau, est un outil en fer; et dans la chaîne établie par Ibotity, l'eau - représentée ici par le fleuve Ikopa - est de loin supérieure au fer. De même, le billot (de bois) que la hache ne peut fendre s'explique compte tenu de cette hiérarchisation: raha kanontabe hianjera hianao, izaho akalamanta tsy torom-pamaky "seriez-vous le maillet de fer qui va frapper, moi je suis le billot que la hache ne peut fendre".

Les traditionnistes ont insisté sur le fait que la femme enceinte et le prince (andriana) et par extension les nobles (andriana également), en général, "tuent" et "font fuir" le minerai chaque fois qu'ils regardent l'intérieur d'un gisement. Le minerai est condamné à "mourir", car il ne peut se mesurer au foetus et au noble, des êtres plus puissants que lui. L'expression malgache usuelle pour désigner la femme enceinte: "mitondra rano" (19) (elle porte de l'eau, Molet, T. 1, p. 106) explique alors cette puissance du foetus par rapport au minerai. Le pasteur Ravelonarivo avait lui aussi utilisé cette image (20). Pour les nobles, les nombreux mythes associant la venue de souverains par les Eaux, les Océans et les Ecumes peuvent expliquer leur suprématie. Divers contes relatent d'ailleurs la venue d'ondines descendues du ciel et épousant des humains sur la terre. Enfin, une autre croyance populaire appuie cette notion de la suprématie de l'eau sur la terre; la Terre ne féconde pas tant que l'Eau (c'est-à-dire la pluie) ne l'a pas épousée (vadin'ny orana ny tany).

Les autres rites et interdits sur la métallurgie reflètent le même lien avec les conceptions mythologiques anciennes.

2.2 Symbolisme relié au travail du fer

Les informations que j'ai obtenues aupreè des métallurgistes de la région de Merikanjaka sont édifiantes sur l'assimilation du travail du fer aux notions et actes humains.

La complémentarité entre les deux entités "mâle et femelle" se manifeste lors des différentes étapes de transformation du minerai, dans les participations et dans les métaphores servant à désigner l'ensemble du matériel, notamment de fusion.

A l'épuisement d'un gisement, ce sont les femmes qui localisent le nouveau lieu d'extraction. Les plus expertes donnent leur accord (21). Et les hommes auront la charge d'évaluer la qualité et la teneur du gisement. A mon avis, les femmes expertes peuvent être assimilées aux renin-jaza (les accoucheuses, les matrones) spécialistes des traitements des femmes, des mères de famille. Et le minerai "en gestation" dans le ventre de la terre (an-kibon'ny tany) est pareil à l'enfant que la femme porte en son sein. Les hommes, par leurs actes auront pour devoir "d'accélérer la maturation" de cet enfant et de provoquer sa naissance. Ce but ne sera atteint que si l'on matérialise l'acte de procréation, à savoir l'union entre l'homme et la femme. Une simulation de cette union charnelle homme-femme se reflète ainsi dans les actions des mineurs: les participations, le matériel utilisé et la réalisation des diverses opérations.

Seuls les hommes peuvent être présents dans le gisement. Ils y observent des positions données ("accroupis, les genoux toujours ouverts") et émettent des "grognements" (22), chaque fois qu'ils plantent le pic (tsolo) dans le minerai.

Les hommes sont chargés de l'extraction, il est donc normal que ce soient les femmes (ou éventuellement des travestis) qui s'occupent du lavage du minerai. Ce sont aussi les femmes qui recherchent le combustible pour la fusion et pour l'affinage. Ingahibe Tovo n'a pas été explicite dans l'association du combustible à la notion de "femme". Mais il a toutefois précisé que les femmes doivent chercher le charbon (23). Le fer-mâle (vy lahy) est ajouté au charbon-femelle (arina-vehivavy).

Si, durant l'opération d'extraction, la décence est de mise, il en va différement au cours du lavage. Lors de l'extraction, les injures ou les exclamations grossières et obscènes sont absolument interdites; mais au lavage, les conversations sont plus libertines(24). Les femmes à Tsiazompaniry et Razanadrakoto à Ankerana ont argué de la nécessité pour le minerai d'être en harmonie avec son milieu, ce qui favorisera son développement. Les esprits et les aïeux ne doivent pas être choqués par les paroles crues, impudiques et blessant les oreilles. En fait, comme beaucoup de monde participe à l'extraction, la prohibition a pour but de ménager la pudeur. Dans la société traditionnelle malgache, il n'est pas de bonne éducation de manquer d'égards à ses aînés, ses parents ou ses enfants. Partout où se trouve rassemblé un groupe de gens, les Malgaches veillent toujours à se considérer comme frères et soeurs, car il peut s'y trouver des olom-pady (des personnes avec lesquelles on ne peut avoir des conversations libertines, et à fortiori avec lesquelles on ne pourrait avoir des relations sexuelles). L'ensemble des vieilles personnes constitue les parents: père et mère (ray aman-dreny) les jeunes se considèrent comme frère et soeur (anadahy sy anabavy). En outre, les injures les plus grossières se rapportent à l'inceste (Que ton frère - ou ta mère, ou ta soeur, etc. - t'épouse!) Sur le même plan, les serments les plus importants sont ceux faisant allusion à l'inceste: ngoso anabavy (25), pour un homme c'est dire le serment de commettre l'inceste avec sa soeur, si ce qu'il dit n'est pas vrai, etc.

C'est lors de la fusion que le symbolisme de la complémentarité entre le mâle et la femme atteint son apogée. Hommes et femmes, des couples, deux en général, se partagent un même fourneau.

Les deux entités mâle et femelle qui doivent être présentes chez les acteurs de la technologie, se retrouvent dans l'appellation du matériel qui recourt parfois à l'anatomie humaine. Ces entités traduisent dans leurs actes et leur conception l'union charnelle.

Deux couples d'époux se partagent presque toujours le travail au fourneau de réduction. Au cours du soufflage, les deux couples se succèdent et ils miment l'acte de l'accouplement par leurs mouvements pour faire fonctionner les soufflets. Une même intensité de feu doit être obtenue à l'intérieur du fourneau et ceci n'est possible que si les deux personnes (26) coordonnent leurs mouvements en leur faisant subir un rythme donné (27). Curieusement, ce concept touchant au feu a aussi été observé anciennement dans l'Inde. Mircea Eliade dit à ce sujet (1977, p. 32):

> "Le feu lui-même était considéré comme le résultat ("la progéniture") d'une union sexuelle: il naissait à la suite d'un mouvement de va-et-vient (assimilé à la copulation) d'une baguette (représentant l'élément masculin) dans une entaille faite dans un morceau de bois (élément féminin)".

L'aspect réaliste de la copulation est aussi souligné lors de la mise au point de la cadence sur laquelle se base l'équipe des souffleurs.

A propos du matériel utilisé, le symbolisme relatif à la complémentarité entre l'homme et la femme est aussi évident.

Seul l'homme est mpilozoka et dirige l'opération (voir supra, p. 31). Seul, il peut manier les fiaro bâtons protecteurs qu'il introduit dans le minerai en fusion contenu dans le lozoka) initialement, le lozoka (28) servait à désigner des poteaux garnis de trous destinés à recevoir des traverses, dont on se servait pour fermer les portes des villages - petite ouverture).

L'introduction du didy dans le fourneau constitue un moment essentiel où la dualité homme/femme s'affirme. Les fiaro sont plantés dans le minerai en fusion, ce sont des phallus et le trano tanika ainsi que le minerai représentent le vagin. La femme n'ayant pas les attributs de l'homme ne peut donc inconsidérément s'arroger le droit au filozohana (substantif de lozoka) et enjamber les tuyères d'aération sony (29) ou femena (chez les Mahafaly, littéralement cuisses rouges).

J.C. Hébert (1977, pp. 4-5) a étudié ce fady de l'enjambement qui se rencontre souvent dans la société traditionnelle malgache, mais il ne l'a pas signalé à propos de la métallurgie. Il observe que ce fady a trait à un..."interdit sexuel, l'enjambement étant considéré comme l'image de la copulation". Aussi "l'enjambement pratiqué sur une personne de même sexe serait une familiarité assimilée à de la goujaterie". Il est inconcevable que la femme assume le rôle du fondeur. L'exercice de cette fonction signifierait qu'elle est capable d'assurer l'initiative de la réussite de la fusion, assimilée au développement normal de l'enfant - le minerai - en gestation dans le ventre du fourneau, et de l'amener à la naissance. Or, la condition de réussite de la naissance de l'enfant, donc la fusion, repose sur le respect des tabous, ici le non-enjambement des tuyères par les femmes (tsy mandika sony). Pour Hébert "la non-observation du tabou de l'enjambement provoque des conséquences désastreuses. Ce peut être une maladie grave entraînant la mort de l'enfant attendu, parfois aussi la mort de la femme au moment de l'accouchement", ici le tanika maty c'est-à-dire "la mort de la coulée".

La complémentarité mâle-femelle fait explicitement référence à l'anatomie humaine dans l'appellation du matériel. Le didy est relié aux sony qui peut aussi désigner les lèvres vulvaires (30).

L'assimilation du minerai à un être humain ne s'applique pas seulement à celui encore dans le gisement. Le minerai en fusion, lui aussi, agit comme une personne, parfois comme un bébé. La fusion évacue ses déchets (mangery "aller aux selles") mais il faut l'y amener tout comme les petits enfants (hampangerena) sinon elle vomit (miorika). Le fondeur entoure de prévénances le fourneau (manotrona) avant de décider l'évacuation des laitiers tout comme les femmes entourent (manotrona) une parturiente lors de l'accouchement. La terminologie utilisée traduit le fait que l'opération de fusion exige de la délicatesse à son égard. Dans le cas contraire, le minerai peut encore réagir en rejoignant le domaine des "esprits" d'où on l'a sorti, en ne se conformant pas aux injonctions des métallurgistes.

La fusion peut aussi rater, mourir (maty) si les usages n'ont pas été observés, lors du remerciement aux esprits et aux ancêtres, ou encore à "l'entourage" où se décide l'évacuation des laitiers, si l'interdit des relations sexuelles avant l'opération a été méconnu.

Comme la civilisation malgache aime la plurisignification, l'opération de fusion emprunte aussi au vocabulaire culinaire et pas seulement au vocabulaire de la dualité sexuelle. Ainsi, le fourneau est désigné par l'expression trano tanika "la maison où mijote le minerai". Le mot tanika, en effet, est en cuisine usité pour désigner une forme de cuisine qui fait appel à une utilisation continue et sur une longue durée d'un feu vif. Les opérations possèdent aussi des termes propres à la métallurgie qu'on ne peut rattacher à aucun autre domaine.

A l'origine, le premier sens du terme rendrika affinage est "chaviré, sombré", mais ici le sens est bien spécifique, de même le terme pour le lingot (fonja) qui passe ensuite au forgeage. Notons que le champ sémantique des termes de la métallurgie montre une grande proximité avec celui de la céramique traditionnelle, le tefy est un terme signifiant le modelage, la fabrication (voir supra p. 6); mais il sert aussi à désigner toute technique recourant au pétrissage, au modelage de substances tirées de la terre. Ainsi tefy tanimanga désigne l'art de l'argile (céramique), tefy volamena l'orfèrerie (or), tefy volafotsy (argent) la bijouterie de l'argent, ou encore tefy vifotsy la ferblanterie, etc.

2.2.1 "Femmes et nobles face au fer"

Le précédent paragraphe a surtout dégagé et analysé le symbolisme associé au travail du fer. L'accent a été mis sur la division sexuelle dans les participations et aussi sur la collaboration nécessaire entre l'homme et la femme dans la préparation et la fusion. L'analyse va maintenant porter sur les problèmes relatifs à la présence féminine et à ce qui lui est assimilé: la présence de garçons non circoncis. Une idée de force, de puissance est rattachée au fer associé au principe mâle. Tout ce qui véhicule le principe fémininé est alors prohibé aux abords immédiats de la forge. Il faut éloigner tout ce qui risque de faire perdre au fer sa rèsistance ou de faire rater les diverses opérations techniques. Autrefois, l'interdiction était absolue dans toute aire où le fer était travaillé, surtout pour les petites filles. Plus tard cependant, l'interdit n'a plus été aussi strict (31).

Lors de l'extraction, les femmes enceintes ne doivent pas jeter un coup d'oeil à l'intérieur du gisement pour ne pas "tuer" le minerai. Sur un plan plus général, il est déconseillé aux femmes de se mettre en présence de tout objet en fer: l'angady, la hache, etc.

2.2.2 L'interdit du sang

Les femmes en menstrues sont frappées du tabou de circulation dans l'aire où le fer est travaillé.

Ce tabou du sang menstruel tire son origine du fond des âges et reste en vigueur dans les sociétés respectant les coutumes traditionnelles, à plus forte raison lors des cérémonies faisant appel à des rites sanglants comme l'a montré L. Makarius à propos des tabous du forgeron (1968). Le sang ne peut être touché, car le faire équivaut à l'appropriation de sa puissance magique. Un interdit serait violé si le contact avec le sang est réalisé en dehors d'opérations très délicates comme la réduction du minerai de fer. Le sang est toujours associé à tout danger mettant en péril la vie de l'homme. Dans la pensée populaire, la perte de sang est nécessairement suivie de la mort. Aussi les femmes "saignant" tous les mois et survivant miraculeusement sont considérées être en relation avec des forces surnaturelles. Elles maîtrisent une force vitale. En outre, le fait que les femmes "saignant" ne peuvent pas concevoir donc, ne peuvent pas assurer la descendance - a progressivement imposé l'idée qu'elles sont impures et dangereuses pour l'homme et la société. En conséquence, la présence d'une femme ayant ses règles dans tout rite où il y a acte de procréation constitue un véritable danger. Elle est exclue des importantes activités sociales et tout ce qu'elle touche est rituellement purifié avant la réutilisation, sinon détruit. D'ailleurs, un interdit encore puissant à l'heure actuelle est celui qui défend les relations sexuelles durant la période de règles d'une femme. Chez certains groupes, il est même interdit à la femme de partager les couches de son mari pendant cette période. La notion d'impureté de la femme associée au danger qu'elle véhicule est perçue comme pouvant diminuer la force de l'homme. Par extension, la femme est écartée de toute opération qui exige de l'homme une bonne condition physique lors d'opérations où il doit fournir toutes ses forces. Les relations sexuelles sont ainsi interdits la veille de l'opération de fusion. Chez les Mafa en Afrique, Podlewski (1966) a remarqué la consommation de certains aliments destinés à donner un surcroît d'énergie, parallèlement à cette abstinence sexuelle.

Chez les métallurgistes d'Ankerana, les femmes à Tsiazompaniry ont été catégoriques au sujet de cette prohibition qui, si elle n'est pas observée conduit à l'échec inévitable de l'opération. Selon les croyances locales, la part de minerai, appartenant au couple n'ayant pas observé l'interdit n'entrerait pas en fusion. On a vu que la transformation du minerai traduit une procréation, une naissance; et ceci ne pourrait donc être réalisé en deux fois.

Cette coutume est aussi observée lors de la circoncision. Il est absolument interdit aux parents d'avoir des relations sexuelles la veille de la cérémonie au cours de laquelle du sang doit être versé, où il y a violation de tabou. Et l'encouragement de ces mêmes relations durant les funérailles par exemple (la nuit dite alin-dratsy) constitue le contre-point de cette coutume. Une idée de revivification et de retour à la vie prime ici.

D'autres activités sont également déconseillées aux femmes qui véhiculent un danger et l'impureté, car elles seraient nécessairement vouées à l'echec ou à la "mort". On cite la fabrication du tambour - en tendre la peau-brûler l'argile pour l'obtention des briques. Les hommes évitent aussi de manger tout animal même des poulets dont le sang a été versé par une femme. Cet interdit est encore vivace chez les groupes de population du Sud-est. Les garçons non circoncis sont frappés des mêmes règles. Dans la société traditionnelle, tant qu'ils n'ont pas subi la circoncision, ils sont relégués dans le groupe des femmes (32).

Un dernier point relatif à ce tabou du sang se remarque dans les sacrifices. Le point de départ de l'extraction coincide avec l'endoit où le sang de l'animal donné en offrande, a coulé (33). Mircea Eliade (1977, pp. 24-26) a expliqué le sens profond de ces sacrifices sanglants "en tant que condition de toute création et qui introduisent l'idée que la vie ne peut s'engendrer qu'à partir d'une autre vie qu'on immole". Le processus de développement du minerai extrait de la Terre-matrice est accéléré dans le fourneau - symbolisant le ventre de la mère - où il finit sa gestation. L'homme qui dirige les opérations, en procédant aux sacrifices d'animaux, donne une part de lui-même pour que la fusion réussisse. Mircea Eliade écrit sur ce sujet (1977, pp. 24-26):

> " On n'arrive à animer ce qu'on a créé qu'en lui transmettant sa propre vie (sang, larmes, sperme, "âme", etc.)"

Une des conditions de réussite de la fusion repose donc non seulement dans le respect des interdits, mais aussi dans le don d'une partie de soi.

L'extraction du métal fondu du fourneau constitue le temps fort de l'accélération du développement du minerai hors de son lieu d'origine. En effet, celle-ci symbolise une naissance provoquée - parfois en catastrophe. On se rappelle la naissance d'Ibonia (voir supra, p. 165) assimilée à une césarienne. De tous les contes et mythes, seul celui d'Ibonia mentionne le travail du fer. Les différentes parties du corps du héros sont d'ailleurs comparées aux outils du métallurgiste. Sa naissance, à peu de détails près, schématise l'extraction du lingot du fourneau de réduction, pour un deuxième passage au feu à l'affinage. Après être resté en gestation sept années dans le ventre de sa mère - Rasoabemanana - Ibonia lui a demandé d'avaler un <u>couteau</u>, car le temps est venu pour lui de "naître". Ce couteau lui a servi à ouvrir le ventre de sa mère pour qu'il sorte et il a tout de suite sauté dans le feu.

2.2.3 Les Nobles

Comme pour les femmes, le groupe des nobles est celui touché par les interdits dans le domaine de transformation du métal fer.

Un parallèle peut même être établi entre les prohibitions frappant et les femmes et les nobles. Les nobles, pour ne pas tuer un gisement ne sont pas autorisés à y jeter le moindre coup d'oeil (34). L'épuisement du minerai (<u>la mort</u>) en est imputé à la non observation de cet interdit (35) (voir aussi supra, p. 29). La raison évoquée est la prétendue puissance plus grande et plus conséquente de l'*andriana* sur le minerai. Les *andriana* ne peuvent et ne doivent assister ni au début des opérations de fusion, ni à la récupération de la loupe du fourneau (36). En fait, ils sont écartés des opérations de transformation du métal; leur présence n'est tolérée qu'en dehors des opérations délicates. Ainsi que vis-à-vis du foetus, le minerai préfère se cacher et fuir face aux *andriana* qui sont plus puissants que lui. Le fer animé d'un certain pouvoir (*masina angatra*) est considéré comme sacré. Mais conformément aux croyances traditionnelles, le fer et le noble ne peuvent que se tuer. Ils ont deux destins opposés (voir p. 180). Par ailleurs, le noble a propriété de vie; il peut procéder aux sacrifices sanglants. C'est donc un violateur de tabou.

Sur un autre point, la suprématie de l'andriana sur le fer peut se comprendre par l'empirisme dont relève la domination du métal. Il n'y a pas de véritable maîtrise technologique. Le fer, à l'état de minerai et non encore fondu, appartient aux esprits et vit en relation avec les ancêtres. Or, les nobles et surtout ceux qui détiennent le pouvoir, sont en relation et avec "dieu" (Andriamanitra ou Zanahary selon les informateurs) et les ancêtres. Ils en sont les représentants sur la terre et le droit de régner ainsi que leur puissance leur viennent de ces entités. Ces dernières leur sont particulièrement favorables et ce caractère ne peut aller qu'à l'encontre du fer.

2.3 -Pouvoirs relatifs au travail de la métallurgie

Toute entreprise peut susciter la jalousie et la malveillance. C'est le cas pour le travail du fer, comme pour la construction d'un tombeau ou l'extraction de la pierre, etc., une surveillance assidue est nécessaire. De la conformité aux rites, dépend la réussite des opérations. Le fer exige une atmosphère générale de gaîté et ne tolère aucune déviation nuisible à son développement harmonieux. Un écart inexcusé est sanctionné par le fer, et des accidents pouvant être fatals. Le fer ne supporte ni les attitudes équivoques, ni les différends verbaux. Mais l'observation des rites n'empêche pas les malveillants d'intervenir. Parmi les sortilèges dont peut être victime l'opération de fusion, on cite le parasy (puce), un fragment de cercueil jeté dans le fourneau, ou encore un morceau de linceul qui a déjà été utilisé, où même un oeuf pourri, des excréments, etc. Tous ces éléments de sortilège ayant un rapport avec la destruction, la mort ou la décomposition, vont à l'encontre de l'acte de procréation symbolisé dans le fourneau. Ces caractères se vérifient d'autant plus que les charmes utilisés pour y remédier consistent en des plantes et objets symbolisant la vie. On utilise alors le plant de sodifafana (37), une plante grasse médicinale couramment utilisée contre le rhumatisme; le sodifafana est réputé immortel. On cite également le plant d'un akondro velon-dreny, un bananier dont le plant-mère est encore vivant; le plant de famelona (38), les composantes famelona signifient "faire revenir à la vie". Le vatovelona (litt. pierre vivante ou pierre vive) est aussi efficace, mais surtout le panacée malgache contre le pouvoir des sorciers, à savoir le pois de terre (voanjobory (39) vuandzeia subterranea).

Dans les charmes et remèdes, le métal fer et ses dérivés sont craints et leur pouvoir est puissant. On se rappelle les fiaro bâtons proctecteurs utilisés par le fondeur au cours de la fusion. La première série - les fiaro fandatsaham-boalohany - n'est pas consumée jusqu'à la fin. Ce type de fiaro est demandé par les mpitaiza (40) qui les administrent à celles qui enfantent, aussi bien les personnes humaines que les femelles des animaux. Ces fiaro ont la vertu de faciliter la naissance sans risque de danger pour la vie de la mère. Les fiaro vatana sont également demandés par les guérisseurs comme fanafody (remèdes). Leur forme pointue est chargée de vertus. On dit que ceux qui boivent une décoction où sont mélangées des brisures de fiaro vatana sont inattaquables. Les propriétaires de coqs de combat font avaler à leurs animaux des brisures provenant de tisons ou des fragments du bois qui ont servi à avancer le feu dans le foyer (soitr'afo); les coqs deviendraient ainsi très combatifs et sortiraient presque toujours victorieux de longs combats. C'est ce deuxième type qui est le plus efficace et il a pour fonction de pallier à tous les dangers. La dernière série de bâtons protecteurs, les fiaro meloka, est destinée à se protéger des mauvais desseins de façon à ce que ceux-ci n'aient aucun pouvoir.

Le pouvoir du fer peut être bénéfique, mais il peut également être maléfique. A cause de ce caractère double, il n'est pas rare que sa puissance soit crainte. Autrefois, au temps des royaumes, les idoles les plus respectées (les sampy) sont celles qui avaient la possibilité de vaincre cette "puissance". Parmi les idoles royales étudiées par Domenichini (1971), j'en ai relevé quelques-unes ayant cette faculté.

Ainsi l'idole Kelimalaza est comparée à un grand couteau qui ne tranche pas si l'on s'en sert (p. 65). "Quiconque est blessé par un couteau ou par une sagaie", l'idole Kelimalaza le guérit (p.15). De même, elle protège ceux qui partent en forêt car sa bénédiction les enveloppe. Ceux-ci ne rencontrent aucune embûche durant leur progression et ils ne risquent pas de "trébucher", ne sont pas susceptibles "d'être blessés ni par la hache, ni par les couteaux" (p. 71).

L'idole Ratsitantanina, elle aussi, est accompagnée d'un dieu puissant, capable d'"amollir le fer et de protéger contre les balles des fusils" (p. 513). C'est également le cas d'Imanjaibola qui "amollit le fer" (p. 643). Quant aux idoles Ratsisimba et Ravololona, elles "résistent aux sagaies, aux couteaux et aux balles des fusils" (p. 618 et p. 687).

L'inverse existe aussi: certaines idoles ne tolèrent pas la présence du "fer" dans le lieu où elles sont gardées. On peut penser que c'est pour éviter justement la défaite du "fer" ou le contraire. Toujours est-il qu'aucune sagaie ne peut rester dressée dans la maison où se trouve Rafohitanana (p. 457).

A propos du pouvoir double du fer que nous avons relevé, les croyances lui attribuent donc une valeur soit positive, soit négative. Ce caractère est relié au mystère qui l'auréole. Son influence est recherchée, mais paradoxalement, sa présence est aussi redoutée. A ce propos, Lars Vig (1977, p.43) a relevé un exemple précis. Traditionnellement, les Malgaches recourent à la science des devins - guérisseurs pour détecter et guérir les maladies. Si un devin-guérisseur (appelé saint par l'auteur) est appelé, ce dernier prend le soin d'observer l'entourage du malade.

> "Si ... à son arrivée dans la maison pour faire le sikidy (divination par les graines), le devin aperçoit un objet en fer, il y voit un mauvais présage, car le mot qui désigne fer (vy) ressemble à un autre mot (vina) qui a le sens d'un malheur mystérieux. Une bêche ou une aiguille peuvent aussi être mauvais présages si le "saint" au moment décisif de la divination s'aperçoit de leur présence - car c'est par la bêche qu'on ouvre la porte du sépulcre et l'aiguille sert à coudre le linceul"

Dans le même sens, l'aspect négatif véhiculé par le matériel en fer dans son utilisation et dans son usage en exige l'éloignement, mieux l'interdit.

A différentes périodes de la vie, on est amené à utiliser des outils ou des instruments en fer: couteaux, ciseaux, outils agricoles, etc. Comme le fer est imprégné du danger du sang nécessairement lié à la vie, l'utilisation en est alors réglementée. Les objets en fer sont ainsi utilisés avec une extrême prudence sinon même bannis et représentés seulement par un équivalent.

Lors de la naissance ou de la circoncision, un objet tranchant en végétal (notamment en bambou, et le couteau est alors appelé antsy valiha) remplace le couteau en fer interdit. Le cordon ombilical ou le prépuce sera coupé avec le couteau en bambou.

Dans le même ordre d'idées, il est également interdit de donner aux garçons non circoncis un couteau, une paire de ciseaux ou tout autre objet en fer. La sauvegarde de la valeur de la circoncision en tant que rite est conservée, mais surtout, le danger d'écoulement de sang avant l'opération est absolument évité. Enfin, lors de la première coupe de cheveux, la personne chargée de l'opération utilise un couteau ou un rasoir, mais les ciseaux sont interdits. Compte tenu de ce que l'on a vu auparavant, on peut penser que ce fady s'appuie aussi sur l'éloignement du danger de perte de sang. Et de fait, comme les ciseaux sont formés de deux fers croisés, le risque de blessure, donc perte de la vie est plus grand. Or, tout danger doit être écarté de l'enfant qui va plus tard assurer l'entretien des relations avec les ancêtres.

IV.3 - Outils en fer: leur représentation et leur valeur dans la littérature orale

L'étude de la métallurgie du fer ne peut se limiter aux seuls examens et analyses des matériaux provenant de fouilles archéologiques, même si l'interprétation de ces vestiges s'éclaire aussi par l'apport d'autres informations historiques (voir supra pp. 11 - 27) et littéraires. Aussi la vie quotidienne et la littérature orale font une place au fer qu'on trouve associé à certaines métaphores.

Dans les proverbes (ohabolana) et hainteny (poèmes de joutes oratoires) (41) considérés aussi comme proverbes par Domenichini-Ramiaramanana (1983), les métaux ne tiennent guère une place importante par rapport aux autres produits de la nature. Les exemples de mon corpus proviennent essentiellement des ouvrages donnant des listes de proverbes notamment les recueils de Cousins et Parrett (1885), celui de Houlder (1960) ainsi que celui de Ny Onja Andriamboavonjy (1960-1962) qui essaie d'expliquer le sens et donne l'historique des proverbes; les travaux de Domenichini-Ramiaramanana (1969 et 1983) bien sûr, constituent le document le plus complet.

Dans la littérature orale malgache, le fer est assimilé à une chose vivante, douée d'une âme et d'un pouvoir (hasina). Ce pouvoir peut être bénéfique mais aussi maléfique, et le fer peut guérir comme il peut aggraver les maladies. On le fait volontiers intervenir dans les cérémonies rituelles et on l'associe aux ancêtres, aux souverains, aux parents, c'est-à-dire à toute personne digne de respect.

Lors d'une demande de bénédiction aux ancêtres, le sacrifice nécessite l'utilisation d'une fourche en fer à sept branches. Cet outil est relié à deux symboliques: d'une part, celle associée au fer, et d'autre part celle liée au chiffre sept. Dominjoud (1959, p. 6) a analysé les valeurs octroyées aux chiffres par les Malgaches. Elle a dit, à ce propos:

"Les nombres pairs ou incomplets à l'exception du chiffre douze (le nombre des mois de l'année) sont en relation avec les événements malheureux. Les chiffres impairs incomplets sont favorables",

plus précisément le trois et le sept. Ils véhiculent le "principe mâle, générateur de la lumière et du bien". Le chiffre sept apparaît dans toute cérémonie que l'on veut bénéfique. En outre, Hébert (1977, p. 11) observe que le chiffre sept fito est aussi associé à une autre symbolique:

"le mot fito rappelle ito couper, trancher le mal".

Ainsi, un enfant né avec un destin puissant (mahery vintana) doit prendre un bain à sept composants. On y mettra des feuilles de certaines herbes, éventuellement coupées en petits morceaux qui accompagnent des tenailles, un rabot, une sagaie, une aiguille et un couteau (fandraka, vakona, lefona, fanjaitra, fanirina). Cette décoction est arrosée d'eau, et un fragment d'argent (volafotsy) est mis au milieu. Tous les outils en fer sont ensuite tenus au-dessus de la tête de l'enfant par l'ombiasa, le guérisseur.

Les ancêtres sont assimilés à des couteaux bien trempés et à des sagaies munies d'une bonne douille (antsibe tsara ofana, adidy tsy mba madilo, lefona tsara varombo, atomboka tsy mba milefitra) Tantara ny Andriana, II, p. 1055) ne craignant aucun coup dangereux. La protection, en général, est assurée évidemment, grâce aux outils en fer. Les vieilles personnes, aguerries et semblables au fer ou à l'argent, passés au feu, sont comparées à des canons ayant pour rôle d'assurer la garde du grand portail (Tantara ny Andriana, II, p. 943).

Le fer est très souvent associé à des images qui connotent une idée de puissance (42). Les métaphores désignent aussi bien les personnes physiques que les personnes morales. Au temps des royaumes, les groupes faisant serment d'allégeance se comparent volontiers au fer, non pas le fer qui n'oserait affronter le feu de la forge, ou le fer doux (valoroka) qui n'oserait braver le feu, mais l'acier (tsỳ) qui n'a pas peur de changer quoiqu'il arrive (Tantara ny Andriana, II, p. 987). L'acte de bravoure est assimilé également au fer qui s'échappe du fourneau. Il ne s'agit nullement d'une considération négative. Le Malgache tient à la vie; ceux qui bravent les dangers et savent qu'ils sont en danger de mort sont considérés comme très courgeaux. Conformément à cette conception, la vie est l'objet d'entretien et de soins particuliers. On évite ordinairement les dangers et tout ce qui risque de mettre en péril l'existence. Mamy ny aina (la vie est douce), une fois perdue, en effet, la vie est irrécupérable, tel le fer qui s'échappe du fourneau de fusion, se mélange aux scories et devient inutilisable. Aux personnes qui préfèrent braver la mort s'applique alors l'expression: manao vy very ny ainy (faire de sa vie comme le fer qui se perd).

On se rappelle la conception qu'ont les métallurgistes du fer qui pousse (voir supra, pp. 44/167). En fait, ils sont les seuls à avoir cette croyance. Le métal fer n'engendre pas, mais pousse. Les ancêtres disent à ce propos: "ny vola tahaky ny vato sy ny vy, koa tsy mba miteraka, fa ny vava no mampiteraka azy sy ny teny fanekena (il en est de l'argent comme de la pierre et du fer, ils n'engendrent pas, mais c'est la parole et les accords contractés qui leur font avoir des enfants" (Tantara ny Andriana, II, p. 919). Du point de vue des métallurgistes, le fer étant associé au mâle, cette conception se vérifie, car il ne peut pas accoucher comme les femmes. Ce sont les gens qui déclarent qu'ils ont des enfants.

Le fer a été connu de tout temps, mais à cause de sa rareté, on lui a octroyé des pouvoirs. Son usage dans les rites est une conséquence de cette situation. Dans le rite d'effacement des fautes ou dans le traitement des maladies, son pouvoir purificateur est mis à profit. Les gens veulent conjurer le mal ou guérir les maladies inconnues par le fer.

Une langue qui a proféré des paroles interdites doit être grattée avec un couteau. C'est le rite du mikao-dela, pour purifier la langue, chez les Betsileo. De même chez les Merina, la langue souillée était purifiée avec un couteau passé au feu.

Le nombre de charmes et remèdes traditionnels utilisant le fer et ses dérivés est assez faible. Contre les séquelles farasisa (43), on chauffe une louche en fer qu'on appliquera ensuite au pied. Traités ainsi, les farasisa disparaîtraient. On relève, également, parmi les remèdes traditionnels, l'association dans un panier où les poules couvent leurs oeufs, d'une vieille bêche (angady mondro) avec des scories de fer (taim-by) mélangées à des feuilles de dingadingambazaha (44). La vieille bêche et les scories de fer sont chauffées, et le malade en reçoit la vapeur. De même, pour arrêter les maux de dents, on chauffe une bêche. La goutte d'eau provenant de cette opération (ranomasom-by larme de fer), est récupérée avec un bout de tissu et appliquée sur la joue.

En d'autres occasions, comme dans les cas de sorcellerie, l'intervention du fer est décisive. Renforcé par d'autres éléments de la nature - le feu, l'eau et l'air - son pouvoir thérapeutique permet la guérison d'un malade. Pour traiter une femme victime d'un mauvais sort jeté par une autre femme, un outil en fer est chauffé au rouge et arrosé d'eau. La vapeur ainsi dégagée a le don de libérer la femme ensorcelée de toute maladie ainsi que celle qui lui jette un sort.

Le phénomène de l'usure joue aussi un rôle. On peut penser que cette usure montre précisément la puissance de l'outil en fer qui a bravé le temps. L'usure favorise l'éloignement d'éventuels inconvénients dans telle ou telle circonstance. Pour la conjuration d'un mauvais destin dont la solidité est comparable à celle du fer, seul le fer, en l'occurence la bêche usée, peut l'enlever. Lars Vig (1977, p. 23) décrit le traitement des enfants nés sous le destin d'Adalo (Verseau) et qui deviennent muets: "pour détourner le mauvais destin, on tape sur un morceau de fer ou bien sur un tambour à leur naissance". Durant la même cérémonie, l'utilisation d'un couteau usé sert à éloigner le mal.

Dans d'autres pratiques encore les anciens Malgaches recouraient à la bêche usée. Par exemple, pour faire revenir l'âme égarée d'une personne lasa ambiroa (quelqu'un qui a perdu son double et devient lunatique), on frappe sept fois sur la vieille bêche (45) et l'âme est sensée revenir (Tantara ny Andriana, I, p. 100). En d'autres occasions, cette usure peut aussi traduire l'impuissance. Ce caractère est surtout manifeste sur le plan économique. Les outils ayant subi l'usure du temps perdent de leur efficacité (46) et de leur valeur marchande. Les métaphores ou simplement les allusions aux outils usés sont destinées à prévenir les échecs et à éviter la honte. Ces outils doivent en effet être mis au rebut. Les proverbes suivants expriment bien cette conception: Angady mondro sy reniakoho, ka izay mananda no resy (vieille bêche contre mère-poule, qui ajoute quelque chose y perd). La vieille bêche et la mère-poule se valent, car aucune d'elles ne peut plus servir à grand-chose. Par ailleurs, toute opération entreprise avec une bêche usée a peu d'espoir de porter des fruits: Angady mondro ka mba mijaradona; Vola ratsy ka mba mikorintsana; Tandremo ny amidy vao miady varotra (Une bêche ébréchée ose encore se planter; De l'argent de mauvais aloi ose encore tinter; Prends garde à ce qui est à vendre avant de marchander / Regarde à ce que tu as dans ta poche avant de marchander). C'est également dans l'optique de la perte de leur puissance initiale qu'il faudrait comprendre l'utilisation de vieilles bêches et haches à la construction des tombeaux. Ces outils usés ont perdu leur tranchant et sont ainsi sans effet de sympathie. Ils serviront à creuser un tombeau qui sera construit à un endroit non assigné à cet effet. Leur caractère dénoté par le terme "mort" (maty, angady maty/famaky maty) est censé passer au tombeau et évitera d'attirer chez lui beaucoup de personnes (47).

Le caractère maléfique attribué au fer s'observe surtout dans le cas où on le soupçonne de transmettre les maladies très graves et dangereuses considérées comme un fléau social. A ce propos, Standing (Antananarivo Annual, 1895, p. 259) écrit:

> "To give a piece of raw meat or any iron article to a leper or to receive such article from him, is to be avoided" (48)

Il est également interdit aux gens atteints de verrues (vaikely) d'enjamber une hache. Comme la hache sert à fendre (mamaky), les verrues à l'image du bois risquent de se "fendre" (vaky) d'où l'interdit. La croyance qui veut que le fer considéré comme un être vivant puisse mourir (zavatra manana aina na nanana aina ka maty), accentue encore son pouvoir maléfique. Les sorciers peuvent s'en servir pour jeter des sortilèges; ils utilisent soit des fragments de tissu, soit des bouts de fer, soit des herbes (Tantara ny Andriana, II, p. 842).

On notera que le métal fer, tout comme l'or, l'argent ou le bronze sont associés aux destins. Ces métaux servent par la même occasion à désigner ces destins (Lars Vig, 1977, pp. 16 - 17 et 60).

Le destin Asorontany (écrevisse) est lié au fer. C'est un destin fort et puissant assimilé à un "assemblage solide tel que celui d'un mur en pierres solidement assemblées (jointes) à l'aide de chaux ou comme deux morceaux de fer qui, sous l'action du feu, sont assemblés et soudés pour n'en former qu'un seul". Pour écarter le mauvais sort (car les enfants nés ce jour risquent de tuer leurs parents ou leurs propriétaires dans le cas d'un esclave), un des rites de conjuration (fanalambintana) consiste à faire jouer un fer au-dessus de la tête de l'enfant et à le faire baigner dans une eau où on a plongé de l'argent.

Le destin Asombola (épi), lui, est associé à l'or et à l'argent. "C'est un destin d'or, favorisant les affaires d'argent". Aucun rite particulier n'est exigé pour ce destin.

On sait que le respect des directions est primordiale chez les Malgaches. L'organisation spatiale de l'habitat comme la réalisation des différentes activités, même les plus minimes, tiennent comptent de la conception générale de la cosmogonie (voir IV. 4, p. 189).

Le destin Adimizana (sud-ouest) qui est le coin assigné aux métallurgistes (voir pp. 66-117) se trouve en opposition au destin Alahamady (nord-est). On comprendra alors pourquoi un malade dans le destin vintana Alahamady ne doit "recevoir la visite ni de forgerons, ni de pêcheurs à la ligne de peur d'aggraver la maladie".

Les deux entités métal-fer et outils en fer se valent. Ils sont tout aussi importants l'un que l'autre, et on les trouve parfois associés dans les métaphores. Cette indifférenciation s'exprime par exemple dans le proverbe suivant: Tsy misy tombo sy hala, fa angady nananana sy vy nahitana (le mérite est égal: car l'un est un fer qui a servi à trouver et l'autre est une bêche qui a servi à obtenir). Cette expression est aussi couramment utilisée en politique pour remercier les personnes considérées comme étant le soutien et le pilier de la nation. Elle assimile ainsi ceux par qui les bienfaits sont arrivés. On dispose des outils de production comme la bêche, par le métal-fer. Ce dernier ne doit donc pas être oublié. En outre, la vie est aussi assimilée au fer. Comme la bêche, outil indispensable à la production qui assure la survie du groupe, elle en constitue une condition primordiale. Cette conception est alors traduite par cette métaphore: Angady tokana ny aina, raha tapaka, tsy misy hasolo azy (la vie est semblable à une bêche unique, une fois cassée (49) on n'en a pas d'autre pour la remplacer).

Le fer, en tant que minerai, est humanisé. En tant que "personne humaine", il vit au sein d'une famille, d'une société. Le proverbe suivant sur la parenté exprime bien cette conception: Tiavo ny havana, fa tantanamby, tsofa vy: ny havana ihany no mpanajary havana (aimez vos parents, car comme avec le marteau ou la lime, ce sont les seuls qui puissent vous considérer (vous honorer) (50).

Pour expliquer ce proverbe, Ny Onja (1960 - 1962, p. 87) évoque l'histoire du Lingot de fer qui fut victime du forgeron et que ses parents n'avaient pas voulu aider. Ces derniers ont même contribué à anéantir un des leurs. Dans son ensemble, le récit met en valeur le fer dans l'atelier en général. Le forgeron lui-même, qui dirige les différentes opérations, est laissé en arrière-plan. Le fer, une matière inerte en principe, devient humanisé. Voici une traduction résumée de ce récit:

> "Au début, Ianjamby (lingot de fer) était confiant, car bien que le feu de la forge où il allait être plongé était bien rouge, il avait vu autour de lui ses amis, ses parents: Iriandriana (Enclume) est, bien sûr, de nature taciturne mais il semble vouloir apporter de l'aide; Itongopozalava (litt. Pattes de crabes, Tenaille) est aussi présent pour couper court à toute tentative ennemie; Itantanana (Marteau), tel un poing levé, attend le moment propice pour anéantir l'adversaire et Indriantsofa (Lime) est prête à tout pulvériser avec ses dents acérées.
>
> Ce sont tous des parents et ils sont bien armés pour faire face à toute attaque. Pour "Lingot de fer", la défense de l'un des siens doit être logique. La désillusion a été plutôt amère. En effet, quand le forgeron a plongé "Lingot" dans le feu, aucun de ses parents n'a levé le doigt pour lui venir en aide. De dépit, sa bonne figure toute noire a viré au rouge à cause de sa fureur, mais aussi par suite du feu de la forge. "Lingot" a repris un peu d'espoir quand "Tenaille" l'a ravi des mains et du feu d'enfer de "Forgeron" pour le mettre sur la poitrine de Madame "Enclume" qui le bercera. Mais, de toutes ses forces, Oncle "Marteau" l'aaplati, battu alors qu'il reposait entre les bras d'"Enclume". Finalement "Lingot" s'est dit que ce sont,

non seulement des parents ignobles, mais aussi des neveux utérins (zanak'anabavy) (51) sans scrupules et enclins à la traîtrise. Néanmoins, à l'issue des différentes opérations, "Lingot" s'est rendu compte du grand honneur que lui ont rendu ses parents. Il est, en effet, devenu un très bel outil prêt à rendre service et assuré de son efficacité."

Cette personnification, toutefois, n'est pas isolée car on peut retrouver la même image dans ce proverbe sur le rasoir: Antsy fiharatra novelezintantanana ka fisaky ny ray aman-dreny (Tel le rasoir (52) battu par le marteau, ce sont ses parents qui l'ont aplati).

Deux idées apparemment contradictoires se dégagent des récits et proverbes précédents: la reconnaissance de leurs bienfaits, même si ceux-ci sont parfois douloureux. Ceci nous permet d'aborder un autre volet de la vie quotidienne: l'éducation des enfants et l'importance de la descendance chez les Malgaches. Les parents recherchent toujours ce qui est meilleur pour les enfants (53). Ainsi, le rasoir qui s'est retrouvé aplati entre le marteau et l'enclume n'a aucune raison de se plaindre. Ses parents ont simplement fait leur devoir. Cette contrainte doit pourtant être accomplie en douceur.

L'apparente douceur dans l'éducation se perçoit aussi dans les proverbes comme dans celui-ci: Ny vy aza, izay raha tadiavina atao amboletra dia nofy izay ho tafiditra, rehefa mandeha an-drindrany misononoka mora foana. Traduction libre: "Rien n'est aussi solide que le fer. Cette solidité et cette puissance lui ouvrent en principe toutes les voies. Toutefois, rien ne s'obtient par la force, car à l'image du fer, on obtient facilement ce qu'on veut en suivant les orientations données."

L'outil en fer non utilisé donc non entretenu et bien conservé alors qu'on ne lui a assigné aucun rôle ni religieux, ni politique ne présente aucun intérêt. Dans la littérature orale, il sert alors à rappeler à quelqu'un ses devoirs en lui faisant honte. Traditionnellement, la fin d'un voyage ou l'arrivée dans un village est fêtée par un plat de riz accompagné de bouillon de poulet; ne pas offrir ce plat équivaut au désir de ne pas vouloir la visite d'autrui et s'en désintéresser. Tel serait le cas du gendre qui n'a pas de riz séché à piler pour en faire cuire à ses beaux-parents.

"Vinanto tsy manam-bary
Tsy vinanto fa vy (na)hantona
Un gendre qui n'a pas de riz sec (séché)
N'en est pas un, mais (ressemble à) un fer (qu'on a) suspendu".

Le gendre est ici comparé à un fer suspendu, ne servant à rien. Or, les beaux-parents doivent être l'objet d'attentions soutenues et d'égards particuliers:

"Raha tiana ny vady
Ny rafozana no tsinjovi-mandeha
Si on aime son (sa) conjoint (e)
On doit veiller sur ses beaux-parents".

Le gendre s'est alors déshonoré en manquant à ses devoirs envers ceux qu'il doit respecter. Et tel le fer suspendu, il représente un danger permanent, un malheur. On se rappelle que le fer véhicule aussi une notion de malheur mystérieux, de mauvais présages. Suspendu, n'ayant pas toujours servi, son utilisation ne peut coïncider qu'avec des événements dangereux. Le fer tenu au-dessus de la tête n'attend que le moment propice pour s'abattre. La hache ou le couteau servant à égorger le poulet ou à récolter le régime de bananes, en sont les manifestations:

"Akondro ambanana antsy: mihatra raha ela.
Tel le régime de bananes que le couteau menace.
Ce dernier finit par s'abattre".

ou encore "Aza atao famaky manan-tsiny amin'izay kiakiakan'akoho.

Ne (me) comparez pas à une hache honnie / blâmée par le poulet égorgé".

En outre, le gendre dont on a parlé précédemment peut être, à la limite, comparé à une faucille rouillée alors qu'elle est bien délaissée dans le fossé où elle est tombée.

"Antsibory latsaka an-kady: tsara tahiry vao harafesina Telle la faucille (qui a été) perdue dans le fossé: bien conservée, elle se rouille toutefois".

En principe, l'idée de conserver ses objets aide à prévenir les conséquences des malheurs et des intempéries. Le riz est conservé au grenier ou dans le silo pour que les rats ne puissent l'atteindre. L'argent est thésaurisé afin de faire face à des dépenses imprévues. Mais la faucille, bien conservée dans le fossé, une fois sortie de sa cachette, ne servira à rien. Le gendre, mis en face de ses devoirs, est incapable de les remplir comme il se doit.

Dans le domaine des relations sociales, les allusions au fer ou aux outils en fer servent à traduire également les attitudes et comportements requis. Ainsi, les personnes qui agissent comme les marteaux à deux têtes, ne sont pas très estimées. Elles sont hypocrites et finalement oeuvrent en faveur de la discorde dans la société: Aza manao tantanan-droa lela, ka mahay atoy mahay aroa (Ne procédez pas comme le marteau à deux têtes, qui opère ici et ailleurs). Il en est de même des opportunistes qui, eux, sont assimilés au petit couteau à long manche. Ce dernier peut être utilisé à différents usages. Toutefois, par son utilisation exagéré il s'approprie certains privilèges auxquels il n'a pas droit. Par son obstination, le petit couteau à long manche, qui a peut-être beaucoup de chance, s'acharne à faire croire qu'il est capable. Mais il est semblable à ces personnes têtues et opiniâtres qui sont la risée des autres dans leur volonté de se mettre au premier plan. Et c'est ce que traduit le proverbe suivant: Mitompo teny fantatra, toy ny antsikely be zara(na) (Qui s'approprie des airs et des paroles connus, se comporte en petit couteau à long manche (et beaucoup de chance).

Sur le plan politique, l'idée de la solidité, de la puissance toujours associées au fer et à ce qui en dérive est également retrouvée dans les images de la littérature. Les royaumes unifiés et puissants sont alors assimilés à des marmites en fonte qui se cassent difficilement. En outre, toutes les cuissons y sont réussies. Ny Onja (1960 -1962) a relevé les proverbes suivants sur les royaumes de l'Imerina et celui des Betsimisaraka: Ambohimanga vilany vy, Ilafy vakitronga, Ambohidrabiby hasin'Imerina (Ambohimanga est la marmite en fonte, Ilafy le combustible, et Ambohidrabiby est le symbole de la puissance de l'Imerina) et Ny Betsimisaraka: vilany vy nakambam-bazaha ka teo vao niharo (les Betsimisaraka sont comme la marmite en fonte fabriquée par les étrangers; ils se sont mélangés seulement à cet instant). Ambohimanga, Ilafy et Ambohidrabiby constituent trois des douze collines sacrées de l'Imerina ancien. Les problèmes soumis au souverain à Ambohimanga sont toujours solutionnés. Mais la puissance d'Ambohimanga, la capitale royale, n'est assurée et n'est efficace sans le concours d'"Ilafy, le combustible qui travaille de concert avec la marmite pour réussir les cuissons. Le rôle d'Ambohidrabiby est d'assurer la conservation du pouvoir du souverain. On remarquera également que la conception du danger par le fer (voir p. 176) est sentie en filigrane. Ainsi, Ambohimanga peut constituer un danger pour les territoires insoumis. Il en est de même des Betsimisaraka sur la côte Est qui, au XVIIe siècle, ont constitué un royaume puissant et dangereux pour ses voisins.

Avec les proverbes cités précédemment, le fer a servi de référence à certaines valeurs sociales. Mais on se rend compte qu'il sert parfois de bouc émissaire. Les humains se déculpabilisent et donnent la responsabilité de certaines actions réprochables au fer personnalisé (voir supra p. 183).

En résumé, on retiendra que le fer est entièrement intégré dans la vie quotidienne. Pris comme simple objet, on le chargera de conceptions et de valeurs économiques et politiques; humanisé, il servira d'exemple pour les comportements requis en société.

IV. 4 Organisation sociale

4.1 Métaux et classes sociales

La place des forgerons dans l'ancienne société varie selon les régions. Ils peuvent être estimés dans certains cas; mais ils peuvent aussi être méprisés ou craints. On les trouve souvent en position inférieure par rapport à ceux qui détiennent le pouvoir. Il semble que ce soit le cas dans la majorité des groupes. Le fer est en effet socialisé. Les Andriana (souverains et nobles en général) ont minimisé d'une façon ou d'une autre l'importance du forgeron en confisquant le pouvoir de son métal et en domestiquant les artisans. Ainsi, chaque souverain avait ses forgerons constitués en classe; en Imerina, on avait les Andriandranando, chez les Masikoro les Tambỳ, et chez le Betsileo les Zafindraraoto.

Le fer est doté d'un certain pouvoir (le hasina) dont on cherche à s'emparer. Les andriana se sont alors octroyés les privilèges pour le maniement ou la possession de tout objet rare, par extension de tout ce qui a rapport au métal-fer. Comme je l'ai déjà souligné, cet accaparement est l'apanage essentiellement de ceux qui détiennent le pouvoir et l'autorité, c'est-à-dire les gouvernants, les souverains. Ceux-ci institueront ce caractère comme héréditaire chez leurs descendants. Cette sacralisation héréditaire renforce la place prépondérante du groupe au pouvoir. Ceci entraîne de nombreuses prescriptions et interdits pour le fer, mais à plus forte raison pour l'or. La littérature ethnographique est remplie de références sur le port de l'or, un privilège réservé aux nobles et aux rois. A ce propos, Flacourt (1661, chap. XXVI, p. 82) écrit:

> "Les Grands et Zafferamini et grands Anacandrian peuvent porter de l'or pour ornement: mais les Noirs n'en oseroient porter,

> excepté les Voadziri et Lohavohits, qui peuvent porter de petites oreillettes d'or et quelques grains d'or et leurs femmes et enfants aussi: mais pour des menilles d'or, ils n'oseroient en porter".

Cette considération envers le métal or est observée partout dans l'île. Plus récemment, Decary (1962, pp. 83 - 95) remarque:

> "En raison de sa rareté et de la sorte de culte dont il était l'objet, le port de l'or sous forme de bijou a constitué une prérogative royale. Si les anciens orfèvres fabriquaient en Imerina des bijoux d'argent pour le peuple et on en vendait sur les marchés dès le temps d'Andrianampoinimerina, par contre, ils ne travaillaient l'or que pour le compte des rois et des princes".

La croyance dit que l'on devient fou si l'or est foulé aux pieds; aussi, la population adopte une attitude de déférence envers l'or comme envers les souverains. Les populations côtières commencent par déposer l'or un instant sur leur tête ou le passent au-dessus avant de le toucher. Les grands vénèrent également le métal dont ils ont acquis le port et l'usage. A ce sujet, Decary (1962) écrit:

> "En principe, les bijoux d'or étaient portés par les mpanjaka et leurs épouses, à la tête, au cou, à la poitrine, aux bras, rarement aux chevilles et jamais aux pieds. Dans la région occidentale, les reliques royales, dady ou jiny étaient placées dans des coffrets ou grosses dents de crocodilles, ornés d'or et d'argent...".

L'or est un métal dont l'origine est inconnue; de ce fait, il est par certains aspects l'objet de culte comme peut l'être aussi le fer. Ne trouve pas l'or qui veut! Il ne se montre qu'à ceux qui sont bénis par les esprits, les ancêtres, ce que fait aussi le fer. On a toujours dit que le fer appartient au souverain (an'ny andriana ny vy), et par extension aux nobles en général. Les sources écrites alliées aux sources orales collectées auprès des métallurgistes de Merikanjaka nous obligent par ailleurs à nuancer une affirmation de Molet. Il a, en effet, affirmé (1969, I, p. 142) que "seuls les nobles étaient métallurgistes ou forgerons" (du moins en Imerina). Néanmoins, si seuls les nobles ont le droit de regard sur le fer, on comprendrait mal la cause de l'interdiction de la pénétration du fer sur les sites dits "nobles" (54). On s'explique mal aussi l'interdit qui frappe l'Andriana qui ne doit pas jeter un regard à l'intérieur des mines (p. 175).

Les nobles Andriandranando ont plûtot accès à la forge mais pas à la fusion initiale. Il est probable qu'à l'origine, les nobles étaient écartés de la maîtrise de cette chose mystérieuse zavatra, qu'est le fer. Lors de mes enquêtes, j'ai pu savoir que les métallurgistes de la région de Merikanjaka font partie du groupe des anciens serviteurs (mpanompo). Ingahibe Tovo de Falefika très discret, a toujours laissé entendre que les andriana n'ont pas le droit de travailler le fer. J'ai même senti, de sa part, comme un léger reproche envers des nobles, à propos de la disparition récente du minerai exploité depuis le temps des ancêtres. Il fait retomber ce problème sur les techniciens qui ont voulu remettre en route la technologie traditionnelle.

On peut aussi penser à un schéma inverse. Ceux qui détiennent le pouvoir ont relégué à un rang inférieur les métallurgistes dont ils dépendaient économiquement et militairement. Randriamarolaza (1983, p. 197) le souligne quand il parle des groupes forgerons du Betsileo:

> "Si le travail du fer et la technique de la forge sont apparus dans le Lalangina avec les Hova mandrefy personnages du haut de la hiérarchie, ces derniers n'étaient pas eux-mêmes des forgerons, mais on laissé à d'autres groupes inférieurs le soin de se spécialiser sous leur contrôle dans les arts du feu".

A l'origine donc, aucune personne d'origine andriana n'avait le droit d'exercer cette technique d'autant plus que les forgerons sont réputés impurs. Ils n'ont pas toujours respecté les fady (interdits) sociaux. Chez les Masikoro, le groupe des Tambỳ spécialistes de la métallurgie, pourtant d'ascendance aristocratique, a été rejeté au bas de la hiérarchie nobiliaire. La tradition prétend qu'ils ont accepté de prendre avec les dents un outil en fer planté dans des excréments de chien, ce qui aurait conduit les rois mpanjaka à les mépriser. Chez les Betsileo, les Zafindraraoto, d'origine noble, ont été déchus, à la suite de certaine faute mal précisée. En Imerina, les forgerons Andriandranando sont placés plutôt au bas de la hiérarchie nobiliaire (55). Il semble que seuls les métallurgistes de la région de Merikanjaka qui font vraiment partie du groupe des serviteurs (mpanompo) auraient été relégués à ce rang, parce que leur ancêtre avait osé profaner un interdit social. Les traditions précisent que l'ancêtre Ramaherivola (voir Antsampia, pp. 101 - 122), lors d'un jeu, a chevauché l'andriana Andrianefitany qui en a ainsi perdu ses attributs nobiliaires.

Une idée de souillure accompagne presque toujours dans la mythologie officielle les métallurgistes et forgerons. Tout objet apparenté au fer ne peut toucher ni le souverain, ni les nobles en général, ni ceux reconnus comme possédant un statut social élevé. Les nobles en Imerina ne pouvaient être liés avec des menottes en fer (gadra vy). On devait utiliser des liens en végétal (Tantara ny Andriana II, pp. 771 et 816). Il était également interdit aux roturiers de faire toucher du fer aux nobles.

Les sorciers, fabricants de maléfices (mpanao ody mahery) passibles de la peine de mort ne pouvaient pas non plus être tués par les couteaux ou les sagaies. On retrouve ce même caractère chez les Sakalava. Les gens blessés par une arme tranchante ne peuvent avoir aucun contact avec le souverain (qu'il soit vivant ou qu'il soit mort). Lors du bain des reliques royales (Fitampoha) chez les Sakalava Menabe, E. Nerine (1983, p. 214) observe:

> "Ne peuvent être mpibaby (les personnes ayant le privilège de porter sur le dos les reliques royales) ceux qui ont été souillés (vorere) pour l'une des raisons suivantes: avoir été blessé par un coup de hache (niazom-pamaky), avoir été blessé par un sanglier (finirandambo), avoir été mordu par un chien (niheherin'alika), etc." (56).

L'utilisation de l'image peut être poussée plus loin. En Imerina, au XVIIe siècle, Andriamasinavalona a édicté le tabou de planter la bêche dans la digue (Tantara ny Andriana II, p. 871). L'interdiction avait pour but de pallier au danger de rupture de la digue construite pour relier les zones où habite la soeur du roi avec les autres zones. Le souverain avait dit:

"C'est comme si on plante une bêche dans ma poitrine. Quiconque le fait veut ma mort". En Imerina, le souverain estimé est très souvent, assimilé à Dieu Zanahary, le maître de la vie. Et quiconque veut la mort du souverain s'attire la malédiction des ancêtres, des aïeux et de Zanahary. Au XVIIIe siècle, Andrianampoinimerina a réutilisé cette image du Dieu-le Souverain (Nanahary) qui, seul peut utiliser le fer pour la mise à mort. Lors du rituel de sacrifice aux ancêtres, il a utilisé l'expression suivante: "lefoni'ny Nanahary sagayé par Dieu". Ce dernier point nous amène ainsi à reparler de l'appartenance du fer, métal du prince: "an'ny andriana ny vy". Le souverain est le seul à avoir le droit de disposer d'une large utilisation de ce métal. Il en est le propriétaire. Quiconque frappe avec le fer (mamely vy) est passible de la peine de mort. Le souverain Andrianampoinimerina a affirmé qu'il est le seul propriétaire du fer: "tsy misy tompo ny vy f'izaho no tompo ny vy" (Tantara ny Andriana II, p. 766). Comme le souverain aussi est le propriétaire de la vie de ses sujets, seul il peut procéder à l'exécution capitale avec le fer (la sagaie), comme il est le seul à les échanger contre de la poudre ou des fusils. C'est le cas notamment des andevo (esclaves), les Tsiarondahy en Imerina.

Enfin, à sa mort, plusieurs activités doivent être suspendues: celles qui recourent à des matériaux tirés de la terre dont le travail de la forge (manefy vy), la fabrication des poteries (manefy vilany) ou encore la construction de maisons (manovom-peta) (Tantara ny Andriana, II, p. 1060). Chez les Betsileo, celui qui succède au roi décédé est celui à qui les grands ont octroyé le fusil et le grand couteau sacré (antsibe malaza).

4.2 Les forgerons au sein de la société

Le statut du forgeron malgache est assez complexe. La plupart du temps, il est méprisé et véhicule une notion de souillure. On se rapelle ces mpibaby sakalava, qui ne doivent pas avoir été touchés par le fer ou par le chien, objets "sales" par définition. En effet, le forgeron et le fer sont toujours amenés à faire couler le sang, que ce soit dans la vie quotidienne ou lors des rites et sacrifices.

Toutefois, cette attitude de mépris est toujours accompagnée d'un autre comportement de crainte et de respect. Ce trait se rencontre, par exemple, chez les Tanala. Vérin (1965, pp. 151 - 158) remarque l'existence du droit d'inviolabilité commun à la tranobe royale et aux cases des forgerons:

> "La tranobe du mpanjaka offre le droit d'asile. Même le sorcier malfaisant en danger d'être maltraité y trouve refuge dès qu'il a posé un pied sur le seuil. Lors de la révolte de 1947, les fonctionnaires merina menacés ont profité du droit d'asile de la tranobe royale, dont le privilège d'inviolabilité est partagé par les cases des forgerons, fort rares en pays tanala".

De ce passage, il apparaît clairement que les forgerons ont presque les mêmes droits que le souverain. Ils jouissent de leur protection, et on se demande même si les forgerons tanala n'auraient pas été, à l'origine, des grands nobles, déchus depuis.

Chez les groupes de forgerons étudiés, on note par ailleurs une attitude assez particulière: la société les tient à l'écart. Serait-ce le mépris ou la peur observés par leurs contemporains vis-à-vis d'eux qui les poussent à s'allier facilement avec les étrangers et à être plus ouverts? J'ai de nombreuses fois remarqué cette attitude chez les métallurgistes de la région de Merikanjaka. Ils s'occupent de besognes qui ne sont pas à la portée de tout le monde, et il n'est pas rare qu'on les accuse de trahison. Les descendants de Ramaherivola sont considérés par les habitants comme ceux qui auraient tenu un rôle équivoque lors de la révolte de 1947.

On ne peut écarter le fait que les forgerons fort et assurés de la maîtrise d'un certain mystère n'hésitent pas à entretenir cette méfiance. Ils tirent un prestige de cette puissance dont on les croit bénéficier par leurs contacts avec les esprits de la terre, de la forêt et ils s'amusent à faire peur à leurs contemporains.

Nous avons vu précédemment que les forgerons bénéficient de certains privilèges propres aux nobles, aux souverains andriana. En Imerina ancien, les Andrianteloray du groupe des Andriana constituent les bijoutiers et orfèvres royaux, et ils forment également le groupe des forgerons royaux (Tantara ny Andriana, II, p. 737). Chez les Betsileo, les groupes forgerons qui ont été destitués ont réexigé la dignité de hova (nobles) en échange de leur déplacement vers d'autres régions par le pouvoir royal.

A propos des Zafimaniry (Zafimanirivary) étudiés par ailleurs par Coulaud, Randriamarolaza (1983, p. 199) relève concernant les forgerons:

> "ils ont exigé la dignité des Hova, c'est-à-dire certaines prérogatives attachées au statut de hova, et une certaine autonomie politique dans l'unité économique régionale".

Mais curieusement, les forgerons occupent un rang inférieur sinon marginal. En Amoronkay d'ailleurs, à l'heure actuelle, cette situation s'observe dans le lieu d'implantation de leur site. A Merikanjaka, la raison de commodité est toujours avancée. Les descendants de Ramaherivola sont plutôt portés à fréquenter par exemple le marché d'Alarobia-Ambatomanga au sud, alors que, territorialement et historiquement, le marché d'Alatsinainy-Merikanjaka au nord est plus indiqué. Serait-ce une volonté de marquer leur indépendance vis-à-vis des descendants directs d'Andrianefitany à Merikanjaka? Historiquement les forgerons du groupe Ramaherivola ont probablement voulu prendre leurs distances vis-à-vis du pouvoir d'Andrianefitany. J'ai aussi remarqué qu'aucune personne venant de leur groupe n'avait assisté à la cérémonie rituelle du jaka (57), en décembre 1982. A l'heure actuelle toujours, les descendants de Ramaherivola continuent de manifester leur désir d'indépendance administrative en voulant avoir leur groupe fokontany (58).

Le relatif isolement des forgerons, entourés à la fois de mépris (59) et de respect, est aussi dû aux secrets qu'ils manipulent.

Certes les secrets et charmes ont le caractéristique d'être réservés; seuls ceux qui ont des relations avec les esprits et les ancêtres peuvent en connaître la valeur et la puissance. On ne s'étonnera pas alors de savoir que le "fief" d'Andrianefitany à Antsampia (voir pp. 101 - 122) a constitué le centre d'examen des idoles royales (sampy) avant leur acception par les grands du royaume. Du fait aussi de leur connaissance des secrets de la terre et de la forêt, les métallurgistes - sinon les habitants originaires de leur région - sont aussi guérisseurs. Ceci n'a pas été explicitement énoncé lors des enquêtes, mais Razanadrakoto a bien insisté sur l'uniformité de leurs faits et gestes - exemple dans l'utilisation des fiaro bâtons protecteurs - et le mode des guérisseurs et des devins (mpanandro et mpisikidy) ou encore des sorciers (mpamosavy). Ceci se devine dans le respect de l'utilisation des bons chiffres (12-3 x 4) à l'exclusion d'une mauvaise association des chiffres (7-6 ou 3-9). Les métallurgistes sont les gardiens et les pourvoyeurs des guérisseurs en matière de remèdes.

La société ne peut se passer des services des forgerons pour faire fonctionner l'économie ou encore asseoir la puissance politique. Les forgerons, en effet, offrent à la société les moyens d'assurer sa sécurité et sa puissance avec les outils agricoles nécessaires, ou encore les armes pour la défense. Mais en plus ils confectionnent les bijoux et les parures des femmes et des hommes.

En outre, comme le forgeron maîtrise et joue avec le feu - un feu d'enfer surtout lors de la fusion - et que ce dernier lui obéit (60), le respect mêlé de crainte et de frayeur de la part de la population augmente encore plus.

D'ailleurs, le forgeron s'amuse et se plaît à entretenir cette frayeur qu'il inspire parce qu'il en retire des avantages. Cette attitude facilite l'observation et l'entretien de ses secrets, qui rejaillissent sur son indépendance et accentuent sa puissance. La communauté des métallurgistes-forgerons forme alors un ensemble clos. La fonction économique est héréditaire. Les gisements restent propriété d'une seule famille sur plusieurs générations. L'initiation technologique commence dès le plus jeune âge chez les hommes: les garçons débutent par la préparation du combustible (miroa arina).

L'observation de cette situation du forgeron au sein de la société nous permet aussi d'étudier sa "position spatiale". On se rappellera que le fer associé au feu, a un pouvoir surnaturel et tout ce qui le touche est craint. Dans l'étude des sites, j'ai remarqué que la zone octroyée à la métallurgie a certainement sa signification, inconnue aujourd'hui et qu'il faudrait replacer dans le contexte général de la cosmologie malgache. Toutefois, on peut aussi trouver des explications à cet emplacement en se reportant aux aspects pratiques.

Les anciennes maisons malgaches ont été construites en végétal, en bois avec une toiture en chaume (trano kotona, trano zozoro); les constructions en dur avec les briques et les pierres ne sont apparues qu'au XIXe siècle. Il fallait donc préserver le village de tout danger, essentiellement de l'incendie. En outre, et ceci s'applique pour la région de Merikanjaka, un emplacement à l'est n'est pas recommandé avec le vent d'Est - l'alizé - continu, et puissant dans la partie orientale. Plein ouest: c'est la direction du soleil qui se couche. La direction idéale semble alors être le sud-ouest avec le vent nord-est au dos. On se souviendra aussi que les zones octroyées à la fusion ou à la forge sont en bord de pente pour permettre une évacuation facile des laitiers et des scories.

A propos du domaine cosmologique, nous savons que le nord-est est le coin des ancêtres; c'est le lieu sacré où s'effectue le culte. Dans la vie quotidienne, c'est aussi l'endroit privilégié où se mettent les parents, les aïeux. Le soleil, la lune se lèvent à l'est. Les parents sont souvent assimilés à ces derniers (masoandro amam-bolana). Ile est impensable et nullement recommandé de dormir la tête à l'ouest en donnant des coups de pied aux "soleil et lune". Par ailleurs, seuls les sorciers (mpamosavy) ou les personnes qui ont des destins noirs dorment la tête au sud, qui est l'endroit réservé aux volailles ainsi qu'aux esclaves, les mpanompo (anjoron'akoho le coin des poulets). En outre, les choses et les êtres auxquels on accorde peu d'importance sont relegués au coin sud. Le sud marque le mépris et l'ouest le profane. Ottino, repris par Belrose (1983, p. 84), écrit:

> "Le sud et l'ouest sont le domaine de la nature inquiétante, inconnue. Le centre, le nord et l'est constituent des directions auspicieuses et sont les domaines de la nature subjuguée...Le secteur du sud et de l'ouest est fréquemment à Madagascar, peuplé d'êtres étranges empruntés...à la mythologie bantoue".

Comme la technologie de la métallurgie du fer relève dans sa réalisation du mystère et de l'inconnu, sa place est alors tout indiquée à l'ouest et au sud-ouest dans l'organisation spatiale sociale. Et leur place au sud-ouest dans les sites est parfaitement résumée dans ce passage de Belrose (1983, p. 143) qui suit:

> "L'orientation de tous les éléments domestiques obéit à des impératifs religieux fondamentaux pour la culture malgache, ceux-ci font de l'abri domestique un microcosme de l'univers qui met en relation étroite l'ordre de l'univers et celui de la société".

Il est évident que les données insuffisantes au sujet de tous les groupes forgerons connus dans l'île ne permettent pas une généralisation en ce qui concerne cette localisation spatiale même si des phénomènes analogues se retrouvent dans l'ensemble de l'Ile.

4.3 Fer, forgerons et pouvoir

Les relations entre les forgerons et le pouvoir reflètent l'attitude générale de la société: le mépris et la volonté de reléguer les forgerons à un rang inférieur. On note également le respect qu'on leur doit parce qu'ils assurent l'assise économique et politique du royaume. Des alliances d'un genre particulier peuvent alors se rencontrer.

L'appartenance du fer aux princes a été maintes fois répétée bien qu'ils en aient été écartés de la production. Raison-Jourde (1983, p. 32), à ce propos, précise:

> "Le fer est le métal du prince...Symbole du pouvoir princier (ho an'ny andriana ny vy au prince l'attribut du fer, le fer est à ce titre très présent dans les contes. Le village de Zanahary y est entouré de "sept enceintes de fer", tandis que l'ultime refuge du roi, dans la version tanala du monstre dévorant, est une maison de fer. Enfin, le roi betsileo utilise...une cithare de fer. Quant aux hazomanga vy, on possède des photos prises à proximité du tombeau d'Andriambahoakafovoanitany, souverain d'Imamo, sur une île du lac Itasy. C'est un pieu de fer forgé, surmonté de deux cornes de boeufs stylisés".

Au niveau politique et économique, les relations entre les personnes et les régions productrices et consommatrices de fer sont alors complexes. J'aimerai auparavant relever un point de détail. Chez les Mafa du Cameroun du Nord étudiés par Podlewski (1966), le groupe de forgerons a pour autre fonction principale, d'enterrer les morts. Par ce fait, le forgeron se charge de la souillure de la mort qui est une besogne impure. On ne peut s'empêcher de penser aux Andrianteloray en Imerina, les forgerons royaux qui, seuls, ont le droit de fabriquer les pirogues en argent (lakam-bola) dans lesquels les souverains décédés sont enterrés. On se rappelle aussi que les métallurgistes d'Amoronkay sont des mpanompo (serviteurs). Or ce sont précisément des serviteurs qui peuvent seuls ouvrir les tombeaux des grands andriana aux enterrements. La croyance veut que le tombeau ne s'ouvre pas tant qu'un descendant de mpanompo n'a pas fait cette tâche.

L'idéologie mythologique est très explicite à propos des malheurs des forgerons dans les régions de métallurgie, mais aussi sur les malheurs de "leurs nobles". L'histoire d'Andrianefitany fait état d'infortune caractérisée. Déjà à sa naissance, bien qu'il soit né sous un jour faste (Alahamady), ses parents ont dû le faire fuir vers l'est sous peine de mort. Dans son enfance, au village d'Ambohinaorina, il était volontairement relégué par ses parents au coin sud du village (am-panarivana ondana le lieu indiqué pour jeter les biens de quelqu'un après sa mort). Plus tard, lors de son règne, sa dégradation a été marquée par l'enlèvement de certains attributs de la noblesse, comme le salut propre au seul groupe des andriana nobles (tsara va tompoko - portez-vous bien mon maître). Selon les traditions, Andrianefitany en a voulu à son serviteur Ramaherivola à la perte de cet attribut. Toutefois, il n'a pu s'en séparer parce que ce dernier assure la puissance politique et économique de son "fief". En outre, son nom même en est la preuve: Andrianefitany de "Andriana naha fehy ny tany" litt. "Prince qui a pu mater les révoltes" (voir aussi supra p. 101). Et s'il a pu assurer la paix dans son fief, il disposait des moyens favorables, à savoir les outils et les armes. Les premiers souverains qui ont étendu leur royaume sur de grands espaces. ont disposé comme Andrianefitany, de forgerons producteurs d'outils et d'armes. C'est le cas d'Andriamanelo en Imerina qui triomphe des Vazimba. Schlemmer (1983, p. 107) relate la migration maroserañana au XVIIe siècle à partir du sud-est chez les Sakalava du Menabe, migration qui aurait introduit la technique du fer et établit une "caste de forgerons" permettant une supériorité économique et militaire face aux prédécesseurs qui n'avaient pas les moyens techniques appropriés. Ce sera également le cas d'Andrianampoinimerina au XVIIIe siècle, en Imerina, qui avait contrôl ses régions productrices de fer.

Sur le site d'Andrianefitany, au sommet d'Antsampia, la ligne de pierre reliant sa tombe à celle de Ramaherivola, symbolise l'impossibilité d'une séparation entre le souverain, les ancêtres et le forgeron. Ce dernier occupe la place qui lui est dûe, conformément à l'organisation spatiale. Son tombeau se trouve au sud-ouest par rapport à celui du prince au nord-est. Les ancêtres symbolisés par le lieu de culte, embrassent les descendants, le prince et le forgeron qui leur sont reliés. Ce lien unissant le pouvoir politique aux gens possédant le pouvoir technologique se retrouve aussi à un niveau beaucoup plus élevé. Selon les traditions, la région de Merikanjaka a joui d'un important rôle politique sur le plan historique. Outre la "vérification" des idoles royales sampy, les descendants d'Andrianefitany auraient été les principaux légataires du royaume avec ceux d'Ambohimanga et d'Ambohidrabiby. Une petite pierre au pied du vatolahy (pierre levée) sur la place centrale du village (kianja) à Merikanjaka, en serait le témoin. Comme on le fait à Ambohimanga et Ambohidrabiby, on dispose dans des petites bouteilles, au pied du vatolahy, des échantillons de terre provenant des douze collines sacrées reconnues officiellement. Cette parenté spéciale qui reprend parfaitement l'image symbolique du lien entre le souverain, les ancêtres et le métallurgiste est matérialisée au sommet d'Antsampia, dans la juxtaposition des lieux de culte et des tombeaux. Il est probable que l'instauration de ce lien a eu pour but essentiel de faire face à toute révolte éventuelle ou à toute montée d'un clan puissant militairement et capable d'usurper le pouvoir.

Nobles et forgerons doivent se protéger mutuellement. De même, il est défendu "aux nobles et aux serviteurs de s'entretuer, car cet acte risque de réduire la descendance de l'une et l'autre partie à la misère totale" (Tantara ny Andriana, II, p. 984). Les mpanompo ont pour devoir de parfaire l'éducation des andriana si ceux-ci sont abandonnés des leurs.

Sur un autre point, la place tenue par Antsampia dans la confection des idoles sampy symbolise donc bien ce lien précédemment évoqué entre le pouvoir central et la région métallurgique. Les descendants d'Andrianefitany sont les principaux "gardiens" de ces sampy. Leur spécialité les amène d'ailleurs à entretenir commerce avec le monde magique, le monde mystérieux et ils sont donc les mieux indiqués pour jouer ce rôle. Ce rôle dévolu a été étendu à un grand oratoire politique. La plupart des traditions ont insisté sur l'appartenance d'Andrianefitany à la grande famille dynastique d'Imerina. Sa mère Ramasina serait originaire d'Alasora, souce des andriana (loharano nisehoany ny andriana - Tantara ny Andriana, II, p. 943). Le père Callet a relevé qu'Alasora, une des douze collines sacrées, est le conjoint d'Ambohimanga (Alasora vady n'Ambohimanga - Tantara ny Andriana, II, p. 947). Le souverain Andriamanelo qui, le premier, a appris à ces sujets à forger le fer, est enterré à Alasora. Les descendants d'Alasora sont les premiers à assurer l'exécution des travaux pour le compte du souverain (Tantara ny Andriana, II, p. 1019), bien que leur descendance directe ne peut pas toujours régner (Tantara ny Andriana, II, p. 1042). Il y a donc lien entre le pouvoir et ceux détenant la technologie, mais ce lien a été instauré pour s'allier la science des forgerons. D'ailleurs, Andrianefitany n'a pu régner car originaire d'Alasora, mais il joue par ailleurs d'autres rôles aussi importants, économique et politique.

La région de Merikanjaka, spécialisée dans la métallurgie du fer depuis un temps immémorial, est rattachée à l'Amoronkay, où se trouve le célèbre marché du mardi (Talatan'Amoronkay) pour les outils et armes en fer. La majorité des armes utilisées par Andrianampoinimerina pour ses conqûtes militaires et surtout les bêches angady pour l'agriculture de ses sujets provenait de cette région. On imagine mal comment ce souverain se serait procuré les bêches distribuées chaque année aussi bien aux riches qu'aux pauvres (Tantara ny Andriana, pp. 805 - 806, 809) sans le concours d'Amoronkay. Aussi, Andrianampoinimerina a-t-il édicté de nombreuses lois pour régir la production de ces outils. L'Amoronkay devient un centre de travail et de production du fer avec Andriantsaratandra qui a accepté l'annexion (Tantara ny Andriana, II, p. 670). La production du combustible dans la région a été également réglémentée afin d'assurer le travail de la métallurgie. Il en est de même pour l'exploitation des gisements. Gustave Julien (1908, pp.328 - 330) a relevé les règlements appliqués au XIXe siècle suivant le droit coutumier, sans doute de tradition ancienne. Voici ce que Julien nous rapporte:

> "Titre XXIX: Règles observées par les mineurs de l'Amurunkai (ni fomba ifanarahan'ni mpihadi vi tani Amurunkai).
>
> La population entière, du moins avant la conquête tirait des mines son existence. L'Amurunkai est la région qui borde la

grande forêt de l'Est, dans l'Imerina méridionale.

585 - Les terrains d'extraction du minerai de fer ne sont en aucune façon délimités ou circonscrits.

586 - Des règles à observer en présence d'une excavation faite pour extraire le minerai (ni lalàna arahina amin'ni lavaka efa nihadiam-bi).

L'excavation d'une mine consacre donc le droit de celui qui l'a faite. En son absence personne ne peut extraire du minerai sans commettre un délit puni à l'égard d'un vol. Nul en conséquence, ne peut se substituer au premier exploitant d'une mine si celui-ci n'a marqué par un signe connu des intéressés son intention de ne plus user de son droit. Ce signe est constitué soit par des mottes de terre, de gerbes de buzaka ou des morceaux de bois dressés aux abords de la mine.

587 - Ni karaman'ni mpanefi (du salaire des forgerons)

Les mpanefi ou forgerons sont ceux qui traitent le minerai ou travaillent au façonnage du fer pour sa transformation en objets d'utilité: couteaux, angadi, clous, charnières, loquets, serrures, etc. Il est d'usage que les patrons paient leurs ouvriers par un prélèvement fait sur les objets fabriqués et s'élevant de 10 à 20 % unités. Les ouvriers sont de la sorte, directement intéressés à augmenter la production de la mine aussi bien que de la forge".

Sur le XVIIIe siècle, nous ne disposons pas de documents aussi détaillés. Cependant, on peut relever que la production d'outils en fer a été poussée à l'extrême, quand le souverain Andrianampoinimerina a interdit aux riches d'avoir recours aux zébus pour le labour des rizières (Tantara ny Andriana, II, pp. 745 - 746). Cet interdit avait pout but aussi de veiller à un partage équitable de l'eau, mais il n'en reste pas moins que la production des bêches s'en est trouvée accrue. Cette production a été si poussée qu'on peut même déceler une division de travail entre métallurgistes - forgerons royaux - la population d'Amoronkay - et forgerons royaux proches du souverain. Ce deuxième groupe constitué par les Andrianteloray, notamment les Andriandranando, est simplement forgeron. En fait, les Andriandranando s'occupent surtout de la production et de la confection des armes et des outils de mesure comme les vatovy (poids). Sous Andrianampoinimerina, les Andriandranando forgeaient les sagaies et les balles qui lui permirent de réussir ses conquêtes. Les bêches usées, payées en tant que tributs (Tantara ny Andriana, II, p. 885) étaient récupérées pour contrôler le travail des sujets, mais aussi pour la fabrication des armes.

Un dernier point peut caractériser le lien entre les régions productrices et celles consommatrices de produits métalliques: la constitution de marchés dans les régions stratégiques. On peut citer entre autres le marché du mardi à Amoronkay, le marché du mercredi à Ambatomanga (Alarobia-Ambatomanga), etc. Les matériels en fer qui y sont vendus (Tantara ny Andriana, II, p. 924) consistent en des .....

"couteaux de divers genres, des ciseaux, des rasoirs, des haches, des bêches, des marteaux, des enclumes, des tenailles, des clous, des coins en fer (sisika), des maillets de fer (kanonta), des fers pointus ou des tringles en fer servant à attiser le feu, à rôtir la viande (havitra), des grils en fer, les fers des détenus, etc".

Il ressort donc que le pouvoir politique est intimement lié au pouvoir technologique et stratégique. Les rapports de force entre les deux pouvoirs sont si imbriqués qu'aucun jeu séparé n'est possible.

CHAPITRE IV NOTES

1. Le même problème existe à propos du boeuf, puisqu'on crédite Ralambo qui vivait au début du XVIIe siècle, d'avoir initié ses compatriotes à manger du zébu. Les sites archéologiques nous apprennent que cette consommation existait déjà de nombreux siècles auparavant.

2. A ce propos, Callet (Tantara'ny Andriana, T. I, p. 67) souligne: "Ary ny vy nenti'ny niady tamy ny Vazimba taty Antananarivo, fa tsy mbola lao ny Vazimba; dia resy ny, fa ny lefona ny Vazimba tany manga atao ny amy ny volotara, ary Andriamanelo nahita ny vy ka nanefy longy, koa nahavaky hoditra, dia nahafaty; koa izay Vazimba niseho dia no tombohi'ny. Ary hoy ny Vazimba: "Andeha isika handositra fa nanao vy manidina Andriamanelo". Dia nivalana hiany izy, nankany Ambohimanoa". Ce passage pourrait se traduire comme suit: "Et il a utilisé le fer pour combattre les vazimba à Antananarivo, car ceux-ci n'ont pas voulu quitter le pays; et il les a battus, car les sagaies des Vazimba étaient en bambous avec une pointe en argile; et Andriamanelo a trouvé le fer et a forgé des fers pointus qui blessent et tuent; et il a tué tout Vazimba qui s'est tenu devant lui. Et les Vazimba ont dit: "Fuyons car Andriamanelo fabrique du fer qui vole". Et ils se sont enfuis vers Ambohimanoa".

3. Il n'est pas sûr qu'ils ne possédaient pas non plus la métallurgie. Le site d'Andranonandriana remontant à la phase Fiekena, s'insère dans ce temps Vazimba, une notion d'idéologie mythique qui n'apporte, à mon avis, guère à l'archéologie.

4. "Tatoato ny Indiens sy ny Arabo dia nitody tao atsinanana ny tany Madagascar, ary namindra tamy ny mponina tao mbola adaladala ny fombam-pivavahana diso. Dia izy ireo nampianatra ny Malagasy manefy vy sy ny miasa azy ... Ny Arabo sy ny Indiens no voalohany nampianatra fahendrena tao Madagascar..."

5. Il écrit en effet: "Nisy vahiny mpivarotra tonga teo an-tsena Alakamisy, dia noraisin-dRalambo ka nentiny ho any amin'i Andriamanelo rainy. Io vahiny io dia nitondra lefona nataony fiarovantena sy antsy maromaro hamidiny sy firavaka koa. Dia novidin'ny andriana ny lefona sy ny antsy sy ny firavaka ary ny sasany mba nomen'ireo vahiny azy fotsiny. Notanan'ny andriana teo iray volana mahery ireo Arabo ireo, ka nangatahany mafy mba hampianatra azy ny fihadiam-by sy ny fanefena lefona sy antsy sy famaky. Dia nampianariny tsara teo ny mpanjaka sy ny olona tokony ho mahaihay zavatra...tamin'izay no niantombohan'Imerina nahay nanefy zavatra momba ny vy". Selon ce passage, les Merina, à l'instigation d'Andriamanelo, ont appris à extraire et à fondre le fer. Le souverain aurait, en effet, demandé à des commerçants arabes venus vendre des sagaies, couteaux et bijoux au marché du jeudi, de lui apprendre ainsi qu'à certains de ses sujets comment "extraire" et "forger" les sagaies, les couteaux et les haches. Il n'a suffi que d'un mois d'apprentissage au souverain et à quelques artisans habiles pour posséder la maîtrise du travail de fer. On voit là la prodigieuse imagination du compilateur. Comment en un mois aurait-on pu maîtriser ces techniques? Mes enquêtes à Amoronkay m'ont appris comment dans les groupes forgerons, l'apprentissage se fait très tôt chez les jeunes.

6. Mais lui aussi a lu les interprétations du compilateur. Interrogé plus avant, il a répondu: "Adray, saika hadinoko fa Arabo mpivady 'zany hono no nampianatra nandrendrika sy nanefy taty. Ary atsy Ambohitrandriamanitra izy no milevina", c'est-à-dire: "Oh, j'ai failli oublier, mais on dit que c'est un couple d'Arabes qui a appris ici à fondre le fer et à le forger. Ce couple est enterré à Ambohitrandriamanitra". Selon Ny Onja Andriamboavonjy (1960, 1962, p. 13), ces Zafimbazaha sont crédités de l'introduction des proverbes en Imerina.

7. Selon Roche (1984), ce conte relate d'abord "la naissance merveilleuse d'Ibonia et pose le problème de la descendance du Prince du Milieu". Ensuite, il "relate la préparation d'Ibonia à différentes épreuves" à surmonter concernant "la prise de possession d'un espace clos, mouvant, hétérogène". Le Prince doit établir "sa légitimité sur un territoire qui est un espace dynamique et peu stable" et la dernière partie "relate les exploits d'Ibonia, son triomphe sur différents Princes: ceux du Sud, du Nord, de l'Est et de l'Ouest", ainsi que sur son rival qui a enlevé sa promise.

8. " ... Fa ty niboahana ndaty boaka an-dafe añe karazana amerikana mainte ... ie namorona tefeana eo, o vato o nahandroane, ny tefene nanjary lefo, nanjary vera e, fa tsy raha nahay raha, raha zahay malagasy atoke, fa i ndaty reo hoela baka ampita ane..."

9. " ... ary ty Ampasimahanoro toy ty tany misy iereo nifanefea iareo Faloañombe".

10. Ampasimahanoro signifierait "le sable qui rend fertile, qui rend prospère".

11. Randriamanalina Jérôme, Ankerana, Entretien enregistré le 17 nov. 1982.

12. Rabarison Jean-Pierre, Merikanjaka, Entretien enregistré le 15 nov. 1982.

13. Entretien avec le pasteur Ravelonarivo, Merikanjaka, décembre 1982.

14. Entretien avec les femmes à Tsiazompaniry en janvier 1983.

15. A Amoronkay, Razanadrakoto a invoqué nommément Fotsivanjakoho (Zazavavindrano, esprit des eaux), Menavolo (Vazimba).

16. C'est moi qui souligne.

17. Entretien avec les femmes à Tsiazompaniry. Janvier 1983.

18. Rabarison Jean-Pierre, Merikanjaka.

19. Le zazarano est l'enfant mort à la naissance ou même l'enfant non circoncis que l'on enterre auprès du tombeau, mais à l'extérieur.

20. Pasteur Ravelonarivo, Merikanjaka.

21. Tsiazompaniry, Janvier 1983: "Avy'leilay vehivavy efa zatra mijery azy ... Ato no izy fa aza mifindra intsony" "Les femmes habituées donnent leur accord en disant: il est bien là, ne cherchez plus ailleurs".

22. Tsiazompaniry, Janvier 1983: " ... mamely 'zany ny lahilahy han! han! satria manko zavatra hampiraisina" "les hommes font han! han! parce que c'est quelque chose à assembler". L'accouplement se traduit en malgache par le terme de "firaisana".

23. Ingahibe Tovo, décembre 1982: " ... fa ny an'ny vahivavy fandrendrehana, fanatambarana an'ny 'le vy no hakany arina ..." "mais les femmes cherchent le charbon pour la fusion et pour l'affinage (l'assemblage du fer)".

24. Tsiazompaniry, Janvier 1983: "Resaka akora lava tiany. Na resaka vangavanga aza ataonao, 'tsisy antony intsony 'zany" "Il aime les conversations qui amènent la joie. Vous pouvez même avoir des bavardages libertins, çà ne fait rien". Le terme vangavanga traduit ici par libertin désigne aussi la couleur sur fond blanc tâcheté de noir ou de rouge.

25. "Weber: ngoso, au propre il paraît signifier commerce illicite avec quelqu'un, au figuré serment par lequel on semble s'obliger à tenter ce commerce".

26. Tsiazompaniry, Janvier 1983: " ... Tsy vitan'ny lehilahy irery ... mazava be" "Des couples sont mieux désignés pour l'opération de réduction".

27. Tsiazompaniry, Janvier 1983: " ... 'Zany hoe ... mitovy ny firoborobon'ny afo" "on a la même intensité de feu et vice-versa".

28. Malzac (1970). Dictionnaire malgache-français.

29. Ingahibe Tovo, décembre 1982 et Tsiazompaniry, Entretien avec les femmes.

30. Terme encore utilisé dans le Sud-Est (communication personnelle de Narivelo Rajaonarimanana).

31. Pasteur Ravelonarivo, Merikanjaka.

32. Dans le Sud-Est, ils n'ont pas accès à la tranobe (maison rituelle), et après leur mort, ils reçoivent peu d'égards.

33. Ou bien, par substitution, là où l'alcool a été répandu.

34. Pasteur Ravelonarivo, Merikanjaka.

35. Ingahibe Tovo, Falefika.

36. Pasteur Ravelonarivo, Merikanjaka.

37. Bryophyllum calycinum (Malzac, 1888). Le sodifafana est aussi utilisé avec le zozoro (souchet, Cyperus oequalis) et le fandrotrarana (chiendent, Triticum repens) lors de la construction d'une maison. L'association de ces trois plantes au coin nord-est a pour but de s'attirer la chance et le bonheur.

38. Gambeya madagascariensis (Malzac 1888).

39. Cette plante n'a peut-être pas de vertu particulière. Mais la forme ronde du pois est jugée capable de "faire tourner en rond" les remèdes (ody) ou de "faire revenir" à celui qui les a jetés leur influence maléfique.

40. Ce sont les guérisseurs traditionnels qui utilisent les plantes, les bois, ou toutes sortes de produits chargés de vertus comme les perles, les terres provenant des tombeaux, etc.

41. Les joutes oratoires étaient et sont encore très prisées par les Malgaches. Dans toute cérémonie et à chaque fait de la vie quotidienne, est considérée comme savante toute personne sachant orner ses paroles de hainteny (courts poèmes amoureux) ou de ohabolana (proverbes). Le soubassement idéologique d'une culture peut s'analyser parfois dans ces proverbes, car ils reflètent et soulignent les valeurs sociales primordiales du groupe, ou encore ils expriment leurs valeurs politiques. Les hainteny et ohabolana contiennent des indications sur la place quotidienne tenue ou non par telle ou telle chose. Aussi ai-je relevé dans ces deux genres toute métaphore se rapportant au métal fer, la fusion ou la forge, le matériel utilisé ou les outils fabriqués avec ce métal.

42. Pour finir les contes, on retrouve souvent cette métaphore:
"Tinapako ny zà, nizanjà
Tinapako ny vy, nizinjy
Tsy izaho no mavandy, fa ny olo taloha
J'ai coupé le baobab, il n'a pas bronché
J'ai coupé le fer, il n'a rien dit
Ce n'est pas moi qui mens, mais les gens d'autrefois"

43. Abinal et Malzac (1888) définissent cette maladie comme suit: "Certains maux causés ou laissés par certaines maladies, les infirmités causées pas les maladies congénitales, les restes des mauvaises habitudes, les représailles".

44. Arbuste Justicia Gendarussa.

45. De même, pour anéantir l'effet d'un philtre d'amour, on utilise une bêche usée (angady mondro) (voir Tantara ny Andriana, I, p. 106).

46. Cette inefficacité est traduite aussi par le proverbe qui suit: Angady mondro nihadian-tany: midofitra ihany, fa tsy mety latsaka (Une bêche tout usée ayant servi à labourer la terre: elle frappe fort (jusqu'au manche), mais n'enfonce pas beaucoup).

47. Dans le monde des morts, on utilise souvent du matériel qui a perdu son utilité dans le monde des vivants (bêche usée, marmite cassée, etc).

48. "Il est interdit d'offrir ou de recevoir un morceau de viande crue ou un outil en fer à un lépreux".

49. Voir aussi p. 178.

50. Ce proverbe rappelle l'importance de la parenté (fihavanana) chez les Malgaches. C'est une notion fondamentale qui inclut aussi bien les relations entre les membres d'une même famille, nucléaire ou large, qu'entre personnes étrangères se respectant l'une l'autre. Par extension, ces dernières se considèrent comme issues d'un même ancêtre, donc parents. La métaphore met ainsi en valeur cette notion et insiste sur la compréhension mutuelle et la solidarité, qui une fois respectées, auréoleront de gloire et de richesses les deux parties. Le fer est alors pris en exemple pour illustrer l'utilité de l'entretien des relations avec les parents, même si elles apparaissent comme nocives.

51. Les traditions historiques montrent que les neveux utérins (zanak'anabavy) ont toujours joué un rôle important. Le statut particulier du neveu utérin par rapport à l'oncle maternel est général à tout Madagascar. Pour un étude plus détaillée, voir Razafintsalama A. (1976).

52. Rasoir: un petit couteau dont le manche et la lame sont d'une seule pièce.

53. La possession d'une nombreuse descendance à éduquer est un signe de grande richesse. Sur le plan économique, elle constitue une force de travail non négligeable. Sur le plan social, elle assure la continuité du groupe; et enfin les enfants sont les garants de l'entretien du respect des parents, des ancêtres. Les enfants malgaches, sauf dans leur petite enfance et ce, pour les bêtises domestiques, sont rarement l'objet de châtiments corporels. Les parents laissent la liberté à leurs enfants de tenter les expériences par eux-mêmes, mais en les prévenant suffisamment à l'avance par le biais des contes, des proverbes, etc. L'observation, le respect et la croyance aux expériences parentales conditionnent la réussite de tout acte. Et l'expression bien connue: Toy ny tsipak'ombalahy ny ana-dray aman-dreny, raha mahavoa mahafaty, raha tsy mahavoa mahafanina (les conseils des parents sont semblables aux ruades des taureaux; elles vous atteignent, vous en mourrez, elles ne vous atteignent pas, vous en sortez étourdi), constitue une sérieuse mise en garde contre la non observation des conseils ou des admonestations des parents.

54. En Imerina, la plupart des anciens sites andriana sont interdits de fer. Ravelonarivo à Merikanjaka me l'avait également dit pour Antsampia.

55. Les principaux groupes d'andriana reconnus depuis Andrianampoinimerina sont:
1° - le roi (mpanjaka), 2° - les princes (zanak'andriana), 3° - les Zazamarolahy, 4° - les Andriamasinavalona, 5° - les Andriantompokoindrindra, 6° - les Andrianteloray dont les Andriamboninolona, les Andriandranando et les Zanadralambo.

56. Sur le sang associé au métal voir p. 172.

57. _Jaka_: cérémonie de sacrifice de zébus aux ancêtres en vue de s'attirer leur bénédiction. Celle à laquelle j'ai assisté en 1982 avait pour but de demander leur faveur pour une bonne année agricole. De nouveaux interdits ont été édictés lors de ce _jaka_, dont la non-utilisation de _nasse_ qui aurait servi autrefois à cacher et à faire fuir vers l'Est Andrianefitany-bébé menacé de mort par les souverains d'Antananarivo.

58. _Fokontany_: Collectivité décentralisée de base regroupant les habitants d'un même territoire déterminé administrativement. Le _faritany_ (province) englobe les _fivondronampokontany_ qui, eux-mêmes, regroupent les _firaisampokontany_ où sont alors les _fokontany_.

59. Cette conception s'exprime bien dans l'image: _Mainty helika hoatra ny mpanefy_ (Etre noir sous les bras comme un forgeron).

60. Razanadrakoto d'Ankerana a affirmé que le feu et le minerai dans le fourneau lui obéissent: "_baikona ny afo sy ny vy_".

GLOSSAIRE

- afo	feu
mampakatra afo	faire monter le feu
- akondro	banane
- ala	enlèvement
manala	enlever
ala-dika	enlèvement de l'interdit d'enjambement des tuyères d'aération
- alina	nuit
alin-dratsy	litt. mauvaise nuit
- ambiroa	âme, double
- anabavy	soeur (pour un homme)
- anadahy	frère (pour une femme)
- andrefana	ouest
- miankandrefana	aller vers l'ouest
- andriana	noble
- andro	jour
- fanandroana	astrologie
tonon'andro	destin, chance
-angady	bêche malgache
angadimondro	vieille bêche, bêche usée
- angano	conte
- angatra	esprit (?)
- angona	rassemblement
manangona vy	rassembler le minerai de fer
- ankizy	enfant
- atsinana	est
- mi atsinanana	aller vers l'est
- antsy	couteau
antsy valiha	couteau en bambou
- arina	charbon, combustible
ari-manta	charbon "cru"
ari-masaka	charbon "cuit"
- atsimo	sud
- mianatsimo	aller vers le sud
- avan-defo	douille de la sagaie
- avaratra	nord
mianavaratra	aller vers le nord
- bodista	bouddhiste
- dady ou jiny	reliques royales
- didy	tuyère d'aération /<u>en didy</u> (sorte de schiste)/
vatodidy	pierre en schiste
- dika	enjambement
mandika	enjamber (voir <u>ala-dika</u>)
- doany	lieu de culte
- dobo	lac
- fady	interdit, tabou
- faha	du temps de
faha-gola	du temps de Gola
faha-fanjakana hova	du temps des royaumes

faha-tany gasy	du temps des Malgaches
faha-vazaha	du temps de la colonisation
faha-vazimba	du temps des Vazimba
- famaky	hache
- famontro	poulie d'oreille
- fampaniriana vy (de <u>tsiry</u>: pousse, <u>maniry</u>; pousser)	pour faire pousser le fer
- fampohaza	marteau
fampohaza andrira-beny	grand marteau
fampohaza andrira-keliny	petit marteau
- fanafody	remède, médicament, plante médicinale
-fanalam-bintana	relèvement de la destinée
- fanasan-tsarika (de <u>sasa-sarika</u>)	(pierre de) lavage du <u>sarika</u> (tissu en fibres de bananiers)
- fanasinana (de <u>hasina</u>)	lieu de culte
- fandraka	ciseaux, tenailles
- fandri-baratra	paratonnerre
- faniram-by ou fanitra	tige de fer pour sortir le lingot du fourneau
- fanirina	couteau (utilisé au tissage ou à la récolte du riz tige par tige)
- fanjaitra	aiguille
- fanjakana	état
- fanofam-by (de <u>hofana</u>)	trempe du fer
- fatana	foyer
- fe mena	litt. cuisses rouges
- fiaro (de <u>aro</u>: protection)	bâton protecteur, dans le vocabulaire des métallurgistes
- fiaro fandatsaham-boalohany	bâton protecteur introduit en premier
fiaro meloka	bâton protecteur contre les malveillants
fiaro laniana (de <u>lany</u>: épuisé)	bâton protecteur destiné à être consumé
fiaro vatana	bâton protecteur du corps
mandatsa-piaro (de <u>latsaka-fiaro</u>)	introduire les bâtons protecteurs
- fintina	resserrement
mamintina ny vy	resserrer le fer
- ftampoha	bain des reliques royales (sakalava)
- fo	coeur
fon-tanika	coeur de la cuisson
- fofotra	voir <u>mpifofotra</u>
- fonjam-by (de <u>fonja</u>)	lingot de fer
- hainteny	court pème amoureux, poème de joute oratoire
- haboka	dans le vocabulaire des métallurgistes terre rouge servant à crépir l'intérieur du fourneau de fusion
- hasina	pouvoir, sainteté, pièce d'argent offerte au souverain, serment d'allégeance
- hatsake	clairière, aire de culture défrichée
- havana	parents
fihavanana	parenté
- havitra	fer pointu servant à rôtir la viande

- havoana	hauteur
an-tampon-kavoana	en hauteur, colline
- hazo	bois
lodi-kazo	bois qui a perdu sa sève depuis longtemps
hazo ambany epoka	bois mort qui a perdu sa sève depuis longtemps
hazomanga	poteau rituel
mpitan-kazomanga	prêtre de lignage
hazo matin'angatra	bois mangé par les termites
- hofana	trempe
- jiny	voir dady
- kanonta	maillet en fer
- kialo	région servant de lieu de pâturage privilégi à un groupe de population (dans l'Androy)
- Kibo	ventre
an-kibon'ny tany	dans le ventre de la terre
- kijoamanta	harpon (type de)
- kitro	talon de sagaie
- lahy, lehilahy	homme, mâle
- lakana	pirogue
lakam-bola	pirogue en argent
- lamba	tissu
lamba tavoka	tissu fixé à la rondelle de bois satrahana dans le cylindre du soufflet
- lambo	sanglier
- lamosin'omby	dos de zébu
- landaizana	enclume
- lela	langue
mikao-dela	gratter la langue avec un couteau
- lefo(na)	sagaie
lefona tanimanga:	sagaie en argile
lefona manidina	sagaie volante
- leraka	genre de végétaux
- loviamanga	assiette à pied
- lozoka	trou, fourneau de fusion; travailler sans s'arrêter, sans aucune pose
mpilozoka	fondeur
- mahery	fort, puissant
- mamaky (de vaky: fendu)	fendre, couper
- manambaitse	harpon (type de)
- manda	fortification, mur de rempart
- mandavo (de lavo; tombé)	tomber, s'étaler par terre
mandavo didy	mettre en place la tuyère d'aération didy
- mandika (de dika)	enjamber
- mandositra (de lositra)	fuir
- manefy (de tefy)	forger
- manga(manga)	bleu
- mangery	aller aux selles
fampangerena	dans le vocabulaire des métallurgistes, procéder à l'évacuation des laitiers de fer
- maniry (de tsiry: pousse)	pousser, grandir

- manotrona (de otrona: entourage	entourer, faire honneur, entourer de prévenances
fanotronana	entourage
- masina	salé, saint
- maso	oeil, yeux
masoandro	oeil du jour, soleil
masom-by	les yeux du filon
- maty	mouriri
- mesa	couteau
- mihorirana (de rirana: côté)	être couché sur le côté
- miorika	vomir, remonter
- miroa arina	confectionner du charbon
- miteraka (de teraka: né)	enfanter, engendrer
- mpamosavy	sorcier
- mpanandro	astrologue, devin
- mpanao ody	guérisseur, sorcier
- mpitaiza	guérisseur
- mpanjaka	roi, souverain
- mpanompo (de tompo: maître)	serviteur
- mpiandry vava ala	gardien de l'entrée de la forêt
- mpibaby (de baby: sur le dos)	porteurs (sur le dos) des reliques lors du Fitampoha
- mpifofotra (de fofotra)	manieurs de soufflets
- ohabolana	proverbe
- olona	personne
olom-pady	personne avec laquelle on ne peut avoir des conversations libertines, avec laquelle on ne pourrait avoir des relations sexuelles
- ombiasa	devin, devin guérisseur
- orana	pluie
- orim-bato	pierres (ensemble construit)
- otrona - (voir manotrona)	
- paraky	tabac
- parasy	puce
- rano	eau
- mitondra rano	porter de l'eau, être enceinte
- ranomaso	larme
ranomasom-by	larme de fer
- rantsana	doigts, membres, branches
- rara-by	poudre de fer (après le lavage)
- ray aman-dreny	parents, père et mère
- rendrika	chaviré, sombré/la fonte
mandrendika	procéder à l'affinage
fandrendrehana	affinage
- renin-jaza	matrone, accoucheuse
- riakam-bato	lit de pierres servant aux métallurgistes à localiser les gisements de minerai de fer
- riandriana ou reandreana	enclume
- rirany	coin
an-driram-by	litt. "au coin du fer", lors du martelage

- roborobo	en masse
mampiroborobo afo	activer le feu
- roelela	harpon (type à deux pointes)
- salaka	pagne, cache-sexe
- salazam-by	fourche en fer pour rôtir la viande
- sampy	idole royale
- sao-tany (de saotra: remerciement)	remerciement de la terre
- saotra ala	remerciement de la forêt
- sarika (lamba)	tissu en fibres de bananiers
- satrahana	rondelle de bois où est fixé le piston dans le cylindre du soufflet
- savoka	forêt secondaire
- sikidy	divination par les graines
- sisan'afo	tison
- sisika	coin en fer
- sobika	panier tressé en végétal (voir aussi varindry)
- soitr'afo	tisonnier
- sompitra	silo à riz
- sony	tuyères d'aération qui relient le soufflet au didy
- sosany	pierre servant aux métallurgistes à localiser les gisements de minerai de fer
- sosohana (de sosoka)	ourlé, reprisé
- tafoforana	soufflets de forge
- tafondro	canon
- tay	excréments
taim-by	laitiers et scories de fer
- takotra	couvercle de marmite
- tampona harana	gangue qui enveloppe le minerai de fer dans le gisement
- tanana	bras, main
masiaka tanana	"main chaude"
- tandra	tenailles
tandra be ou tandra fotoponja	grande tenaille
tandra biko	tenaille pour tenir le lingot après affinage
tandra fihatra	tenaille pour tenir le lingot aminci
tandra kely	petite tenaille
tandra salasala	tenaille moyenne
- tandroho	nasse
- tantanana	marteau
- tany	terre
- tavin-drano	cuvette d'eau, auge
- tavoara tanimanga	gargoulette en argile
- tavoka	tissu fixé à la rondelle de bois satrahana (voir ce mot)
- tavy	défrichement-abattage des arbres, mise à feu des souches et mise en culture
- tefy	pétri-forgeage
tefy tanimanga	technique de la céramique
tefy vifotsy	ferblanterie
tefy volafotsy	bijouterie de l'argent

tefy volamena	orfèvrerie
mpitan-tefy	celui qui tient le lingot à forger
- tery	resserrement
manery taim-by	rassembler les laitiers de fer
- teza	harpon (type de)
- toaka	alcool
toaka gasy	alcool local, alcool malgache; rhum obtenu à partir de la canne à sucre fermentée
- toby	camp, batterie temporaire, centre de travail
toby fanaovam-by	centre de travail du fer
- tolan-didy	encadrement de la tuyère didy
- tolon'omby	combat de taureaux
- tolotra	don
tolo-Janahary	don des "ancêtres divinisés"
- tranobe	grande maison, maison rituelle
- tanika	fourneau de fusion
trano tanika (de tanika)	litt. maison de la cuisson; fourneau de fusion
mitanika	mijoter/opérer à la réduction du minerai de fer
molo-tanika	bord de la fournée
valaha-tanika ou vatany	flanc de la fournée
vodi-tanika	fond de la fournée
- tsangam-bato	pierre levée
- tsofa	scie, lime
- tsofalahy	petite scie
- tsolo	petite bêche pointue servant à faire des trous
- tsinam-bolana	nouvelle lune
- tsỳ	acier
- vady	époux, épouse
mpivady	époux
- vaikely	verrue
- vakona	rabot
- vaky	casser, ouvrir
mamaky fon-tanika	ouvrir le coeur du chargement, de la cuisson
- valoroka	fer doux
- varindry	corbeille tissée en végétal (voir aussi sobika)
- vatana	tronc
- vato	pierre
vatoasana	pierre à affûter
vatodidy (voir didy)	
vatolahy	pierre levée, pierre mâle
vatomazava ou vatovelona	quartz
vatomaty	litt. pierre morte
vatovy	pierre à fer, poids
- vavahady	portail
- vavy, vehivavy	femme, femelle
- vazaha	étranger
- vendrana	genre de végétaux
- vifotsy	litt. fer blanc, zinc

- vilany tany	marmite en argile
- vintana	destin, chance
- volafotsy	argent
- volamena	or
- volana	lune
- volontsangana	bambou
volontsangan-tsy vaky	bambou non fendu
- voloso	harpon (type de)
- vovo-by	poudre de fer
- voraka	produit de fournée résistant, "acier"
- vy	fer
- vy gasy	fer produit par la méthode traditionnelle
vy vazaha	fer étranger, ferraille
vy bodo mainty manga	genre de minerai facile à travailler, mais peu résistant
vy menakely henjakenjana	genre de minerai donnant du matériel de bonne qualité
- zanahary	ancêtre divinisé
- zavatra	chose, "esprit", "mana"
- zavarina	possède par une "chose", par un "esprit"
- zazarono	enfant possède mort à la naissance, enfant non circoncis enterré auprès du tombeau à l'extérieur
- zazavavindrano	esprit des eaux
- zoro	coin
an-joro firarazana	au coin des ancêtres, au coin nord-est

BIBLIOGRAPHIE

Liste des abréviations utilisées

ASEMI:	Asie du Sud-Est et Monde Insulindien
BAM:	Bulletin de l'Académie Malgache
BM:	Bulletin de Madagascar
Bull. écon. Mad.:	Bulletin économique de Madagascar
COACM:	Collection des Ouvrages anciens concernant Madagascar
EESL:	Etablissement d'Enseignement Supérieur des Lettres
EESF-UM:	Etablissement d'Enseignement Supérieur Polytechnique - Université de Madagascar
JAH:	Journal of African History
JOM:	Journal Officiel de Madagascar
JSA:	Journal de la Société des Africanistes
MAM:	Mémoires de l'Académie Malgache
NA:	Nouvelles Africaines
NRE:	Notes, Reconnaissances, Explorations
RHS:	Revue d'Histoire Scientifique
Rev. Hist. Sc.:	Revue Historique Scientifique
TA:	Tantara ny Andriana eto Madagascar-Histoire des Rois

ANDRIAMASY Raphaël A. 1976. Le problème du fer des eaux de la nappe alluviale d'Antananarivo, EESP, UM, Filière Hydrogéologie, 13 p. + pl.

Ny Onja Andriamboavonjy Benjamina Ranaivo 1960-1961 -1962. Ny Ohabolana malagasy, Tongoamihonkona sy Hasoan'ny Fitenin-drazana, Boky 1, 2, 3, 4, 5, 6 (Fanazavana ny hasoan'ny), Imprimerie Volamahitsy, Tananarive, 179 p. (entretiens radiophoniques pour expliquer le sens et donner l'historique des proverbes).

ANDRIANARIMANANA Jaobelison 1982. Les petits gisements de fer. Région de Manjakandriana et de Fianarantsoa. Approche Technico-économique de l'amélioration et de la vulgarisation de la méthode traditionnelle, ESSP, Tananarive.

Anonyme 1899. Les cultures et industries indigènes à Madagascar in Notes, Reconnaissances, Explorations, 3e année, pp. 533-552.

Anonyme 1961. Les problèmes de fouille en matière d'Histoire de la Sidérurgie in RHS T. II, 1961 CNRS, Nancy Hôtel de Ville, pp. 63-68.

Anonyme 1981. Les forges in Cahiers du Collioure, Château Royal.

APPIA B. 1965. Des forgerons de Fouta-Djallon in J.S.A., 35, pp. 317-352.

ARCHINARD L. 1885. La fabrication du fer dans le Soudan in Revue Ethnogr.; 3, pp. 249-255.

BABU L. 1903. Traité théorique et pratique de métallurgie générale, Paris, pp. 510-547.

BALANDIER G. et MERCIER P. 1947. Les outils du forgeron Maure in Nouvelles Africaines, n° 33, Dakar, IFAN, pp. 8-11.

BALFET Hélène, FAUVET-BERTHELOT Marie-France et MONZON Susana 1983. Pour la normalisation de la description des poteries - Ed. du CNRS, Paris, Musée de l'Homme, Laboratoire d'Ethnologie, Départ de Technologie comparée.

BASQUIN R. 1972. Mécanique, 2e partie, Enseignement Technique, Librairie Delagrave, Paris.

BATTISTINI R. 1964. Géographie humaine de la plaine côtière mahafaly. Thèse complémentaire de Doctorat, Toulouse, Ed. Cujas, 197 p.

BATTISTINI René et VERIN Pierre 1966. Vohitrandriana, haut-lieu d'une ancienne culture du Lac Alaotra in Civilisation Malgache, n°1 Paris, Cujas, pp. 53-90.

BATTISTINI René, VERIN Pierre et RASON René 1963. Le site archéologique de Talaky, cadre géographique et géologique, les travaux de fouille, notes ethnographiques sur le village, Annales Malgaches, 1, Série Lettres et Sciences Humaines, UM, Paris Cujas, pp. 111-134.

BAUMANN H. et WESTERMANN D. 1957. Les peuples et les civilisations de l'Afrique, suivi de: les langues et l'éducation. Traduction française par L. Homburger, Payot, Paris, 606 p., ill., dessins.

BAYARD D. 1979. The chronology of prehistoric metallurgy in Northeast Silabhumi or Samrddhabhumi in Early South East Asia. Ed. by R.B. Smith and W. Watson, pp. 15-32, Oxford, Oxford University Press.

BELROSE-HUYGHES V. 1983. La structure et symbolique de l'espace royal en Imerina in Les Souverains de Madagascar (études réunies et présentées par Raison-Jourde Françoise), Karthala, Paris, pp. 125-151.

BLOCH M. 1983. La séparation du pouvoir et du rang comme processus d'évolution. Une esquisse du développement des royautés dans le Centre de Madagascar in Les Souverains de Madagascar (études réunies et présentées par Raison-Jourde Françoise), Karthala, Paris, pp. 265-297.

BLOCH M. et VERIN P. 1967. Découverte d'un objet d'appariance néolithique à Madagascar in BM, 248, pp. 21-22.

BLOT (R.P.) 1972. Les coutumes actuelles des Tanala de l'Ikongo à l'occasion des naissances, mariages et enterrements in BAM, T. L/1.

BOYER J. 16 déc. 1899. L'industrie du fer en Imerina in COSMOS, Paris, pp. 777-781.

BRYER P. 1983. Le statut des forgerons et ses justifications symboliques: une hypothèse cognitive in Africa, Journal of the International African Institute: Revue de l'Institut Africain International, Vol. 53, n° 1, pp. 44-63.

BRETON A. Juin 1898. La fabrication du fer en Imerina. Gisements miniers des Hautes vallées de l'Ikopa, in NRE, Tananarive, pp. 675 et 681-699, cartes, plans.

BRIAN FAGAN 1966. Early iron age pottery in Eastern and Southern Africa in AZANIA, Vol. 1, Ed. by Neville Chittick, pp. 101-110.

BULETIN DU COMITE DE MADAGASCAR 1898. Industries locales, pp. 363-365. 4e année, Paris (publication mensuelle).

CAILLON-FILET C. 1978. Jean Laborde et l'Ocean Indien. Thèse pour le Doctorat de 3e cycle Histoire, Université de Provence, Institut d'Histoire des Pays d'Outre-Mer, Aix-en-Provence.

CALLET (R.P.) 1908. Tantara ny Andriana eto Madagascar - Histoire des Rois - Documents historiques d'après les manuscrits malgaches. Deuxième édition corrigée et augmentée, T. I., T. II, Tananarive.

CARL L. et PETIT J. 1955. Une technique archaïque de la fabrication du fer dans le Mourdi (Sahara Oriental) in Ethnographie n° 50, pp. 60-81.

CATAT Louis (dr) 1895. Voyage à Madagascar, Librairie Hachette et Cie, Paris, 436 p., cartes ill.

CHAPUS G. et DANDOUAU A. 1951-52. Les anciennes industries malgaches, BAM, 30, pp. 45-70.

CHAPUS et MONDAIN 1954. Le journal de Robert Lyall, Collection des Documents concernant Madagascar et les pays voisins. Académie Malgache, T. 5, Tananarive, p. 144.

CHAREONWONGSA P. et BAYARD D. 1983. Non Chai: New Dates on Metal-working and Trade from Northeastern Thailand in Current Anthropology, A world Journal of the Sciences of Man, August-October, Vol. 24, n° 4, pp. 521-523.

CHAUSSING et HILLY G. 1967. Métallurgie - alliages métalliques- Paris, Dunod, Ecole Nationale Supérieure d'Arts et Métiers: Ecole d'Ingénieurs.

CHAUVIN J. 1939. Jean Laborde, Mémoires de l'Académie Malgache, XXIX.

CHITTICK H. N. s.d. The arabic sources relating to the Muslim expansion in the Western Indian Ocean, British Institute of Eastern Africa, Nairobi, pp. 27-31.

CLARKE C. et HORTON M. 1984. Zanzibar Archaeological Survey 1984/5, for the Ministry of Information, Culture & Sport in Zanzibar, ronéo.

CLEERE H.F. 1972. The classification of early iron Smelting furnaces in The Antiquaries Journal, Vol. LII, part. 1, pp. 8-23.

CLEMENT P. 1948. Le forgeron en Afrique Noire in Revue de Géographie Humaine et d'Ethnologie, pp. 35-38.

COPPALLE 1910. Voyage dans l'intérieur de Madagascar pendant les années 1825-1826 in BAM, 1909, vol. VII, pp. 3-46.

COULAUD D. 1973. Les forgerons à la lisière forestière du Nord-Betsileo (Madagascar) in JSA, XLIII, 2, pp. 235-242.

COUSINS W. et PARRETT. 1985. Ny ohabolan' ny ntaolo nongonina sy nalahatry W.E. Cousins, Sy J. Parrett sy ny Sakaizany sasany, Antananarivo, 154 p.

CULTURES ET INDUSTRIES INDIGENES A MADAGASCAR (LES) 1898. Rapport de la Commission indigène, NRE, T. IV, pp. 1319-1343, 1615-1630.

DAHL O.C. 1951. Malgache et Mannjan, Egede Instituttet Oslo.

DAHLE Lars. 1962. Anganon'ny Ntaolo: Tantara mampiseho ny fombandrazana sy ny finoana sasany nananany (7e ed., nalahatra sy nahitsy ary nampian'i John SIMS), Imprimerie Luthérienne, Tananarive.

DAMA-NTSOHA 1938. Le bouddhisme malgache ou la civilisation malgache (Essai d'analyse et de reconstruction historique), Tananarive, 188 p.

DANDOUAU B. (Madame) 1914. Ody et Fanafody, traduits du Tantara ny Andriana du R.P. Callet, annotés par le Dr. Fontoynont, extrait du BAM, Vol X, 2e partie, 1912.

DANDOUAU B. (Madame) 1935. Superstitions malgaches in MAM, n° spécial, pp. 43-53.

DASO A. A. H. 1978. Le gisement de fer de Bekisopa, EESP, UM (Ingéniorat Géologie) 50 p., pl.

DECARY R. 1926. L'industrie chez les Antandroy de Madagascar, Revue d'Ethnographie et des Traditions populaires Paris, pp. 38-52.

DECARY R. 1951. Moeurs et coutumes des Malgaches, Paris, Payot 280 p.

DECARY R. 1954. Les canons de Jean Laborde in La Grande Ile Militaire n° 21, p.6.

DECARY R. 1966. Coutumes guerrières et organisation militaire chez les anciens Malgaches, Paris, Ed. Maritimes et d'Outre-Mer.

DECARY R. 1968. L'art chez les Antandroy, Civilisation Malgache, T.2.

FLACOURT Etienne de 1661. Histoire de la Grande Isle de Madagascar (Directeur Général de la Cie française de l'Orient, Commandant pour Sa Majesté dans ladite Isle ès-Isles adjacentes, avec une relation de ce qui s'est passé és années 1655-1656 et 1657 non encore veuë par la première impression), A Paris, chez Gervais Clouzier, avec privilège du Roi.

FLACOURT Etienne de 1661. Relation de la Grande Isle Madagascar (contenant ce qui s'est passé entre les François et les Originaires dans cette Isle, depuis l'an 1642, jusques en l'an 1655, 1657), Paris.

DELIVRE A. 1974. L'histoire des rois d'Imerina- Interprétation d'une tradition orale, Paris, Klincksieck.

DESCHAMPS H. 1935. Indonésiens et Malgaches in BAM, pp. 58-63.

DEZ J. 1965 Juin. Quelques hypothèses formulées par la linguistique comparée à l'usage de l'archéologie in Taloha I, Annales de l'UM, de Madagascar, hors série, série Lettres et Sciences Humaines, pp. 197-213.

DIETERLEN G. 1948. L'arme et l'outil chez les anciens Bambara in Africa, 18, pp. 105-111.

DIOP C.A. 1976. L'usage de fer en Afrique, NA n° 152, pp. 93-95.

DIOP C.A. 1973. La métallurgie du fer sous l'ancien empire Egyptien in Bulletin IFAN , T. XXXV, B, 3, pp. 532-547.

DIOP M.L. 1968. Métallurgie traditionelle et âge du fer en Afrique, BIFAN, T. XXX, B. n° 1, pp. 10-38.

DOMENICHINI J.-P. 1969. Histoire des Palladium en Imerina (bilingue). Travaux et Documents du Musée de l'Université, Tananarive, Université de Madagascar.

DOMENICHINI-RAMIARAMANANA B. 969. Hainteny d'autrefois - Haintenyny Fahiny (Poèmes traditionels malgaches recueillis au début du règne de Ranavalona I - 1828-1861) CNRS, France.

DOMENICHINI-RAMIARAMANANA B. 1974. Première expérience de la littérature orale merina in ASEMI, Vol. V., 4 CNRS-EPHE, Paris, pp. 31-66.

DOMENICHINI-RAMIARAMANANA B. 1983. Du Ohabolana au Hainteny - Langue, littérature et politique à Madagascar, Paris, Karthala; CRA, 653 p.

DOMENICHINI-RAMIARAMANANA B. et DOMENICHINI J.P. 1983 octobre. Madagascar dans l'Océan Indien avant le XIIIe siècle, Présentation de données suggérant des orientations de recherche in Nouvelles du Centre d'Art et d'Archéologie, EESL, Université de Madagascar, I, pp. 5-19.

DOMINJOUD M.M. 1959. Les impératifs de la magie dans la vie quotidienne du Malgache in BM n° 153, Fév. pp. 1-10.

DOUMBIA P.E.N. 1936. Etude du clan des forgerons in Bulletin du Comité Etudes Historiques et Scientifiques de l'A.O.F., 19, pp. 334-380.

DOUMBIA P.E.N. 1923 10 Nov. Les fers titanés de Madagascar, Revue Scientifique, Paris, pp. 693-694.

DUBOIS (R.P.) 1938. Monographie des Betsileo, Paris, Institut d'Ethnologie (Musée de l'Homme), 1510 p.

DU MAINE 1810. Voyage fait au pays d'Ancaye dans l'île de Madagascar en 1790, par M. Du Maine in Annalles des Voyages, T. XI, paris, pp. 146-218.

DU MAINE 1913. Voyage au pays d'Ancove (1785) in BAM, XII, 37, pp. 14-49.

DUMAS L. 1921. Note au sujet des gisements de fer d'Ambatolaona, Bull. écon. Mad., 4, Tananarive, pp. 329-330.

DUPRE M.-C. 1981-1982. Pour une histoire des productions: la métallurgie du fer chez les Téké (Ngungulu, Tio, Tsaayi, Rép. pop. du Congo) in Cahiers ORSTOM, Vol. XVIII, n° 2, Série Sciences Humaines, pp. 195-225.

DURAND A. 1898. Etudes sur les Tanalas d'Ambohimanga du Sud in Notes, Reconnaissances, Explorations, 22e livraison, pp. 1261-1297.

ECHARD N. 1965. Note sur les forgerons de l'Ader (apys Hausa, République du Niger) in J.S.A., 35, pp. 353-372.

EDMONDS W.J. 1897. Charms and superstitions in South-East Imerina in Antananarivo Annual and Madagascar Magazine, n° XXI (part I of Vol. VI), pp. 61-67, Antananarivo, LMS.

ELIADE M. 1977. Forgerons et alchimistes, Nouvelle édition corrigée et augmentée, Coll. Idées et Recherches, Ed. Flammarion, Champs, Paris, 158 p., + index des sujets.

ELLIS William (Rév.) History of Madagascar, Vol. I, Fisher Son et Co, Newgate Street, London; Quai de l'Ecole, Paris, 518 p.

ETUDES SUR L'OCEAN INDIEN Collection des travaux de l'Université de la Réunion - Numéro réalisé par le programme "Islam" de l'Université et les RCP 441 et 716 du CNRS.

FAUBLEE J. 1946. Ethnographie de Madagascar, Paris, Musée de l'Homme. Les Editions de France et d'Outre-Mer.

FERNANDEZ M.-F. 1970. Contribution à l'étude du peuplement ancien de la région du Lac Alaotra, UM, Antananarivo.

FERRAND G. 1893. Contes populaires malgaches, recueillis, traduits et annotés, Paris.

FIRAKETANA (boky) 1937-1970. Ny fiteny sy ny zavatra malagasy, Dictionnaire encyclopédique malgache, publié en supplément de Ny Fiainana, T/rive, paru de (A) à (M).

FREMIGACCI J. 1975. Ordre économique colonial et exploitation de l'indigène: petits colons et forgerons betsileo (1900-1923), Tananarive, EES Agronomique de l'Université de Madagascar, in Terre Malgache, n° 17, pp. 65-107.

GILLE B. 1961. Les vieux gisements de fer au XIXe siècle in RHS, T. II, juillet-sept. CNRS Nancy, pp. 171-186.

GILLE B. 1968. L'organisation de la production du fer au Moyen Age in RHS, T. IX, 2 CNRS, pp. 95-122.

GILLE B. 1969. Les problèmes de la technique minière au Moyen Age in Revue d'Histoire des Mines et de la Métallurgie, T. I, 2, pp. 279-298.

GILLE B. 1970. L'évolution de la technique sidérurgique in Revue d'Histoire des Mines et de la Métallurgie, CNRS T. II, n° 2, pp. 121-226.

GONDALUER L. 1907. Une forge au betsileo in Le Cosmos, 6 août, Paris.

GRANDIDIER G. 1902. Madagascar au début du XXe siècle, Paris, Sté d'Editions Scientifiques et littéraires (Minéralogie, pp. 100-101). COACM 1903 T. I; 1904 T. II; 1905 T. III; 1906 T. IV; 1907 T. V; 1913 T. VI; 1910 T. VII; 1913 T. VIII; 1920 T. IX.

GUILLOT B. 1969. Notes sur les anciennes mines de fer du pays Ngabi dans la région de Mayoko in Cahiers ORSTOM, vol. VI (n° 2, série Sciences Humaines) pp. 93-99.

HALLEUX R. 1970. Fécondité des mines et sexualité des pierres in ANTIQUITE GRECO-LATINE, Revue Belge de Philologie et d'Histoire, T. XLVIII, n° 1, Bruxelles, pp. 16-25.

HALLEUX R. 1974. La nature et la formation des métaux selon Agricola et ses contemporains in Rev. Hist. Sc., XXVII/3, pp. 211-222.

HANS-EKKEHARD E. 1974. Les fondeurs de Koni - Enquête sur la métallurgie du fer chez les Senoufou du Nord de la Côte d'Ivoire in Annales de l'Université d'Abidjan, Série G, T. VI.

HARDYMAN J.T. et MOLET L. 1979. Georges Chick (1800-?) in Hommes et Destins (Dictionnaire biographique d'Outre-Mer) Madagascar, T. III, Académie des Sciences d'Outre-Mer, Travaux et mémoires, Nouvelle série, n° 9, Paris, p. 135.

HEBERT J.-C. 1965 juin. La cosmographie anncienne malgache suivie de l'énumération des points cardinaux et l'importance du Nord-Est in Taloha I, Annales de l'UM de Madagascar, hors série, Série Lettres et Sciences Humaines, pp. 83-195.

HEBERT J.-C. 1977. les rites de l'enjambement à Madagascar: le mandika in ASEMI, vol. 8, I, pp. 1-23.

HEURTEBIZE G. 1982. Histoire des Afomarolahy (clan Tandroy - Extrême-Sud de Madagascar), Thèse pour le Doctorat de 3e Sycle sous la direction de condominas, EHESS, Paris, 547 p.

HEWLETT A.M. 1887. Mantasoa and its workshops; a page in the history of industrial progress in Madagascar in Antananarivo Annual, T. III.

HORTON M.C. 1984. The Early settlement of the Northern Swahili Coast (Faculty of Archaeology and Anthropology, University of Cambridge - Degrée of Doctor of Philosophy I, ronéo.

HOULDER J.A. 1960. Ohabolana ou proverbes malgaches (réunis et classés par); traduits et annotés en français par M.H. Noyer, Tananarive, Imprimerie Luthérienne.

JULIEN G. 1911. Le travail indigène: industries locales. Congrès de l'Afrique Orientale. Résumé des rapports et voeux proposés au Congrès,. Paris, pp. 15-19 et pp. 185-225.

JULLY A. et BRETON A. 1898. La fabrication du fer en Emyrne. Laborde (1805-1878), Origine de la fabrication du fer à Madagascar. Fabrication actuelle, NRE, T. III, pp. 675-699.

KENSE François J. 1983. Traditional african iron working, African Occasional Papers n° 1, Dept. of Archaeology, University of Calgary, 206 p. pl.

KENT R.R. s.d. The possibilities of Indonesian colonies in Africa with special reference to Madagascar (Prof. at the California University Berkeley) pp. 93-105.

KENT R. 1969. Alfred Grandidier et le "mythe des fondateurs d'Etats malgaches d'origines asiatiques" in BM n° 277-278, Juin-Juillet, pp. 603-620.

KRISHNAN D. MATHUR 1982. Iron Technology of Africa in Papers of the Social Sciences, 2, pp. 81-88. (Department of Political Sciences - University of the District of Columbia).

KUS Susan et WRIGHT Henry. 1985. Regional archaeological survey in Avaradrano: a preliminary report, 20 p. (à paraître).

LACROIX A. 1922. Minéralogie de Madagascar in Madagascar - Les Documents de France, T. II, pp. 72-74.

LEROI-GOURHAN A. 1945. Evolution et techniques. Milieu et Techniques Albin Michel, Paris.

LEROI-GOURHAN A. 1943. Evolution et Technique. L'homme et la matière, Albin Kichel, Paris.

LACOMBE Leguével (de) 1860. Voyage à Madagascar et aux Iles Comores (1823 à 1830), Paris, Louis Dessessart Ed., T. I et II.

LAVONDES A. 1961. Art traditionnel malgache, Publication de l'IRSM, Tananarive, 12 p.

LEVAT D. 1912. Guide pratique du prospecteur à Madagascar, Paris, Dunod et Pinad, Ed. 131 p. + cartes.

LOMBARD 1971. L 'Islam dans sa première grandeur (Producitons et ojets de commerce), pp. 196-197.

MAKARIUS L.L. 1968. Les tabous du forgeron, de l'homme du fer à l'homme de sang. Diogène.

MAKARIUS L.L. 1974. Le sacré et la violation des interdit, Payot, Paris (collection Science de l'Homme) 376 p.

MALZAC (R.P.)- ABINAL 1888. Dictionnaire malgache-français, Tananarive.

MARECHAL J.R. 1957. Anciennes croyances relatives à la croissance des minerais in Métaux Corrosions Industries, n° 380, Avril, pp. 181-182.

MARECHAL J.R. 1980. Terminologie minière et métallurgique des auteurs de l'Antiquité, des Alchimistes et des Minéralogistes jusqu'à Hauy (1/43 1822) in Travaux du Comité Français d'Histoire de La Géologie (COFRHIGEO) n° 29 (Séance du 11 juin 1980), 14 p.

MARGARIDO A. GERMAIN F. et WASSERMAN D. Du mythe et de la pratique du forgeron en Afrique Noire. Diogène, Paris, n° 78, pp. 91-122.

MARTINEZ N. 1965. Notes sur la poterie et les potiers d'Azemmour in JSA, n° 35 (fasc. 2) CNRS, Paris, pp. 251-282.

MAUNY R. 1952. Essai sur l'histoire des métaux en Afrique occidentale, T. XIV, n° 2, Dakar, IPAN.

MAYEUR N. 1912. Voyage à la côte de l'Ouest de Madagascar (pays des Seclaves) 1774, BAM, L.X., pp. 49-91.

MAYEUR N. 1913. Voyage dans le Sud et dans l'intérieur des terres et particulièrement au pays d'Hancove, BAM, XII (1), pp. 139-176.

MILLE A. et VERIN P. 1967. Premières observations sur l'habitat ancien en Imerina, BAM, pp. 113-120.

MOLET L. 1958. Forge malgache in BM, n° 148, p. de couverture.

MOLET L. 1979. La conception malgache du monde, du surnaturel et de l'homme en Imerina, T. 1 et 2, L'Harmattan, Paris.

MULLENS J. 1875. Twelve months in Madagascar, London: James Nisbert et Co, 21 Berners Street, 2nd Ed. (Foreign Secretary of the London Missionary Society), 334 p.

NEEDHAM, J. 1961-1962. Evolution de la technologie du fer et de l'acier en Chine, Extrait de la Revue d'Histoire de la Sidérurgie, T. II. et III, Centre de Recherches de l'Histoire de la Sidérurgie.

NDEMAHASOA J.-L. 1969 avril. Notes sur les Bezanozano in BM, n° 275, pp. 389-400.

NOGUE L. 1900. Etude sur l'Ecole professionnelle de Tananarive: industries sur la soie, de la tannerie, de la céramique, de la métallurgie et de l'horlogerie, NRE, Tananarive, pp. 415-451, plans, fig.

OTTINO-KELLUM M. 1969. Découverte d'une herminette néolithique à Madagascar in BM, 272, pp. I-IV, 1 fig., bibliogr.

OTTINO Paul et VOGEL Claude 1976. La reproduction du merveilleux dans le monde malgache in ASEMI, vol. VII, n° 2-3, pp. 137-163.

PASFIELD Oliver (Late R.A. Cpt). 1889. Early notices of Madagascar from the old voyagers (Part 1): extracts from Kerr's "voyages and travels" with notes by Cpt. Pasfield in Antananarivo Annual n° VII (part I, vol. IV), L.M.S. Press, Antananarivo, pp. 7-18.

PERCY 1896. Iron smelting in Borneo and Madagascar (cf. Antananarivo Annual, Vol II and Madagascar Magazine).

PHILLIPSON D.W. 1968. The early Iron Age site at Kapwirimbwe, Lusaka in Azania, Vol. III, pp. 87-106.

PHILLIPSON D.W. 1968. The early iron age in Zambia - regional variants and some tentative conclusions, JHA, IX, pp. 191-211.

PODLEVSKI A.M. 1966. Les forgerons-Mafa Description et évolution d'un groupe endogame in Cahiers ORSTOM, série S.H. III-I.

POIRIER C. 1950. Ethnographie malgache: 1° Sorcellerie médicale, Magie, art; 2° Aperçu sur la représentation de la femme et du boeuf in Mémoires de l'Academie Malgache, fasc. XXXVIII, Tananarive.

RABE 1878. Ny fanaovam-by any Amorokay in Ny isan-kerintaona, Antananarivo, Ny Friends Foreign Mission Association, pp. 21-24.

RABEMANANJARA, RATEFY Nomena Ralivao 1978. - Analyse du fer produit par la méthode traditionnelle, Mémoire de fin d'Etude pour l'obtention du diplôme d'Ingénieur (Génie Chimique), Université de Madagascar, Etablissement d'Enseignement Supérieur Polytechnique, Tananarive, 141 p.

RADIMILAHY M.C. 1980. Archéologie de l'Androy - Contribution à la connaissance des phases de peuplement, Mémoire de maîtrise soutenu au Département d'Histoire de l'EES Lettres, Centre d'Art et d'Archéologie, Université de Madagascar, Tananarive, 250 p.

RADIMILAHY C. 1981. Archéologie del'Androy - Sud de Madagascar in Recherche, Pédagogie et Culture, IX, 55, AUDECAM, Paris.

RADIMILAHY M.C. 1983. Métallurgie traditionnelle du fer à Madagascar (Amoronkay), Communication au Colloque sur la Métallurgie, Paris, CRA, Université de Paris I, 9 p.

RADIMILAHY Marie de Chantal et WRIGHT Henry T. 1984. Note sur les industries de pierre taillée au Sud de Madagascar, 7 p. (à paraître).

RAHARIJAONA S. 1962. les pierres levées à Madagascar, Revue de Madagascar, Nouvelle Série, n° 20, 4e trimestre, pp. 17-30.

RAINITOVO 1932. Tantaran'ny Malagasy manontolo, T. 1, 2, Tananarive.

RAISON-JOURDE F. 1983. Les souverains de Madagascar (études réunies et présentées par) - L'histoire royale et ses résurgences contemporaines - Ed. Karthala, Paris, publié avec le concours du CNRS et du Ministère des Relations extérieures, 476 p. + cartes + figures.

RAKOTO 1929. Un couteau de sacrifice in BAM, XII, pp. 25-26.

RAKOTOVAO L.P. 1982. Etude géologique et gitologique des gisements de fer d'âge précambrien (Ride anticlinorinale majeure) dans la région de Tsiaro nomandidy, EESP, UM (Ingéniorat Géologie), 84 p. pl.

RAINANDRIAMAMPANDRY 1972. Tantara sy fomban-drazana (nangonina sy nalaha-dRa), Tahiry Tantara sy Sivilizasiona, Madagascar Print et Press Company, Tananarive, 174 p. (2ème édition).

RAINIHIFINA 1975. Lovantsaina Tantara betsileo, Imprimerie Catholique, Fianarantsoa.

RAMAROALISON H. Contribution à l'étude du projet d'exploitation du gisement de fer d'Ambohimahavony, EESP, UM, Filière Mines (Ingéniorat des Mines), 112, pl.

RAMBELOARISON D.A. 1982. Métallurgie du fer venant du gisement d'Ambohimahavony - Etude orientée vers la consommation locale, EES Polytechnique, UM (Ingéniorat des Mines).

RAMILISON E. 1951-1952. Ny loharanon'ny Andriana nanjaka teto Imerina. Andriantomara-Andriamamilaza, Boky 1 sy 2 (Ière Ed.).

RAMIN J. 1977. Le technique minière et métallurgique des Anciens, Latomus in Revue d'Etudes Latines, Bruxelles.

RAMINO 1934. Dikisionery Malagasy-Malagasy (Dictionnaire Malgache-Malgache), Tananarivo, Imprimerie LMS, Imarivolanitra.

RANDRIAMAROLAZA L.P. 1983. Le fer, le riz et le pouvoie politique dans le royaume betsileo du Lalangina, EHESS, 449 p., Thèse pour le Doctorat de 3e cycle.

RASAMUEL D. 1984. L'ancien Fanongoavana, Paris, Université de Paris I, Thèse de 3 e cycle.

RATSIMAMANGA, BOITEAU, CAPURON, ANDRIANTSIFERANA, RARIMAMPIANINA 1966. Dictionnaire des noms malgaches de végétaux, Institut Malgache de Recherches Applqiuées, Tananarive.

RAZAFINTSALAMA A. 1976. Les Tsimahafotsy d'Ambohimanga. Organisation familiale et sociale en Imerina, Madagascar, Paris SELAF, 200 p.

RENEL C. 1910. Contes de Madagascar I, Contes merveilleux, Paris, E. Leroux.

RICHARDSON (Rév.) 1885. A new Malagasy-English Dictionary, Antananarivo, The London Missionary Society.

ROCHE D.R. 1984. Etude thématique du conte d'Ibonia in Etudes sur l'Océan Indien, Université de la Réunion, pp. 225-235.

ROCHON (Abbé) 1791. Voyage à Madagascar et aux Indes Orientales, Paris, Prault, Quai des Augustins, à l'Immortalité, 322 p.

SCHLEMMER B. 1983. Le Menabe, histoire d'une colonisation, Travaux et Documents de l'ORSTOM, 164, Paris 267 p.

SEIKHOU B. 1935. Les forgerons du Fouta-Djallon in L'Education Africaine, n° 24, pp. 151-162.

SIBREE J. 1873. Madagascar et ses habitants - Journal d'un séjour de quatre ans dans l'île (traduit de l'anglais par H. Monod Pasteur et Monod Henry avocat), Toulouse, Société des Livres religieux.

SIBREE J. 1894. The Vazimba: the earlier inhabitants of Imerina. Translated from french of M. Grandidier in Antananarivo Annual, T. XVIII, part II of Vol. V, Antananarivo, LMS Press, p. 129.

SIBREE J. 1896. Imerina and Antananarivo 120 years ago, as first seen by a European traveller in Antananarivo Annual n° XX (part IV of Vol. V). Translated from french of M. Alfred Grandidier by Rev. J. Sibree, pp. 389-397.

SOUCHU de RENEFORT 1668. Relation du premier voyage de la Compagnie des Indes Orientales en l'isle de Madagascar ou Dauphine, Paris, Pierre Auboüin, 340 p.

SOUSBERGHE L. (de) 1955. Forgerons et fondeurs de fer chez les Ba-Pende et leurs voisins in Zaïre, n° 8, pp. 25-31.

STANDING H.F. 1896. Malagasy "fady" in Antananarivo Annual and Madagascar Magazine, Vol. II, pp. 252-265.

THIERRY S. 1959. Inventaire des perles de fouilles à Madagascar, BAM, T. XXXVI, pp. 101-141.

THIERRRY S. 1961. Madagascar, Paris Ed. du Seuil, Coll. Petite Planète, n° 28.

TYLECOTE R.F. 1976. A History of Metallurgy, The Metal Society London, 182 p. 149 fig.

VALETTE J. 1966. Lescallier et Madagascar in BM, n° 244, pp. 877-897.

VAN GENNEP A. 1904. Tabou et Totémisme à Madagascar, Paris, Leroux.

VAN HEEKEREN H.R. 1958. The Bronze-Iron Age of Indonesia, Verhandelingen Van Het Koninklijk Instituut Voor Taal-, Land - en Volkenkunde, Deel XXII.

VERIN P. 1965. L'ancienne civilisation de l'Isandra in TALOHA I. Publication H.S. consacrée à l'Archéologie, Annales de l'UM, Série Lettres et Sciences Humaines (avec la collaboration de Battistini René et Chabouis Daniel) pp. 249-285.

VERIN P. Note sur deux sites archéologiaues récemment découverts dans la banlieue de Tananarive in Annales de l'Université de Madagascar, Série de Lettres et Sciences Humaines, 5, pp. 155-164.

VERIN P. 1975. Les échelles anciennes du commerce sur les côtes nord de Madagascar, Service de Reproduction des thèses, Lille, 1028 p.

VERIN P. 1976. Migrations et contacts entre Madagascar et l'Outre-Mer jusqu'au XVIIIe siècle in Annuaire des Pays de l'Océan Indien, Vol. III, pp. 73-81.

VERIN P. 1977-1978. Une nouvelle documentation sur les côtes de l'Ouest de l'Océan Indien in Etudes d'Histoire Africaine, IX-X, pp. 213-216.

VERIN P. 1979. Aspects de la civilisation des échelles anciens du Nord de Madagascar, Colloque de Port-Louis sur les contacts historiques entre l'Afrique de l'Est et l'Asie, UNESCO, Paris, pp. 61-90.

VERIN P. 1985. Malgache et Swahili - Culture de frange et interférences, Paris, Colloque swahili, Sèvres (à paraître).

VERNIER E. 1978. Index des Tantaran'ny Andriana eto Madagasikara. Historie des Rois (rassemblés et complétés par...) Institut d'Ethnologie, Musée de l'Homme, Palais de Chaillot Paris XVIe, Museum d'Histoire Naturelle, Ouvrage publiè avec le concours du CNRS, 195 p.

VERNIER Elie et MILLOT Jacques 1971. Archéologie malgache - Comptoirs musulmans, Catalogues du Musée de l'Homme, Série F, Madagascar I, Museum National d'Histoire Naturelle, supplément au T.XI, 3 d'Objets et Mondes.

VIG L. 1977. Croyances et moeurs des Malgaches, Imprimerie Luthérienne, Tananarive, Madagascar.

VIVIE 1903. Notes sur Madagascar (Région nord-ouest). Géographie, ethnographie, histoire in Revue des Troupes Coloniales, Paris. (Retirage en 1904).

VOGEL C. 1975. Lovan-tsofina sy tantaran'i Vakiniadiana - Chroniques du Vakiniadiana, Les quatre mères d'Ambohibao, Etude d'une population régionale d'Imerina, Annexe IV, Thèse de 3e cycle d'Ethnologie, Université de Paris. (Texte ronéo, Musée d'Art et d'Archeologie).

WAKE S. 1896. Notes on the origin of the Malagasy in Antananarivo Annual and Madagascar Magazine, Vol. II, pp. 103-113. (the following paper was read before the Anthropological Institute on nov. 23, 1880).

WILLS J. 1885. Native products used in Malagasy Industries in Antananarivo Annual and Madagascar Magazine, n° IX, Antananarivo, LMS Press, pp. 91-98.

WRIGHT H. 1979. Observations sur l'évolution de la céramique traditionnelle en Imerina centrale (traduit par Domenichini J.P.) in Taloha, 8, Revue du Musée de l'Université de Madagascar, Tananarive, pp. 7-28.

WYCKAERT P. 1914. Forgerons païens et forgerons chrétiens au Tanganyika, in Anthropos, 9, pp. 371-380.

INDEX MATIERES ET ONOMASTIQUE

www.ingramcontent.com/pod-product-compliance
Lightning Source LLC
LaVergne TN
LVHW072252300926
849160LV00018B/1648